한권으로 보는 우리풀

산야초 식물도감

한국들꽃연구회 이사 **문순열** 지음

글로북스

사진을 제공해 주신 작가
이용권 : 대한민국 사진전람회 초대작가
김동규 : 한국사진작가협회 학술분과위원
안승일 : 사진작가, 그린 스튜디오 대표
이우탁 : 대한민국사진전람회 추천작가
김인배 : 대한민국 사진전람회 초대작가(1983~1997)
안 청 : 대한민국사진전람회 초대작가
이만욱 : 사진작가, (주)포토아트 대표이사
박찬수 : 사진작가, 조일양행카메라 대표
김인수 : 한국자연사진가협회 이사
김완규 : 사진작가, 한국들꽃연구회 이사
권응원 : 한국사진작가협회 홍천지부 총무
김순국 : 한국자연사진가협회 산악분과위원
김석찬 : 한국자연사진가협회 회원
양양금 : 한빛사진회 회원
문순열 : 한국자연사진가협회 회장

그림
곽인종 : 화가, 어린이책 일러스트레이터

감수
정범윤 : 한국원예연구소 소장

편집 자문 위원
조양제 : 편집대학 중앙저널아카데미 원장
윤신근 : 동물보호연구회 회장, 이학박사
홍정표 : 경희대학교 교수, 치의학박사
홍철부 : 도서출판 문지사 대표
김양일 : 월간 보람 대표, 한국능력개발원 원장
김동규 : 한국사진작가협회 학술평론분과위원

촬영 협조
이용우 : 들꽃농장 두메풀밭 대표
김정일 : (주)인영조경 대표이사
김미자 : 천보식물원 대표
최해만 : 장미농원 대표

 ## 자연을 사랑하는 이들께

우리들은 자연과 더불어 살아갑니다. 자연에는 온갖 식물들이 자라고 있으며, 그 식물들은 우리들에게 수많은 혜택을 주고 있습니다.

자연과 함께 살아가는 길이 정서 생활을 하는데 밑거름이 되고, 그 밑거름을 바탕으로 올바른 인성 교육을 완성할 수 있습니다.

그 동안 어린이 백과사전과 자연 잡지를 펴내면서 식물도감을 만들기로 결심하고 사진을 촬영하기 시작한 지 어느덧 스물두 해가 지났습니다. 우리 나라와 같은 환경에서 식물도감을 만든다는 것은 참으로 힘든 일이었습니다.

이 책의 내용은 여섯 가름으로 꾸몄는데 첫째 꽃밭, 집 주변의 식물, 둘째 산과 들의 꽃과 나무, 셋째 백두산에 피는 꽃, 넷째 과일·곡식·채소, 다섯째 물가·바닷속 식물, 여섯째 우리들이 약으로 쓸 수 있는 약용 식물 그리고 부록으로 식물 용어, 항목 찾아보기, 꽃전설 찾아보기, 교과서 찾아보기 등을 실었기 때문에 편리하게 찾아볼 수 있습니다.

이 책은 단순한 식물도감의 구실만 하는 것이 아니라 식물 공부와 함께 전인적인 인성 교육에 반드시 필요한 감성 지수를 높이는 데 중점을 두었고, 사진은 사실주의 기법을 최대한 도입하여 실물과 똑같은 사진을 실었으며, 사진을 감상하면서 예술성을 높일 수 있도록 꾸몄습니다.

사진으로 표현하기 어려운 물속 식물 중 일부는 정밀한 세밀화로 그려 넣었습니다. 또한 우리 나라와 그리스 문학에서 수집한 꽃전설을 실어 문학성과 논리 학습에 도움이 되도록 하였습니다.

이 책은 초·중·고교 학생들이 식물을 공부하는 데 반드시 필요한 책이며 일반 독자들이 식물을 이해하는 데 큰 도움이 될 것으로 믿습니다.

지은이 **문 순 열**

차례

자연을 사랑하는 이들께

첫째 가름
꽃밭 · 집 주변의 식물

무궁화 10
접시꽃 13
목화 14
부용 16
백합 17
튤립 18
옥잠화 20
히야신스 21
아가판서스 22
무스카리 23
산옥잠화 23
글라디올러스 24
크로커스 25
프리지어 26
시클라멘 27
프리뮬러 28
군자란 29
꽃무릇 29
수선화 30
상사화 32
나도샤프란 32
팬지 33

나팔꽃 34
등나무 36
수국 37
장미 38
매화 40
명자나무 41
피라칸사 41
아잘레아 42
영산홍 43
안수리움 43
종꽃 44
꽃범의꼬리 44
봉선화 45
국화 46
과꽃 48
다알리아 49
코스모스 50
백일홍 52
해바라기 54
거베라 56
데이지 56
삼잎국화 57
시네라리아 57
센토레아 58
천수국 58
기생초 59
제라늄 59
모란 60
작약 62
아네모네 64
라넌큘러스 65
베고니아 65
목련 66
사루비아 67
채송화 68
라일락 69
개나리 70
컴프리 71
불두화 71

은행나무 72
리시언서스 74
클레오메 74
플록스 75
맨드라미 76
천일홍 78
바이올렛 78
분꽃 79
고데티아 80
푸크시아 80
칸나 81
피튜니어 82
까마중 83
꽈리 83
카네이션 84
안개꽃 85
담쟁이덩굴 85
난초 86
춘란 86
풍란 87
심비디움 88
카틀레야 89
덴파라 90
온시디움 91
호접란 91
포인세티아 92
금어초 92
디기탈리스 93
인삼 94
능소화 95
잔디 96
극락조화 97
박 97
수세미 98
여주 98
느티나무 99
선인장 100
크리스마스선인장 102
측백나무 103

향나무 104
회양목 104

둘째 가름
산과 들의 꽃과 나무

은방울꽃 106
노랑원추리 108
얼레지 109
둥굴레 110
개맥문동 110
애기나리 111
박새 111
나리 112
산부추 113

무릇 113
붓꽃 114
각시붓꽃 116
금붓꽃 116
찔레꽃 117
짚신나물 117
벚나무 118
해당화 120
조팝나무 121
꼬리조팝나무 121
황매화 122
양지꽃 123
산딸기 123
자란 124
은대난초 124

타래난초 125
광릉란 125
복주머니난 126
새우난초 126
해오라비난초 127
제비꽃 128
병꽃나무 130
자운영 130
자귀나무 131
칡 132
싸리 132
아카시아 133
클로버 134
미모사 135
메꽃 135
유홍초 136
돌단풍 136
산수국 137
바위취 137
돌나물 138
꿩의비름 138
개요등 139
겨우살이 139
도라지 140
초롱꽃 142

금강초롱 142
잔대 143
모싯대 143
영아자 144

더덕 144
고사리 145
노박덩굴 145
용담 146
봄구슬붕이 147
함박꽃나무 147
까치수영 148
앵초 148
좁쌀풀 149
구기자나무 149
물봉선 150
양귀비 152
들양귀비 153
애기똥풀 154
노랑매미꽃 155
천남성 155
달맞이꽃 156
엉겅퀴 158
솜다리 160
쑥부쟁이 161
민들레 162
곰취 164
씀바귀 165
산국 165
머위 165
조뱅이 166
금불초 166
삽주 167
쑥 167
개망초 168
도깨비바늘 169
도꼬마리 169
솜방망이 170

고들빼기 170
복수초 171
금꿩의다리 172
노루귀 172
동의나물 173
종덩굴 173
바람꽃 174
꿩의바람꽃 174
으아리 175
미나리아재비 175
매발톱꽃 176
할미꽃 178
투구꽃 179

이질풀 179
진달래 180
산철쭉 182
괭이밥 184
쇠뜨기 184
익모초 185
박하 186
꿀풀 186
광대나물 187
광대수염 187
꽃향유 188
배초향 188
벌깨덩굴 189
큰개불알풀 189
며느리밥풀꽃 190
오동나무 191
주름잎 192

쪽동백나무 192
동백나무 193
유채 194
냉이 195
꽃다지 196
질경이 196
동자꽃 197
패랭이꽃 198
별꽃 200
마타리 200
궁궁이 201
현호색 201
금낭화 202
산괴불주머니 203
치자나무 203
달개비 204
자주달개비 205
산수유 206
부처꽃 206
배롱나무 207
이삭여뀌 208
고마리 208
단풍나무 209
족두리풀 210
쇠비름 211
미선나무 211
대나무 212
오죽 213
억새 214
물억새 215
강아지풀 216
바랭이 217
수크령 217
소나무 218
백송 219
낙엽송 219
전나무 220
구상나무 220
주목 221

참나무 222
갯버들 224
미류나무 225
버드나무 225

플라타너스 226
사철나무 226

셋째 가름
백두산에 피는 꽃

만병초 228
하늘매발톱 228
물망초 229
자주꽃방망이 230
괭이눈 230
하늘말나리 231
산용담 231
비로용담 232
오랑캐장구채 232

넷째 가름
과일 · 곡식 · 채소

사과나무 234
배나무 236
딸기 237
복숭아나무 238
앵두나무 240
자두나무 240

살구나무 241
모과나무 241
무화과 242
대추나무 242
밤나무 243
감나무 244
포도나무 245
오렌지 246
유자나무 247
호두나무 247
수박 248
참외 249
멜론 249
호박 250
오이 252
바나나 253
파인애플 253
석류나무 254
고추 256
토마토 257
가지 257
감자 258
보리 259
벼 260
밀 264
조 264
옥수수 265
수수 266
메밀 266
아욱 267
고구마 267
콩 268
완두 268
강낭콩 269
팥 269
녹두 270
땅콩 270
배추 271
양배추 271

무 272
치코리 273
쑥갓 273
상추 274
우엉 274
참깨 275
파 276
양파 277
부추 278
시금치 278
미나리 279
당근 279
버섯 280
생강 282
토란 282

다섯째 가름
물가 · 바닷속 식물

연꽃 284
수련 286
노랑꽃창포 288
벗풀 288

물옥잠 289
부레옥잠 289
갈대 290
피 292
개구리밥 292
부들 293

여뀌 293
검정말 294
나사말 294
마름 295
물수세미 295
이끼 296
방동사니 298
붕어마름 298

미역 299
다시마 299
김 300
우뭇가사리 300

여섯째 가름
약용식물

봄의 약초 302
쥐오줌풀 302
큰꽃으아리 302
고삼 303
약난초 304
떡쑥 304
왜현호색 305
금창초 305
으름덩굴 306
물레나물 307
고추냉이 307
창포 308
양매자나무 308
조름나물 309

카밀레 309
진황정 310
하얀꽃 연령초 311
산마늘 311
산자고 312
주엽나무 312
무청 313
두루미냉이 313
산뽕나무 314
굴거리나무 314
애기닥나무 315
석곡 315
명자나무 316
두릅나무 317
상산 317
대황 318
후피향나무 318
상수리나무 319
소엽맥문동 319
백작약 320
뱀딸기 320
좀현호색 321
연령초 321

여름의 약초 322
약모밀 322
거지덩굴 322
천마 323
향부자 324
술패랭이꽃 324
반하 325
댕댕이덩굴 325
털여뀌 326
참으아리 326
닭의장풀 327
호프 328
달래 328
청사조 329
파초 329
황금 330
흰털냉초 331
개꽈리 332
순채·순나물 332
돌가시나무 333
뱀무 333
오수유 334
삼백초 334
범부채 335
자리공 336
으름난초 336
아주까리 337
남가새 337
콩(대두콩) 338
개맨드라미 338
산나리 339

소철 339
갯기름나물 340
지모 340
여름밀감 341
돌외 342
딱총나무 342
당아욱 343
율무 343
올금 344
개요등 345
천궁이 345

가을·겨울의 약초 346
쓴풀 346
천문동 347
털머위 347
오이풀 348
자소·차즈기 348
하늘타리 349
잡싸리 350
향유 351

며느리배꼽 351
수선 352
바디나물 352
배풍등 353
개산초 354
광나무 354
영지 355
먹구슬나무 355
들깨 356
고욤나무 357
차나무 358
참마 359
알꽈리 359
들깨풀 360
줄 361
식나무 361
털진득찰 362
탱자나무 363
물대 363
뚜깔 364

부록
찾아보기

식물 용어 찾아보기 366
항목 찾아보기 375
꽃 전설 찾아보기 379
교과서 찾아보기 380

첫째 가름

꽃밭·집 주변의 식물

무궁화 *Rose of Sharon*

우리 나라꽃 무궁화는 화려하지 않은 단아한 아름다움을 지닌 꽃이다. 그래서 예로부터 중국에서는 선비의 기상을 가진 꽃이라고 하였고, 서양에서는 '섀런의 장미'라고 하여 그 아름다움을 격찬하였다. 섀런이란 기름진 평야가 펼쳐져 있는 이스라엘의 한 지역 이름이다.

무궁화는 아욱과에 딸린 갈잎떨기나무로 꽃을 보기 위해, 또는 울타리용으로 심어 기른다. 추위에 잘 견디며, 꽃이 7월부터 10월까지 약 3개월 동안이나 오래 핀다.

무궁화란 오래 피는 꽃이라는 뜻이다. 그러나 한 송이의 꽃은 아침에 피었다가 오후에 진다. 다른 꽃들이 계속 피어나기 때문에 꽃이 지지 않는 것처럼 보이는 것이다.

잎은 어긋나며 얕게 셋으로 갈라지고, 가장자리에는 불규칙한 톱니가 있다. 꽃은 새로 자란 잎겨드랑이에서 하나씩 돌아나 피며, 품종에 따라 홑꽃과 겹꽃이 있다.

색깔은 흰빛·보랏빛·분홍빛 등이 있는데, 꽃의 아랫부분에 여러 갈래의 진한 무늬가 있다.

▲ 꿀벌이 무궁화꽃으로 날아 들어오고 있다.

▼ 우리 나라꽃 무궁화(영광)

열매는 타원 모양으로 5개의 씨방이 있고, 익으면 다섯 개로 갈라진다. 씨는 10월에 익어 간다.

우리 나라가 일본에게 나라를 빼앗겼을 때는 무궁화가 우리 민족의 상징적인 꽃이라 하여 전국적으로 뽑아 없애 버렸으나, 광복 후 1950년대부터 새로운 품종이 개발되기 시작하여 오늘날에는 영광·파랑새·새아침·아사달·백단심·홍순 등 100여 가지에 이른다. 꽃말은 '일편단심'이다.

흰무궁화는 약효가 뛰어나, 조선 시대에 허준이 지은 《동의보감》에는 '약성이 순하고 독이 없으며 두통과 이질을 고치고, 잠을 잘 자게 한다. 장풍과 사혈이 있을 때는 꽃을 볶아서 먹거나 차로 달여서 마신다.'고 쓰여 있다.

중국 명나라 때의 의학책인 《본초강목》에는 '흰무궁화가 부인병과 옴 치료에 쓰이며, 혈액 순환을 돕는다. 꽃을 달인 물로 눈을 씻으면 눈이 맑아진다.'고 쓰여 있다.

▲ 무궁화 아사달

장풍 : 장 속에 열이 쌓여 모세 혈관이 터짐으로써 생기는 병

사혈 : 상처난 부분에 피가 뭉쳐 까맣게 되는 현상

▲ 무궁화 새아침

◀ 무궁화 홍화랑

◀ 무궁화 홍순(겹꽃)

▲ 무궁화 백단심

또한 흰무궁화꽃을 달여 마시면 어린이의 백일기침에 특효가 있고, 뿌리는 간질·위장병·비만증 등의 치료에 쓰인다.

꽃을 그늘에서 말린 후 뜨거운 물로 우려 내어 차를 만들어 마시면 향긋한 맛이 있고 그 빛깔도 분홍빛으로 매우 아름답다.

▲ 하와이무궁화. 미국 하와이주의 주화입니다.

● 전설   옛날에 한 스님이 어느 마을을 지나가다가 어린이가 매를 맞고 있는 것을 보았다. 이 어린이의 어머니는 삯바느질로 어렵게 살아가고 있었는데, 그만 실수를 하여 손님의 도포를 얼룩지게 하였다.

그 손님은 얼룩을 깨끗하게 지워 놓든지 새것을 사흘 안으로 사 놓든지 하라고 화를 냈다. 소년은 흰무궁화꽃으로 닦으면 얼룩이 진다는 말을 듣고, 주인에게 한 송이만 달라고 부탁했지만 거절당하여 몰래 가지를 꺾다가 잡혔다는 것이다.

이 말을 들은 스님은 시주를 많이 하는 것보다도 한 송이 꽃을 주는 것이 더 좋은 일이라고 하자, 주인은 이 꽃이 무궁화가 아니라 접시꽃이라고 거짓말을 했다.

"접시꽃이라면 무슨 소용이 있겠느냐, 다른 곳으로 가 보자."

스님이 이렇게 말하자 그 집의 무궁화가 갑자기 접시꽃으로 변해 버렸다고 한다.

▲ 꽃이 지고 나면 그 자리에 열매가 맺힙니다.

▲ 녹색 열매는 갈색으로 변하면서 다섯 개로 갈라집니다.

접시꽃 *Hollyhock*

아욱과에 딸린 여러해살이풀이다. 무궁화와 같은 아욱과에 속하기 때문에 꽃 모양도 비슷하게 생겼다.

꽃이 아름다워서 정원이나 텃밭 둘레에 심는 꽃으로 키는 2m 가량이며 잎은 심장 모양으로, 5~7개로 갈라지고 가장자리에 톱니가 있다. 어린싹은 나물로 먹는다.

여름철에 잎겨드랑이에서 접시 모양의 큰 꽃이 아래로부터 위로 올라가며 차례로 핀다. 꽃빛깔은 빨강·흰빛·자줏빛 등이 있고 겹꽃도 있다.

씨는 납작한 원형이고 동전을 쌓아 놓은 것처럼 차곡차곡 쌓여 있다. 흰꽃을 삶아 먹으면 호흡기 질환에 효과가 있고, 뿌리는 촉규근이라고 하며 위장병 치료제로 쓰인다. 꽃말은 '단순·평안'이다.

당나라에 들어가 18세 때 과거에 급제했던 신라의 유명한 학자 최치원이 접시꽃을 민중으로 비유하여 시를 읊은 것을 보면 신라 때 중국에서 우리 나라로 들어온 것으로 보인다.

접시꽃 ▶

▲ 접시꽃의 씨

▲ 흰빛의 접시꽃 봉오리

▲ 꽃밭에 가꾼 접시꽃

목화 *Tree Cotton*

아욱과에 딸린 한해살이풀이다. 키는 60~90cm이고 줄기가 곧게 자라면서 가지가 갈라진다.

잎은 어긋나며 3~5개로 갈라지고 긴 잎자루가 있다. 가을에 흰색·노랑색 또는 분홍색의 꽃이 잎겨드랑이에서 핀다. 열매는 익으면 갈라져 하얀 솜털이 달린 씨가 나온다.

꽃빛깔이 무슨 색이건 열매에 달린 솜털은 모두 하얀색으로 열매는 솜을 만들고 검정색의 씨는 기름을 짠다.

● **전설** 목화에 얽힌 이야기는 전설이라기보다는 실제로 있었던 일이다. 고려 제31대 공민왕 때 사신으로 원나라에 갔던 문익점이 1366년 고국으로 돌아오고 있었다. 그는 길가에서 하얀 꽃처럼 생긴 목화 송이를 신기한 듯이 바라보고 있었다.

"이 목화는 나라 밖으로는 가져가지 못하도록 법으로 금지하고 있습니다."

문익점은 옆에 있던 한 노인의 말을 듣고 그것이 천을 만드는 원료인 목화라는 것을 알게 되었고, 옷감이 부족한 우리 나라 백성들을 위해 꼭 필요하다는 생각이 들었다. 그는 궁리 끝에 붓두껍 속에 목화 씨를 넣고 무사히 국경을 넘었다.

문익점이 심은 목화 씨는 겨우 한 개만이 싹이 트고 자라나서 가을에 열매를 맺게 되었다. 그 이후 우리 나라에 의류 혁명이 이루어져 모든 백성들이 따뜻한 옷을 입을 수 있었다.

▲ 목화의 잎

▲ 흰빛의 목화꽃

▲ 분홍빛의 목화꽃

● 꽃이 지고 나면 녹색의 열매가 맺히고, 익으면 갈색으로 변하면서 네 갈래로 벌어진다.

▲ 완전히 익은 열매

▲ 녹색의 열매

▲ 차츰 갈색으로 변하는 열매

▲ 벌어지는 열매

▲ 조선 시대의 모습으로 가꾸어 놓은 전라 남도 낙안읍성 민속 마을의 목화밭

부용 Cotton Rose

아욱과에 딸린 갈잎떨기나무로, 키는 1~2m 가량 자라며, 줄기에는 짧고 가는 털이 있다. 잎은 어긋나며 3~5개로 갈라졌고 긴 잎자루가 있다.

8~10월에 잎겨드랑이에서 흰빛 또는 분홍빛의 다섯잎꽃이 핀다. 동부 아시아 원산으로 타이완과 일본에서는 산과 들에 저절로 나는 들꽃인데, 우리 나라에서는 꽃을 보기 위하여 가꾸는 화초이다.

꽃말은 '섬세한 아름다움'이다.

● **전설** 부용에 관한 특별한 전설은 없지만, 중국에서 크게 사랑을 받았다는 기록이 전해지고 있다.

오랜 옛날 중국 촉나라의 맹준왕은 부용을 매우 좋아하여 궁궐 안에 다른 꽃은 모두 치우게 하고 부용만을 심게 했다. 그리고 얼마 지나지 않아 성 안에도 같은 꽃을 많이 심어서 그 길이가 무려 16km에 이르렀다고 한다.

▲ 흰빛의 부용
◀ 분홍빛의 부용

백합 Lilly

백합과에 딸린 여러해살이화초로, 크리스트 교에서 가장 예찬받는 꽃이다. 우리말로는 '나리'인데, 빨간색이나 주황색의 나리와 구별하기 위해 백합이라고 부른다. 잎은 끝이 뾰족한 칼 모양으로 활처럼 옆으로 휘어진다.

5~6월에 줄기 끝에서 나팔 모양의 크고 아름다운 하얀 여섯 잎꽃이 핀다. 꽃의 향기가 좋아 꽃꽂이용으로 많이 이용되며, 알뿌리로 번식한다. 비늘줄기는 먹고, 뿌리는 건강을 위한 보약과 기침약의 원료로 쓰인다.

꽃말은 '순결·신성·희생'이다. (112쪽 '나리' 참조)

백합과 나리
백합은 본디 한자말이고 순수한 우리말은 나리이다. 그러나 주황색의 들꽃인 나리와 구분하기 위해 백합이라고 부른다.

● **전설** 예수님이 십자가의 고난을 당하기 전날 밤, 겟세마네 동산을 올랐을 때 모든 꽃들은 슬픔에 잠겨 고개를 숙이고 있는데 오직 백합만이 흰빛을 드러내며 빛나고 있었다. 가장 아름다운 자신만이 예수님을 위로할 수 있다는 것이었다.

예수님은 달이 밝게 비추게 하여 다른 꽃들이 머리를 숙이고 있는 것을 보여 주었다. 백합은 다른 꽃들의 겸손한 모습을 보고 너무나 부끄러워 얼굴이 빨개졌다고 한다. 이 때부터 빨간 나리가 생겼다는 것이다. 그 후부터는 얼굴을 들지 못하고 머리 숙여 피게 되었다고 한다.

▲ 백합꽃을 앞에서 보면 육각별 모양이다.

◀ 흰빛의 백합꽃

튤립 *Tulip*

백합과에 딸린 여러해살이풀로 키는 20~60cm 가량이고, 땅 속에 둥근 알뿌리를 가지고 있다.

줄기는 곧게 서며, 두세 개의 잎이 밑동에서 어긋나게 줄기를 감싼다. 잎의 길이는 20~30cm 가량인데 넓고 길며, 가장자리가 물결 모양으로 잎의 빛깔은 짙은 녹색인데 흰빛이 돌며 안쪽으로 조금 말려 있다.

꽃은 4~5월에 한 개씩 위를 향해 피며, 길이는 7cm 가량으로 넓은 종 모양이다. 꽃빛깔은 빨강·노랑·주홍·흰빛·분홍빛 등 여러 가지이며 넓은 잎과 함께 절묘한 조화를 이룬다. 아침에 피었다가 저녁에 오므라지며 흐린 날에는 반만 피는, 온도에 매우 예민한 꽃이다.

'좋은 포도주는 상표가 필요없고, 튤립의 아름다움은 설명할 필요가 없다.'는 영국 속담이 있을 정도로 튤립의 아름다움은 세계적으로 널리 알려져 있다.

튤립을 한자로는 울금향이라 하며, 튤립꽃으로 만든 술을 울창주라고 하는데 그 향기가 매우 좋다.

▲ 튤립과 꿀벌

▲ 경기도 용인의 에버랜드 튤립 꽃밭

▼ 튤립을 위에서 본 모양

▲ 노랑과 빨강·흰색의 튤립

● **전설**   고대 그리스 시대 어느 봄날 튤립이라는 이름을 가진 처녀가 들에 꽃씨를 뿌리고 있었다.

때마침 그 곳을 지나가던 가을의 신이 이 여인의 아름다움에 반해 튤립을 꼭 껴안고 강제로 데리고 가려 하였다.

여인은 하느님께 구해 달라고 기도를 하였습니다. 그랬더니 여인은 온데간데 없고 그 자리에는 아름다운 꽃 한 송이만이 피어 있었다.

뒤에 이 꽃에 그녀의 이름을 붙여 튤립이라고 불렀다. 오늘날에도 튤립은 가을의 신을 피해 봄철에만 핀다고 한다.

▼ 흰빛 무늬가 있는 빨간 튤립

● 튤립꽃이 피는 순서 ●

▲ 주황색 튤립

옥잠화 *Fragrant Plantain-Lily*

　백합과에 딸린 여러해살이풀로 키는 40~50cm 가량으로 잎은 뿌리줄기에서 넓고 크게 나오며 긴 타원형이고 가장자리가 물결 모양이다.

　8~9월에 잎 사이에서 긴 꽃대가 나와 끝에 향기가 있는 여러 송이의 흰색 꽃이 핀다. 열매는 익으면 저절로 벌어지는 삭과이며 씨에 날개가 있다. 중국 원산이며 어린잎은 먹을 수 있다.

● **전설**　옛날 중국에 피리를 잘 부는 장씨가 살고 있었다. 어느 여름날 저녁 정자에 올라가 달빛 아래에서 피리로 아름다운 곡을 불고 있는데, 하늘에서 선녀가 내려와 달나라의 공주님이 그 곡을 다시 한 번 듣기를 원하니 한 곡만 더 불어 달라고 했다.

　피리 소리를 다 듣고 난 선녀가 고맙다는 인사를 하고 하늘로 올라가려고 할 때, 장씨는 선녀에게 기념이 될 만한 것을 갖고 싶다고 말했다.

　선녀는 아무 말도 하지 않고 머리에 꽂고 있던 옥비녀를 빼어 주었는데, 이 때 장씨는 옥비녀를 땅에 떨어뜨려 깨뜨리고 말았다. 그 후에 비녀가 떨어진 자리에서 흰꽃 한 송이가 피어났는데, 선녀의 옥비녀를 닮았다 하여 꽃이름을 옥잠화라 불렀다고 한다.

▲ 옥잠화의 꽃봉오리에 잠자리가 앉아 쉬고 있다.

◀ 활짝 피어 있는 옥잠화

히아신스 *Hyacinth*

백합과의 여러해살이풀로 키는 15~30cm이다. 가을에 알뿌리를 심으면 칼 모양의 잎이 4~8개 가량 돋아나고 4월경에 잎 사이에서 긴 꽃줄기가 나와 깔때기 모양의 수많은 여섯잎꽃이 아래에서 위로 올라가며 모여핀다.

꽃의 지름은 2~3cm 정도이며, 향기가 좋아 향수의 원료로도 쓰인다. 아프리카와 지중해 연안이 원산지인데, 네덜란드에서 처음으로 새로운 품종을 개발하였다.

꽃말은 '슬픔·기억'이다.

● **전설** 오랜 옛날 그리스에 히아신스라는 소년이 해의 신 아폴로와 원반던지기를 하고 있었다. 이 광경을 보고 질투를 느낀 바람의 신 제프로스는 숲 속에 숨어 있다가 아폴로가 원반을 던질 때 강한 바람을 불게 하였다.

히아신스는 갑자기 부는 바람 때문에 원반이 머리에 맞아 죽고 말았다. 그 때 소년이 흘린 피가 땅에 스며들자 그 자리에서 보랏빛 꽃이 피었다. 아폴로는 소년의 죽음을 슬퍼하며 꽃의 이름을 히아신스라고 불렀다.

▲ 물방울이 맺힌 히아신스

❶ ● 유리병에 물을 담고 알뿌리 자체의 양분을 이용하여 겨울에도 실내에서 꽃을 피울 수 있다.

▲ 분홍빛의 히아신스

▲ 보랏빛의 히아신스

아가판서스 *Agapanthus*

백합과에 딸린 알뿌리식물로 키는 50~80cm이며, 우리 나라에서는 주로 온실에서 재배하지만 남쪽 지방에서는 밖에서 겨울을 나기도 한다.

잎은 긴 칼 모양으로 뿌리에서 모여나고, 6~7월에 종 모양의 여섯잎꽃이 굵은 꽃줄기 끝에 10~50개 가량 모여핍니다. 꽃빛깔은 하늘색·보라색·흰색 등이 있다.

아가판서스는 '아프리카릴리(African Lily)'라고도 하는데 정원에 심어 가꾸거나 꽃꽂이용으로 쓰인다.

▲ 아가판서스 꽃에 물방울이 맺혀 있다.

◀ 연보랏빛의 아가판서스

▲ 뜰에 아가판서스 꽃이 피어 있다.

무스카리 *Muscari*

백합과에 딸린 알뿌리식물로 키는 10~30cm 가량으로 비늘줄기는 희고 달걀 모양이며, 그 끝에서 7~10여 개의 길고 여린 잎이 모여난다. 4~5월에 구슬 모양의 남보랏빛 꽃이 수십 개씩 한데 모여핀다. 8~9월에 온실의 나무 상자 속에 알뿌리를 심어서 기른다.

◀ 무스카리

▼ 무스카리와 꿀벌

산옥잠화 *Plantain Lily*

백합과에 딸린 여러해살이풀로 키는 40~50cm 가량 자란다. 잎은 뿌리에서 돋아나 비스듬히 퍼지며 끝이 뾰족한 긴 타원 모양이다.

7~8월에 잎 사이에서 긴 꽃대가 나와 그 끝에서 나팔 모양의 보라색 꽃이 아래에서 위로 피어 올라간다.

열매가 익으면 세 조각으로 갈라져서 씨를 흩뿌린다.

꽃은 비슷하지만 잎이 두툼하고 심장 모양인 것이 비비추다.

비비추 ▶

▲ 산옥잠화

글라디올러스 *Gladiolus*

붓꽃과의 여러해살이 알뿌리식물로 꽃이 아름다워 꽃밭이나 공원의 뜰에 많이 가꾼다. 키는 80cm~1m 가량이며, 잎은 긴 칼 모양이다.

4~5월에 잎 사이에서 긴 꽃줄기가 나와 10개 안팎의 꽃이 이삭 모양을 이루며 아래에서 위로 피어 올라간다. 꽃빛깔은 빨강·분홍·보라·흰빛 등이 있고, 어린싹은 나물로 먹을 수 있다. 꽃말은 '주의·경고' 이다.

▲ 글라디올러스에 맺힌 물방울

● **전설** 옛날 로마 시대에 마음씨 곱고 아름다운 공주가 살고 있었는데 몸이 약해 일찍 세상을 떠났다.

공주는 죽기 전에 항상 지니고 다니던 향수병을 자기 무덤에 묻어 주고, 그 병을 절대 열어 보지 말라는 유언을 남겼다. 호기심이 많은 한 시녀가 공주의 말을 듣지 않고 향수병을 살짝 열어 보았더니 이상하게도 향기가 금세 날아가 버렸다.

시녀는 깜짝 놀라 얼른 병을 무덤에 묻었다. 이듬해 봄 향수병을 묻은 자리에서 아름다운 꽃이 피었는데 향기가 없었다. 이 사실을 안 왕은 칼로 그 시녀를 죽여 버렸다. 그랬더니 이상하게도 꽃이 빨갛게 물들면서 잎은 칼 모양으로 변했다. 이 꽃이 바로 글라디올러스였다.

▲ 붉은빛의 글라디올러스

◀ 분홍빛의 글라디올러스

크로커스 *Crocus*

크로커스는 붓꽃과에 딸린 여러해살이풀로 사프란(Safran)의 그리스 이름인데, 꽃만을 보기 위해 봄에 피는 것을 크로커스라 하고, 약재로 쓰기 위해 가을에 재배하는 것을 사프란이라고 한다.

키는 10~20cm이고, 잎은 칼 모양 또는 바늘 모양이며 1~3월에 잎 사이에서 꽃줄기가 나와 노랑·보라·남색·하양 등의 꽃이 핀다. 지중해 연안이 원산지로 꽃말은 '청춘의 기쁨·환희'이다.

▲ 활짝 핀 꽃

● **전설** 고대 그리스 시대에 크로커스라는 청년이 아름다운 여인 코린투스를 사랑하게 되었는데, 그녀에게는 이미 결혼을 약속한 사람이 있었다. 이 사실을 안 코린투스의 어머니는 코린투스를 아주 먼 곳으로 보내 버렸다.

크로커스는 아름다움의 신인 비너스에게 도움을 청했다. 비너스는 두 사람이 편지를 주고받을 수 있도록 비둘기 한 마리를 보내 주었다. 코린투스의 어머니는 이 비둘기를 없애려고 활로 쏘았는데, 그만 실수를 하여 딸이 화살에 맞아 죽고 말았다.

코린투스의 약혼자는 그 원인이 크로커스에게 있다고 생각하여 그를 죽여 버렸다. 비너스는 이들의 애틋한 사랑을 갸륵하게 생각하여 크로커스를 꽃으로 만들었다고 한다.

▼ 노란색의 크로커스

프리지어 *Freesia*

붓꽃과에 딸린 여러해살이풀로서 키는 35~45cm 가량이며 남아프리카 희망봉에서 자라던 들꽃을 개량하여 온실에서 재배한 원예 품종이다.

잎은 긴 칼 모양이고, 아직 밖은 추운 2월, 잎이 날 무렵 잎 사이에서 나온 꽃줄기 끝에 향기가 좋은 노랑·흰색 등의 여섯 잎꽃이 핀다.

1816년에 아프리카에서 영국으로 처음 건너온 후 세계 여러 나라에 전파되고 품종이 개량되어 요즘에는 빨강과 보랏빛 꽃도 나오고 있다.

우리 나라에는 조선 말엽 신문물과 함께 밀려 들어온 꽃 중의 하나이다. 원산지가 아프리카이기 때문인지 우리 나라 기후에서는 밖에서는 잘 자라지 않으므로 주로 온실에서 재배하여 화분에 가꾸거나 꽃꽂이용으로 많이 쓰인다.

꽃말은 '맑은 향기·천진난만' 이다.

▲ 프리지어에 맺힌 물방울

▲ 노란색의 프리지어
◀ 흰색의 프리지어

시클라멘 *Cyclamen*

앵초과에 딸린 여러해살이 알뿌리식물로 키는 15~20cm 로 잎은 둥근 심장 모양으로 녹색 또는 짙은 녹색이며, 흰 무늬가 있다.

2~3월경에 잎 사이에서 나온 여러 개의 꽃줄기 끝에서 빨강·분홍·흰빛 등의 다섯잎꽃이 아래쪽을 향해 핀다.

꽃잎은 위로 젖혀져 있고, 둥근 종자가 익으면 아래로 늘어져 씨가 흩어져 나온다.

● **전설** 오랜 옛날 하늘 나라에 사는 여신과 한 청년이 서로 사랑하였다. 그런데 청년이 다른 여인을 좋아하게 되어 여신 곁을 떠나 버리고 말았다. 그 여신은 슬픔을 이겨 내지 못하여 몸이 차츰 여위어 갔다.

여신의 친구들은 그녀의 모습을 보고 몹시 안타까워했다. 그래서 슬픔을 잊기 위해서는 입고 있던 옷을 벗어 버리면 된다고 일러 주었다. 여신이 옷을 벗어 버리자 마음이 편안해지기 시작했다. 이 옷이 지구에 떨어졌을 때 옷은 사라져 버리고 그 자리에서 시클라멘 한 송이가 피어났다고 한다.

▲ 빨간색의 시클라멘

분홍빛의 시클라멘 ▶

▲ 활짝 핀 꽃을 앞에서 본 모양

프리뮬러 *Primula*

앵초과에 딸린 한두해살이풀로 키는 10~15cm 가량이며 아주 작지만, 꽃이 아름다워 많은 사람들로부터 사랑을 받는 꽃이다.

잎은 뿌리에서 모여나며 긴 타원형으로 1~2월에 빨강・노랑・자주・분홍・흰색 등의 화사한 꽃이 핀다.

대체로 꽃전설은 슬픈 사연이 많은데, 프리뮬러의 전설은 그렇지 않다. 꽃말은 '청춘의 희망' 이다.

▲ 자줏빛 프리뮬러

● **전설** 오랜 옛날 독일에 한 소녀가 병든 어머니를 위해 약초를 캐려고 들로 나갔다. 그 때 한 요정이 나타나 프리뮬러 꽃 한 송이를 주며, 저 언덕 너머에 있는 카프라 성문의 자물쇠에 꽃을 꽂으면 문이 열릴 것이니 가 보라고 하였다.

소녀가 프리뮬러 꽃을 들고 성에 들어가 보았더니 그 요정이 미리 와서 기다리고 있었다. 거기에는 많은 금은 보화와 어떤 병이든 고칠 수 있는 약이 가득 들어 있었다.

그래서 어머니의 병도 고치고, 오래도록 행복하게 살았다고 한다. 독일에서는 효심이 깊으면 하늘이 돕는다는 교훈이 담겨 있는 프리뮬러를 '열쇠의 꽃' 이라고 한다.

▼ 빨간색 프리뮬러

▲ 노란색의 프리뮬러

군자란 Scarlet Kafir-Lily

수선화과에 딸린 여러해살이화초로 온실에서 재배하여 주로 화분에 가꾸는 꽃으로 키는 45cm 가량이며, 이름은 난초인 것 같지만 실제로는 수선화 종류이다.

잎은 뿌리에서 모여나며 두터운 칼 모양이다.

1~3월에 잎 사이에서 굵은 꽃줄기가 나와 그 끝에 깔때기 모양의 주황색 꽃이 10~20 송이 가량 핀다. 남아프리카의 희망봉이 원산지이며, 꽃말은 '고결' 이다.

▲ 수선화과의 군자란

꽃무릇 Red Splder Lily _ 석산

수선화과의 여러해살이 알뿌리식물로 독성이 있는 식물이며, 키는 30~40 cm 가량이다.

9~10월에 알뿌리에서 나온 꽃줄기 끝에 화려한 빨간꽃이 피는데, 꽃이 진 뒤에 칼 모양의 많은 잎이 나온다.

중국이 원산지로 산기슭이나 연못가에서 절로 자라며, 스님들이 절에서 많이 가꾸는 꽃이다. 알뿌리는 먹을 수 있고 체했을 때 토하게 하거나 상처난 데 바르는 약재로 쓰이며, 마취제의 원료로 사용된다. 꽃말은 '슬픈 추억' 이다.

◀ 아름답고도 슬픈 추억만큼이나 화려한 꽃을 피우는 꽃무릇

수선화 *Narcissus*

수선화과의 여러해살이 알뿌리식물로서 비늘줄기에는 많은 수염뿌리가 있다. 잎은 긴 칼 모양이며 알뿌리에서 한데 모여난다.

1~2월에 잎 사이에서 꽃줄기가 나와 그 끝에 노랑·흰색 등의 여섯 잎꽃이 핀다. 흰색의 수선화는 꽃잎이 은접시와 같고, 가운데에 있는 나팔 모양의 노란 부관은 금잔과 같다 하여, '금잔 은대'라고 표현하기도 한다.

이슬람교의 창시자 마호메트는 '두 조각의 빵을 가진 사람은 그 한 조각을 수선화와 바꾸라. 빵은 우리 몸에 필요한 것이지만 수선화는 마음에 필요한 양식이니라.'라고 말했다고 한다.

그러나 수선화의 뿌리에는 독성이 있어서 실수하여 이것을 먹으면 복통과 토사를 일으키므로 주의해야 한다.

꽃말은 흰색 수선화가 '신비·호의'이고 나팔수선은 '짝사랑'이다.

▼ 물방울에 비친 수선화

▲ 주황색 부관을 가진 흰빛의 수선화

▲ 노란색의 수선화

● **전설** 오랜 옛날, 그리스에 나시서스라는 잘생긴 소년이 있었는데 마음 속으로는 사랑하지 않으면서도 여러 요정들과 사귀었다. 어느 날 나시서스의 거짓 사랑에 속은 한 요정이 복수의 여신에게 빌었다.

"나시서스가 참사랑을 알게 되고, 그 사랑이 깨어져 이별의 아픔이 얼마나 큰 것인가를 알게 해주소서."

마침내 그 기도가 이루어졌다. 하루는 나시서스가 물을 마시려고 연못가에 엎드렸을 때 연못 속에 아름다운 요정이 보였다.

▲ 수선화로 날아오는 꿀벌

그는 물속의 요정을 잡으려고 해도 도무지 잡을 수가 없었다. 물속에 비친 자신의 모습이 요정인 줄로 착각한 것이다.

그 후 나시서스는 물속의 그림자만 바라보며 몸이 점점 여위고 쇠약해져 마침내 죽고 말았다. 숲에 사는 요정들은 나시서스의 죽음을 슬퍼하며 그를 묻어 주었다. 그런데 그의 무덤에서 예쁜 꽃 한 송이가 피었다. 요정들은 그 꽃을 소년의 이름을 따서 나시서스라고 불렀다.

상사화 _Magic Lily_

수선화과에 딸린 여러해살이풀로 키는 60cm 가량으로 잎은 긴 칼 모양인데 끝이 둥글며 선명한 녹색이다.

6월에 잎이 말라 없어진 다음 7~8월에 긴 꽃줄기가 나와 4~8송이의 연분홍빛 꽃이 우산 모양의 꽃차례로 핀다.

꽃이 필 때에는 잎은 이미 말라 버리므로 꽃과 잎이 서로 만나지 못한다 하여 상사화라고 부른다.

꽃말은 '그리움' 이다.

▲ 잎이 진 후에 꽃이 피는 상사화

나도샤프란 _White Amaryllis_

수선화과에 딸린 여러해살이풀로 페루가 원산지이며, 꽃밭이나 화분에 가꾼다. 3~4월에 알뿌리에서 긴 바늘 모양의 잎이 무더기로 나고, 잎 사이에서 꽃줄기가 나와 그 끝에 흰빛의 여섯 잎꽃이 한 송이씩 핀다.

꽃은 7월부터 피기 시작하여 10월까지 계속 피고 진다. 수술은 6개이며 열매는 맺지 않는다. '개상사화' 라고 알려져 있는 흰상사화는 매우 맑고 아름다운 꽃이다.

◀ 흰꽃이 아름다운 나도샤프란

팬지 *Pansy*

제비꽃과의 한두해살이풀로 길가나 공원에 많이 가꾸는 꽃으로 키는 20cm 가량이며, 잎은 긴 타원 모양이다.

봄에 노랑·보라·하양·빨강 등의 꽃이 핀다. 팬지는 향기가 있는 작은 들꽃이었는데 영국의 갬비어(Gambier) 경이 개량하여 오늘날의 팬지를 만들어 냈다.

꽃말은 '사색·나를 생각해 주세요' 이다.

▲ 보랏빛의 팬지꽃

● 전설   고대 로마 시대에 하늘을 날아다니던 천사들이 지구에 피어 있는 제비꽃을 보고 그 아름다움에 놀라 땅 위로 내려와서 다음과 같이 말했다.

"이 아름다운 꽃에 우리들의 모습을 더해 주지. 지구는 영광으로 빛나고 너를 보는 사람들을 행복하게 하여라."

그래서 제비꽃은 사람 모양의 무늬를 가진 팬지가 되었고, 천사들이 팬지에 세 번 입을 맞추자 하양·노랑·빨강의 세 가지 팬지꽃이 되었다고 한다.

▼ 노란색의 팬지꽃

▲ 눈 속에 핀 빨간색과 노란색의 팬지꽃

나팔꽃 *Morning Glory*

메꽃과에 속하는 한해살이 원예식물로 열대 아시아가 원산지이며, 꽃을 보기 위해 가꾼다.

줄기는 덩굴지고 왼쪽으로 2~3m쯤 감아 올라간다. 잎은 어긋나고 잎자루가 길며, 손바닥 모양인데 세 개로 깊게 갈라져 있다. 둥근잎나팔꽃은 다른 나라에서 들어온 것인데 지금은 전국 각지에서 볼 수 있다.

7~8월경에 잎겨드랑이에서 나팔 모양의 빨강·자주·보랏빛 등 꽃이 아침 일찍 피었다가 낮에 시든다. 그러나 줄기의 눈마다 한 송이씩 피어 여름 내내 계속되기 때문에 꽃이 지지 않는 것처럼 보인다.

열매는 깊게 5개로 갈라진 꽃받침에 싸여 있으며 익으면 절로 벌어진다. 둥근 열매에는 3실이 있는데 씨는 2개씩 6개가 들어 있다.

나팔꽃은 빨간꽃의 씨를 뿌려도 꼭 빨간꽃이 피지는 않으므로 유전학 연구에 이 꽃을 이용한다. 씨는 '견우자'라 하는데 검은색과 흰색의 두 가지가 있다. 한방에서 이뇨제로 쓰이며, 검은 씨는 수확이 많으나 약효는 떨어진다.

꽃말은 '속절없는 사랑'이다.

▲ 나팔꽃의 덩굴줄기는 왼쪽으로 감아 올라간다.

▲ 옆에서 보면 나팔 모양이라는 것을 알 수 있다.

◀ 초가 지붕에 둥근잎나팔꽃이 피어 있다.

● 나팔꽃은 한밤중에 피기 시작하여 이른 아침에 활짝 핀다.

▲ 오후 1시

▲ 다음날 새벽 3시

▶ 새벽 4시 30분

◀ 새벽 5시 30분

▲ 새벽 6시 꽃이 활짝 피었다.

● **전설** 　신라 시대에 한 화가가 아름다운 아내와 함께 행복하게 살아가고 있었는데, 화가의 아내에 대한 소문이 마침내 그 고을 원님에게까지 알려지게 되었다.

　원님은 화가의 아내를 강제로 데려오려고 하였으나 말을 듣지 않자 도둑 누명을 씌워 감옥에 가두어 버렸다. 화가는 아내를 기다리다 지쳐 몸이 차츰 쇠약해져 갔다. 화가는 아무것도 먹지 않고 아내의 얼굴만 그리고 있었다.

　그는 어느 날 갑자기 아내의 그림을 가지고 미친 듯이 감옥으로 달려갔다. 그리고는 그림을 담 옆에 묻은 후 슬피 울다가 쓰러져 죽고 말았다.

　며칠 후 그 자리에서는 빨간 나팔꽃이 피어나 아내를 만나려는 듯이 감옥 창살을 감아 올라가고 있었다.

▼ 꽃이 지고 나면 녹색 열매가 맺히고 차츰 갈색으로 변한다.

▲ 나팔꽃을 찾아온 팔랑나비

등나무 *Wisteria*

콩과에 딸린 갈잎덩굴나무로서 갈색의 줄기가 10m쯤 길게 뻗어 보라꽃이 피는 것은 오른쪽으로, 흰꽃이 피는 것은 왼쪽으로 감아 올라간다. 잎은 마주나고 타원 모양의 겹잎이며, 작은잎이 11~19개 붙어 있다.

5~6월에 꽃이 이삭을 이루어 아래쪽으로 드리워진다. 나무의 덩굴이 질겨서 바구니를 만드는 재료로 쓰이며, 물건을 비끄러맬 때 사용한다. 또 섬유를 뽑아서 천을 만드는 재료로 쓰이기도 한다. 꽃말은 '환영·사랑의 결합'이다.

▲ 등나무꽃

● **전설** 신라 시대에 한 농부가 착하고 예쁜 딸 자매를 두었는데, 그들은 화랑 한 사람을 서로 몰래 사랑하였다.

어느 날 싸움터에 나가는 화랑을 배웅하러 나온 두 자매는 그제서야 한 화랑을 둘이서 사랑하고 있다는 사실을 알게 되었다.

며칠 후 뜻밖에도 그 화랑이 전사했다는 슬픈 소식을 들은 두 자매는 연못가에서 부둥켜안고 울다가 연못에 몸을 던져 죽고 말았다. 이듬해 그 연못가에서는 두 그루의 등나무 싹이 나와 서로 의지하며 자라났다. 언니인 보라꽃은 오른쪽으로 감아 올라가고 동생인 흰꽃은 왼쪽으로 감아 올라갔다.

▲ 보랏빛의 등나무꽃

수국 *Hydrangea*

범의귀과에 딸린 갈잎떨기나무로 키는 1m 가량이며 잎은 마주나며 끝이 뾰족한 타원형인데 두껍고 윤이 난다. 그리고 가장자리에는 톱니가 있다.

6~7월경에 지름 10~15cm의 많은 꽃이 우산 모양의 꽃차례로 피어 둥근 공 모양을 이룬다. 꽃빛깔은 보라·자주·흰빛·파랑 등이 있으며, 열매는 맺지 못한다.

꽃말은 '소녀의 꿈·변하기 쉬운 마음'이다.

▲ 수국꽃이 필 때, 처음에는 연한 녹색이었다가 차츰 제 색깔로 변한다.

● 전설 중국 당나라의 유명한 시인 백낙천이 아직 군수로 있을 때 초현사라는 절에 갔는데 이 때 주지 스님이 꽃을 가리키며 이름이 무엇이냐고 물어 보았다.

백낙천은 그 꽃을 유심히 바라보다가 하늘 나라에서나 피는 꽃과 같이 아름다우므로 '보랏빛 태양의 꽃'이라는 뜻인 자양화라고 이름을 붙여 주었다. 이 꽃이 바로 수국이었다.

수국은 꽃이 필 때 여러 가지 색으로 변하므로 절개가 없는 여인 같다고 말하는 사람도 있으며, 칠면조처럼 변한다 하여 칠변화라는 명예롭지 못한 이름도 가지고 있다.

▲ 보랏빛의 수국꽃

▲ 분홍빛의 수국꽃

장미 *Rose*

장미과에 속하는 여러해살이 떨기나무로 꽃이 아름답고 향기가 좋아 예로부터 많은 사람들에게 사랑을 받아 왔으며, 꽃의 여왕이라 불리었다.

현재 알려진 품종만도 1만 5천여 종이고, 우리 나라에서 재배되는 품종만도 약 500여 종이나 된다.

키는 2~3m 가량이며, 가지에는 날카로운 가시가 있다. 잎은 어긋나고 3~7개의 작은잎으로 이루어진 깃 모양의 겹잎인데 작은잎은 긴 타원 모양이다.

장미는 꽃밭에 가꾸거나 온실에서 재배하여 꽃꽂이용으로 많이 쓰인다. 꿀은 많지 않아 다른 꽃이 없을 때 외에는 벌·나비가 좀처럼 날아들지 않는다.

5~6월경에 탐스럽고 아름다운 빨강·노랑·분홍·흰색 등의 꽃이 핀다. 그러나 품종에 따라서 피는 시기·기간이 다르고, 홑꽃·겹꽃 등 꽃빛깔과 모양도 여러 가지이다.

번식은 종자나 꺾꽂이로도 할 수 있으나 주로 찔레꽃에 접목하여 번식한다.

꽃말은 '불타는 사랑·아름다움' 이다.

▲ 장미꽃으로 날아드는 꿀벌

▼ 노란색 장미 골든라프체라

▲ 꽃이 작은 장미 리틀마블

● **전설**   아담과 이브가 선악과를 따 먹고 에덴 동산에서 쫓겨난 세상에는 아직 꽃이 없었다. 기원전 922년 무렵 이스라엘의 분열로 생긴 유대 왕국에 아름다운 여인 지라가 살고 있었다.

그런데 거친 성격을 가진 하무엔이 지라를 사랑하게 되었다. 이 청년은 지라에게 사랑을 고백했으나 거절당하자 지라가 마녀라고 거짓 소문을 퍼뜨렸다.

그 당시의 법은 마녀를 화형에 처하던 때였으므로 지라는 장작더미 위의 화형대에 묶인 채 활활 타오르는 불길에 휩싸이게 되었습니다. 이 때 하느님이 지라를 불쌍히 여겨 불을 끄고 그녀를 살려 주었다.

불이 꺼지자 불에 타던 장작에서는 붉은 장미가, 불이 붙지 않은 장작에서는 흰 장미가 피어났다. 이 장미가 세상에서 처음 생긴 꽃이라고 한다.

▲ 장미의 꽃즙을 먹으러 온 개미

▶ 주황색 장미 슈퍼스타

▲ 덩굴장미

매화 *Apricot*

장미과에 속하는 중키나무로 키는 4~5m 가량이다.
　매화는 이른봄 눈 속에서 제일 먼저 피는 꽃이라고 하여 흔히 설중매라고 불린다. 잎보다 먼저 꽃이 피는데 보통 잎겨드랑이에서 1~3송이가 핀다. 꽃빛깔은 하양·분홍·빨강 등이 있고 향기가 좋으며, 열매를 매실이라고 하는데, 그것으로 매실주라는 술을 담근다.
　꽃말은 '미덕·고결·정절'로 난초·국화·대나무와 함께 '사군자'로 불린다.

▲ 흰빛의 매화꽃

▲ 분홍빛의 매화꽃

● **전설**　고려 시대에 도공 영길의 약혼녀가 결혼을 며칠 앞두고 병에 걸려 세상을 떠나고 말았다. 하루는 약혼녀의 무덤을 찾아가 보았더니 그 곳에 매화 한 그루가 피어 있었다.
　영길은 매화를 집 뜰에 옮겨 심고 정성을 들여 가꾸며 그녀를 대하듯 사랑하였다.
　영길이 늙어 백발 노인이 되었는데, 어느 날 문이 닫히고 인기척이 없어 사람들이 들어가 보았더니 그는 죽고 그가 빚은 도자기 하나가 놓여 있었다. 도자기의 뚜껑을 열어 보았더니 그 속에서 새 한 마리가 나와 슬피 울었다. 이 새가 바로 꾀꼬리였다고 하며 매화를 아끼는 영길의 넋이라는 것이다.

● 명자는 잎보다 꽃이 먼저 핀다.
▲ 명자나무

명자나무 *Flowering Quince*

장미과에 딸린 갈잎떨기나무로 키는 2m 가량이다.

잎은 어긋나고, 가장자리에 톱니가 있으며 턱잎은 일찍 떨어진다. 꽃은 4월 중순에 붉게 피며 열매는 7~8월에 누렇게 익는다.

봄을 장식하는 꽃 중의 하나로 경기도에서는 '아가씨꽃' 또는 '애기씨꽃'이라 부르고, 전라도에서는 '산당화'라고 부른다.

꽃이 아름다워 꽃밭이나 고궁의 뜰에 많이 심어 가꾼다.

▲ 봄의 고궁을 화려하게 장식하는 명자꽃

피라칸다 *Pyracantha*

장미과에 딸린 늘푸른떨기나무로 높이는 3m 정도이고, 가지에는 장미와 같은 가시가 있다.

잎은 긴 타원 모양이며 일정한 간격을 두고 나란히 돋는데 한 곳에서 서너 개씩 뭉쳐난다.

5~6월에 흰꽃이 피며, 꽃이 지고 나면 그 자리에서 구슬과 같이 둥근 주황색 열매가 한데 모여 달린다.

이 나무는 겨울이 되어도 열매가 떨어지지 않고 계속 붙어 있는 것이 특징이다. 요즘에는 온실에서 재배한 작은 나무를 화분에 심어 가꾸기도 한다.

▲ 수많은 열매가 한데 모여 열리는 피라칸사

아잘레아 *Azalea*

진달래과에 딸린 늘푸른떨기나무로 키는 1m 가량 되며, 우리 나라에서는 온실에서 재배하여 주로 화분에 심어 가꾸는 꽃이다.

꽃 피는 시기는 봄이지만 거의 온실에서 재배하기 때문에 1월경에 꽃이 핀다. 홑꽃도 있으나 대개 겹꽃이 많으며, 꽃 빛깔은 빨강·자주·주황·분홍·흰색과 분홍이 섞인 것 등 여러 가지이다.

영어명은 진달래와 같으나, 우리 나라의 들꽃 진달래와는 다른 꽃이다. 서양에서는 진달래류를 모두 어제일리어라고 부르기 때문이다.

어제일리어란 그리스 어에서 나온 말로 건조한 땅에서도 잘 자란다는 뜻이다.

▲ 진홍색의 어제일리어

▲ 분홍 바탕에 흰색 무늬가 있는 어제일리어

▲ 흰빛의 어제일리어

영산홍 *Azalea*

진달래과에 딸린 원예식물로 키는 1m 가량이며, 가지를 많이 친다. 잎은 길둥근 모양이고 양면에 털이 있다.

5~6월경에 가지 끝에서 꽃이 한두 송이씩 핀다.

꽃은 빨강·자주·흰빛 등이 있는데, 빨간꽃을 영산홍, 자주꽃을 영산자, 흰꽃을 영산백이라고 부른다.

품종은 약 500종이나 되며, 미국과 유럽에서는 진달래류를 모두 어제일리어라고 하기 때문에 진달래·영산홍·어제일리어 등의 영어명이 똑같다.

▲ 영산자와 영산홍
▶ 영산백

안수리움 *Anthurium*

천남성과에 딸린 여러해살이풀로 키는 20~30cm 가량으로 넓고 긴 잎은 두텁고 광택이 난다. 손가락 모양의 빨간색 꽃이 피는 시기는 일정하지 않으며, 섭씨 10도 이상에서 겨울을 난다.

아름다운 꽃처럼 보이는 것은 꽃을 싸서 보호하는 포엽인데, 종류에 따라 한 잎 또는 두 잎을 가지고 있다.

◀ 두 개의 포엽을 가진 안수리움

종꽃 Canterbury Bell

초롱꽃과에 딸린 두해살이풀로 키는 80cm~1m 가량이며 줄기가 굵고 똑바로 자란다.

잎은 짧은 칼 모양이고, 한 줄기에서 여러 개의 꽃줄기가 나와 6~9월에 종 모양의 꽃이 한두 송이씩 아래쪽을 향하여 핀다.

꽃빛깔은 흰색·보라·파랑·빨강 등이 있는데, 꽃잎 끝은 다섯 개로 갈라져 있다. 특히 흰꽃이 피는 것을 '은초롱꽃' 이라고 부른다.

▲ 흰꽃이 피는 은초롱꽃

꽃범의꼬리 Obedient Plant

꿀풀과에 딸린 여러해살이풀로 원산지는 캐나다이다. 높이는 80cm~1m 정도이며 똑바로 자라지만 키가 커지면 약간 옆으로 휘어지기도 한다.

잎은 마주나며 칼 모양이고 가장자리에 불규칙한 톱니가 있다. 꽃은 7~9월에 이삭 모양을 이루며 아래에서 위로 피어 올라간다.

▲ 분홍빛 꽃을 피우는 꽃범의꼬리

▲ 꽃범의꼬리꽃으로 날아드는 꿀벌

봉선화 *Garden Balsam*

봉선화과의 한해살이풀로서 키는 40~60cm로 줄기는 곧게 서며 아래쪽에는 마디가 있다.

잎은 어긋나고 긴 타원 모양으로 가장자리에 잔톱니가 있다. 7~10월경 2~3개의 가는 꽃자루 끝에 빨강·노랑·하양·분홍빛 등의 꽃이 핀다. 열매에는 잔털이 있으며, 익으면 다섯 칸으로 갈라지고 갈색의 씨가 저절로 튀어나와 먼 곳까지 퍼져 나간다.

소녀들이 꽃잎으로 백반·소금 등을 섞어 손톱에 붉은 물을 들인다. 꽃말은 '나를 다치지 마세요' 이다.

▲ 이탈리아봉선화

● **전설** 고려의 충선왕이 원나라 공주를 왕비로 맞았으나 조비를 더 사랑한다는 이유로 왕위에서 물러나 원나라에 끌려가 있을 때의 일이다. 어느 날 충선왕은 궁궐에서 봉숭아꽃으로 손톱에 물을 들인 소녀를 만났다. 그 소녀는 고려 대신의 딸인데 원나라에 볼모로 잡혀와 너무 울어서 눈이 멀었다는 것이었다.

그 후 고려로 돌아와 다시 왕이 된 충선왕은 그 소녀를 데려오려 했으나 고국을 그리다가 지쳐 죽은 후였다. 충선왕은 궁궐의 뜰에 봉숭아를 심게 하여 그 소녀의 넋을 위로했다고 한다.

▼ 빨간색의 봉선화꽃

국화 *Chrysanthemum*

국화과의 여러해살이풀로서 예부터 국화는 매화·난초·대나무와 더불어 '사군자'라고 하여 깨끗하고 높은 성품의 상징으로서 문인·화가들이 즐겨 그렸다.

줄기는 밑부분이 단단한 나무처럼 변하며, 잎은 어긋나고 깃꼴로 갈라져 있다. 향기 좋은 꽃이 줄기 끝에 피는데, 꽃빛깔은 노랑·빨강·하양·분홍·보랏빛 등이 있고, 꽃의 크기와 모양도 여러 가지이다.

국화는 꽃의 크기에 따라 대륜국·중륜국·소륜국으로 나누고, 꽃이 피는 시기에 따라 가을에 피는 추국, 겨울에 피는 동국, 여름에 피는 하국 등으로 구분한다. 대륜국은 꽃송이의 지름이 18cm 이상 되는 큰 것을 말하며, 중륜국은 꽃송이의 지름이 9~18cm, 소륜국은 9cm 미만의 것을 말한다.

국화는 봄에 어린싹을 나물로 먹고, 여름에는 연한 잎을 기름에 튀겨 먹고, 가을에는 흰 국화로 술을 빚었는데 그 술을 마시면 오래 산다 하여 불로장생주라고 불렀다. 또한 꽃을 말려서 뜨거운 물에 우려 차로 마셨고, 베갯속으로 사용하여 잠을 잘 때 그 폭신함과 국화 향기를 즐겼다. 꽃말은 흰꽃이 '고결' 빨간꽃이 '고상' 노란꽃이 '실연' 이다.

▲ 소륜국 홍소슬

▲ 대륜국 봉황(왼쪽)과 송심(오른쪽)

● 중륜국 신동아
◀ 꽃봉오리
▼ 꽃이 피기 시작한다.
▶ 밖에서 안으로 피어 간다.
▲ 꽃이 활짝 피었다.

● **전설** 중국 여현의 감곡이라는 강의 상류에는 가을이 되면 국화가 만발해 있었다. 그 국화꽃에 이슬이 맺혀서 강물에 떨어지고, 이 물을 먹은 강 하류의 사람들은 매우 오래 살았다고 한다.

또 중국 후한 시대의 항경이라는 사람은 그의 스승으로부터 이상한 말을 들었다.

"산수유 열매를 넣은 주머니를 팔에 걸고 산에 올라가서 국화주를 마시면 9월 9일에 닥쳐올 재난을 면하리라."

항경이 저녁에 집에 와 보았더니, 가축이 모두 죽어 있었다. 항경 대신 가축들이 화를 당했던 것이다.

그래서 음력 9월 9일을 중양절로 정했는데, 이 날은 국화주를 마시며 나쁜 일을 떨어 버리고 오래 살기를 비는 풍습이 생겼다고 한다.

▼ 가을 꽃밭을 수놓은 국화(중륜국)

▲ 노란 국화꽃에 찾아온 칠성무당벌레

과꽃 Aster

국화과에 딸린 한해살이화초로 키는 50cm~1m 가량이고 줄기는 가지를 많이 치며 전체에 잔털이 나 있다.

원래 우리 나라와 중국·만주의 들꽃이었는데, 18세기경 프랑스로 건너가 프랑스·독일·영국 등지에서 과꽃으로 개량되었다. 꽃빛깔은 하양·분홍·빨강·자줏빛 등 여러 가지인데, 아직 노란색만은 만들어 내지 못하고 있다. 꽃말은 '추억·추상'이다.

▲ 보랏빛의 과꽃

● **전설** 옛날 중국 당나라에 추금이라는 아름다운 여인이 아들과 함께 살아가고 있었다. 그런데 그 고을의 사또가 추금 부인을 유혹하였지만 몇 번이나 거절을 당했다.

화가 난 사또는 그녀의 아들을 군사로 뽑아 싸움터로 보내고 추금 부인을 감옥에 가두었다. 며칠 후에 나타난 사또는 열쇠를 던져 주며 언제든지 자기를 찾아오라고 말했다.

추금 부인은 열쇠를 밖으로 던져 버리고는 감옥에서 얻은 병으로 세상을 떠나고 말았다. 싸움터에서 돌아온 아들이 이 소식을 듣고, 열쇠를 던졌다는 곳에 가 보았더니 그 자리에 과꽃이 피어 있었다고 한다.

▶ 과꽃을 찾아온 멧노랑나비

▲ 꽃밭에 피어 있는 과꽃

다알리아 *Dahlia*

국화과에 딸린 여러해살이화초로서 여름철 뜰에 가꾸는 대표적인 꽃이다.

키는 40cm~2m 가량 자라는데, 가지가 많이 뻗고 줄기에는 흰 가루가 덮여 있다. 잎은 깃꼴 겹잎으로 마주나며 표면은 짙은 녹색, 뒷면은 잿빛을 띠고 있다.

여름부터 가을에 서리가 내릴 때까지 흰빛·붉은빛·자줏빛 등의 크고 아름다운 꽃이 가지마다 탐스럽게 핀다.

꽃이 화려할 뿐 아니라 그 빛깔도 여러 가지이고 가꾸기도 쉬워, 세계 여러 나라에서 가장 인기 좋은 꽃 중의 하나이다.

꽃말은 '감사' 이다.

▲ 빨간색의 다알리아꽃

● **전설** 멕시코 원산인 이 꽃의 학명인 달리아는 스웨덴의 식물학자 달(Andreas Dahl)을 기념하기 위하여 붙인 이름이다. 그는 식물분류학의 창시자인 린네(Linne, Carl von)의 수제자였다.

이 꽃이 1615년 처음 유럽에 소개될 때에는 '뉴스페인' 이라는 이름을 가진 꽃이었는데 그 재배법을 몰라 한 그루도 꽃 피우지 못했다.

멕시코는 더운 나라였으므로, 온실에서 키운 셈이었기 때문이다. 그 후에 현지에 가 보았더니 해발 1,500m 고지의 낮은 온도에서 자란다는 것을 알게 되어 오늘날의 달리아로 개량하는 데 성공했다고 한다.

그러나 파랑색 꽃만은 아직도 만들어 내지 못하였다.

▶ 다알리아에 앉아 있는 잠자리

▲ 흰색과 빨강색이 섞인 다알리아꽃

코스모스 *Cosmos*

국화과에 딸린 한해살이풀로 산과 들에서 저절로 자라며, 길가와 꽃밭에 심어 기르는 가을꽃이다.

높이는 1~2m 가량이고, 줄기에서 가지가 갈라진다. 잎은 마주나며, 여러 갈래로 가늘게 갈라져 있는 깃털 모양이고 특이한 냄새가 난다.

꽃은 가을에 하양·빨강·노랑·분홍·주황 등 여러 가지 빛깔의 꽃이 피며 겹꽃도 있다. 대개 기온이 내려가 섭씨 15도에서 17도쯤이 되면 꽃이 핀다.

코스모스는 콜럼버스가 아메리카 대륙을 발견한 이후에 멕시코에서 에스파냐의 마드리드로 전해졌다가 영국을 거쳐 세계에 퍼졌다고 한다. 꽃말은 '애정·소녀의 순정'이다.

▲ 노랑코스모스와 꿀벌

◀ 코스모스 뒤에 매달려 자고 있는 잠자리. 곤충들은 새벽에는 움직이지 못한다. 새벽에 비나 이슬을 맞고 날아가지 못하는 것이 아니라 해가 뜬 후 체온이 오를 때까지 기다리는 것이다.

▼ 하얀 코스모스

▲ 꽃밭에 피어 있는 코스모스

◀ 코스모스에 앉아 있는 배추흰나비

원예 품종인 사계절코스모스 ▶

▲ 수많은 코스모스가 피어 있는 들판

● **전설** 코스모스의 학명은 코스모스 비피나투스(Cosmos Bipinnatus)이다. Cosmos는 그리스어의 kosmos에서 따온 말로, 조화·아름다움·장식 등의 뜻을 지니고 있다.

종명인 'Bipinnatus의 Bi는 겹친다'는 뜻이고, 'Pinnatus는 날개'이므로 날개를 겹치고 있는 '꽃'이라는 뜻이다.

요즘에는 여름에 꽃이 피는 센세이션 코스모스라는 개량종도 나오고 있으며, 미국에는 블랙 코스모스라 하여 검은자줏빛 꽃도 있다. 그러나 역시 코스모스는 파란 하늘 아래에서 바람에 하늘거리는 모습이 우리 나라 가을의 정취를 느끼게 해 주는 꽃이다.

최근에 고속 도로 길가에서 흔히 볼 수 있는 '노랑코스모스'는 같은 과이지만 코스모스와는 느낌이 좀 다른 꽃이다.

▶ 꽃에서 떨어지는 물방울 뒤에는 항상 하나의 작은 물방울이 따라온다. 우리 눈으로는 보이지 않지만 사진으로는 볼 수가 있다. 물방울 속에 뒤쪽의 코스모스가 들어가 있다. 물방울이 렌즈 구실을 하기 때문이다. 이 사진은 지은이가 2,000분의 1초의 고속 셔터로 촬영한 것이다.

백일홍 *Zinnia*

국화과에 딸린 한해살이풀로서 멕시코가 원산지이며, 키는 60~90cm 가량이다. 잎은 마주나며 끝이 뾰족한 타원 모양이다. 6~10월에 하양·빨강·분홍·주황·노랑·흰빛 등의 꽃이 줄기 끝에 족두리 모양으로 핀다.

꽃이 100일 가량 오래 핀다 하여 백일홍 또는 백일초라 하는데, 이 책의 207쪽에 실려 있는 배롱나무를 백일홍이라고도 하므로 혼동하기 쉽다.

꽃말은 '떠나간 벗을 그리다' 입니다.

● **전설** 옛날 우리 나라의 한 어촌에 머리가 셋 달린 이무기가 나타나 동네 사람들을 몹시 괴롭혔다. 이것을 막기 위해 아름다운 처녀를 뽑아 제물로 바쳤다.

그 해는 김 노인 딸의 차례가 되었는데, 한 청년이 나타나 처녀로 변장하여 이무기의 목을 베었다. 목이 잘린 이무기는 바닷속으로 도망쳤다.

▼ 네발나비와 백일홍

▲ 여러 가지 백일홍이 피어 있는 오스트레일리아의 들

처녀는 청년에게 생명의 은인이니 그의 아내가 되겠다고 했다. 청년은 옥황상제의 아들이었는데 잃어버린 여의주를 찾아야만 결혼할 수 있다고 말하고, 백일만 기다리면 꼭 돌아오겠다고 약속했다.

그리고 흰 깃발을 달고 오면 이긴 것이고 붉은 깃발을 달고 오면 진 것으로 알라고 했다.

처녀는 백일을 기도하며 청년을 기다렸다. 백일이 되는 날 언덕에 올라 수평선을 지켜보고 있는데 붉은 깃발을 단 배가 다가오자 그 자리에서 자결을 하고 말았다.

청년은 보물을 찾아 돌아오는 길에 이무기를 만나 칼로 베었는데, 그 피가 튀어 흰 깃발이 빨갛게 물든 것을 몰라 그만 처녀를 죽게 하고 말았던 것이다.

이듬해 처녀의 무덤에서는 결혼할 때 쓰는 족두리 모양의 빨간꽃이 피어났다. 사람들은 백일 동안이나 혼례를 위해 기도를 했던 처녀의 넋이 꽃으로 나타났다고 하여 백일홍이라고 불렀다.

▲ 백일홍에 날아온 꿀벌

▲ 흰빛의 백일홍과 큰줄흰나비

▲ 백일홍에서 쉬고 있는 잠자리

해바라기 *Sunflower*

국화과에 딸린 한해살이풀로서, 잘 관찰하여 보면 모든 식물을 이해하는 데 큰 도움이 되는 꽃이다.

해바라기는 미국의 미네소타·텍사스·워싱턴·캘리포니아 주 등이 원산지인데, 해처럼 노랗고 둥글며 해를 따라 돈다 하여 해바라기라고 부른다. 그러나 어릴 때는 해를 따라 돌지만 씨가 익기 시작하여 머리가 무거워지면 해를 따라 돌지 않는다.

키는 1~3m 가량이며 줄기에 잘고 강한 털이 있다. 잎은 어긋나고 끝이 뾰족한 타원 모양인데, 길이가 20~30cm로 크고 가장자리에는 톱니가 있다.

7~9월에 지름 20~30cm의 노란빛 큰 꽃이 피는데, 밖에 있는 꽃은 혀처럼 생긴 꽃이라는 뜻의 '설상화'라 하며, 열매를 맺지 못하고, 가운데의 암술과 수술을 가진 200~1,000개의 별 모양 꽃이 열매를 맺는다.

이것을 대롱 모양의 실제 꽃이라는 뜻으로 '관상화' 또는 '실상화'라고 부른다.

▲ 요즘 밭에서 재배하는 해바라기는 관상화의 꽃빛깔이 짙은 갈색이다.

▶ 설상화는 한쪽부터 펴지기 시작한다.

▲ 관상화는 바깥쪽에서 안쪽으로 피어 들어간다.

길둥근 검은 빛깔의 씨는 날로 먹거나 기름을 짜고, 과자를 만드는 데 쓰이고, 줄기는 종이를 만드는 원료로 쓰인다.

꽃말은 '숭배'이다.

꽃의 크기는 다르지만 설상화와 관상화를 가진 국화·코스모스·과꽃·달리아·백일홍 등이 모두 국화과에 속한다.

● **전설** 옛날 그리스 시대 바다 신의 딸인 크리사와 루코시아라는 요정이 연못에서 살고 있었다. 요정들은 해가 진 후부터 다음 날 동이 틀 때까지만 연못가에 나와서 놀 수 있었다.

어느 날 이 요정들은 놀기에 정신이 팔려 물속으로 들어가는 것을 잊어버렸다. 그 사이에 동이 터 해의 신 아폴론이 나타나자 두 자매는 너무 황홀하여 서로 사랑을 받으려고 미워하는 마음이 생기게 되었다.

크리사는 동생이 규율을 어겼다고 바다의 신에게 일러바치자 루코시아는 감옥에 갇히는 신세가 되었다. 그러나 아폴론은 언니의 나쁜 마음을 알고는 거들떠보지도 않았다.

크리사는 아폴론에게 동정을 받으려고 9일 동안을 꼼짝 않고 서 있다가 한 그루의 꽃으로 변해 버렸다. 그래서 해바라기는 오늘날에도 해의 신 아폴론을 그리워하며 해를 따라 돈다고 한다.

● 해바라기와 같은 과의 꽃 ●

▲ 코스모스

▲ 민들레

▲ 과꽃

▲ 해바라기는 전체가 해 모양이고, 안쪽에는 수백 개의 작은 별꽃으로 이루어져 있다.

거베라 Gerbera

국화과에 딸린 여러해살이 원예 화초로서 남아프리카 트란스발이 원산지인 들꽃을 개량한 품종이다.

잎은 뿌리에서 모여나고 타원 모양이며, 잎 사이에서 30~60cm의 긴 꽃대가 나와 지름 8~12cm의 꽃이 핀다. 꽃은 5월부터 피기 시작하여 11월까지 계속된다.

온실에서 재배하는 거베라는 꽃 모양도 아름다울 뿐 아니라 빛깔도 분홍·노랑·흰빛 등 여러 가지이고 섭씨 10도 이상이면 1년 내내 꽃을 피울 수 있기 때문에 축하용 화환으로 많이 사용된다. 겹꽃을 많이 가꾼다.

▲ 분홍·빨강·주황색의 거베라

데이지 Daisy

국화과에 딸린 여러해살이풀로 유럽이 원산지이며, 수염뿌리가 사방으로 퍼진다.

잎은 뿌리에서 모여나며 주걱 모양으로 가장자리가 밋밋하거나 약간 톱니가 있고 잎자루가 길다.

꽃은 봄부터 가을까지 계속해서 피는데, 잎 사이에서 길이 6~9cm의 꽃줄기가 나와 그 끝에 한 송이씩 피며 꽃빛깔은 흰색·붉은색·분홍색 등이다.

▲ 빨간색과 분홍색의 데이지

밤에는 꽃이 오므라들었다가 아침에 해가 뜨면 다시 펴진다. 유럽에서는 잎을 먹으며, 씨로 번식시키는데 가을이나 봄에 씨를 뿌린다.

삼잎국화 *Corneflower*

국화과에 딸린 여러해살이풀로서 북아메리카가 원산지이며, 높이는 1.6~2m 가량이다.

아래쪽의 잎은 잎자루가 길고 5~7개로 갈라지며, 위쪽의 잎은 3~5개로 갈라지는데 잎자루가 없다. 잎이 보통 크게 3개로 갈라지기 때문에 삼잎국화라고 부른다.

7~9월에 꽃이 피는데 열매를 맺지 못하는 바깥쪽의 노란 설상화는 아래로 처지며, 열매를 맺는 가운데의 관상화는 녹색으로 둥근 모양이다.

▲ 겹삼엽국화의 관상화는 둥근 모양이다.

시네라리아 *Cineraria*

국화과에 딸린 여러해살이 또는 두해살이풀로 카나리아 섬이 원산지이다. 키는 20~30cm이며 식물 전체가 흰 솜털로 덮여 있고, 잎은 꽃에 비해 훨씬 크며 물결 모양의 톱니가 있다. 잎 뒷면은 약간 자줏빛을 띤다.

겨울부터 봄철까지 빨강·자주·보라·흰빛 등의 꽃이 우산 모양의 꽃차례로 탐스럽게 핀다. 꽃은 대체로 두 가지 색으로 이루어져 있으며, 가운데에 흰 무늬가 있다.

온실에서 재배하여 주로 화분에 가꾼다.

▶ 보랏빛의 시네라리아

▲ 흰빛의 시네라리아

센토레아 Centaurea

봄에 씨를 뿌리는 한해살이풀로 키는 80cm쯤 된다. 잎은 깃 모양으로 갈라져 있으며, 가장자리에는 톱니가 있다.

6~7월에 긴 꽃대 끝에서 바늘 같은 수많은 꽃이 한데 모여피어 한 송이의 큰 꽃으로 보인다. 옆에서 보면 사발 모양이고 위에서 보면 수레바퀴 모양이다.

꽃빛깔은 노란색으로 향기가 있고, 원산지는 이란이며 꽃꽂이용으로 많이 쓰인다.

▲ 마차 수레바퀴 모양의 센토레아

천수국 Marigold

봄에 씨를 뿌리는 한해살이풀로서 키는 45~60cm이며, 줄기는 곧게 자란다.

잎은 여러 개로 갈라진 깃 모양을 이루고 있으며 작은잎은 짧은 칼 모양이다. 잎의 가장자리에는 작은 톱니가 있다.

꽃은 6~9월에 가지 끝에서 한 송이씩 피며, 꽃 빛깔은 노랑색·주황색 그리고 두 가지 색이 섞인 것 등 여러 가지이다.

대체로 꽃밭에 심어 가꾸며, 요즘에는 길가의 큰 화분이나 거리의 화단에 많이 심는다.

▼ 천수국과 작은멋쟁이나비

▼ 천수국과 비슷한 홍황초

▲ 노란색의 천수국

기생초 *Calliopsis*

국화과에 딸린 한해살이풀로 춘차국이라고도 한다. 꽃이 아름다워 꽃밭이나 공원의 화단에 가꾼다. 키는 1m쯤 자라며 줄기가 매우 가늘어 위쪽에 가지가 돋아나면 무거워서 쓰러져 헝클어지기 쉽다.

봄에 씨를 뿌리면 여름부터 가을까지 코스모스처럼 생긴 꽃이 핀다. 꽃빛깔은 노란색으로 안쪽에는 붉은색 무늬가 있다.

원산지는 미국이다.

▲ 코스모스와 비슷한 기생초

제라늄 *Geranium*

쥐손이풀과에 딸린 여러해살이 원예식물로 남아프리카가 원산지이며 품종이 500종 이상이나 된다.

꽃의 이름은 그리스어의 학(Geranos)'에서 따온 것으로 꽃줄기가 학의 목과 닮았다고 하여 붙여진 이름이라고 한다.

키는 30~50cm 가량이고, 잎은 종류에 따라 다르나 대체로 동그란 것이 많으며 가장자리는 물결 모양이다.

7~9월에 잎겨드랑이에서 꽃줄기가 나와 빨강·분홍·흰빛 등의 꽃이 한데 모여핀다. 꺾꽂이로 번식한다.

▼ 분홍빛 제라늄　　▼ 흰빛의 제라늄

▲ 빨간색 제라늄

모란 *Tree Paeony*

모란은 미나리아재비과에 딸린 갈잎떨기나무로 화려하면서도 품위가 있는 동양적인 꽃이다. 그래서 모란을 부귀화라고도 부르며, 꽃 중의 왕이라 하여 '화왕'이라는 표현을 하기도 한다.

키는 1~3m쯤 자라며 가지는 굵고 털이 없으며, 잎은 여러 개로 갈라진 큰 깃꼴의 겹잎이다. 작은잎은 다시 3~5개로 갈라진다.

5~6월 무렵에 지름 15~30cm 정도의 큰 겹꽃이 새 가지 끝에 피는데, 꽃빛깔은 빨강·분홍·노랑·흰빛 등 여러 가지이다. 수술은 많고 암술은 2~6개로 털이 있으며, 9월경 열매가 익으면 갈라져 검은 씨가 나온다.

중국이 원산지로 탐스러운 꽃을 보기 위하여 꽃밭이나 집 주위에 가꾸는데, 추위에는 강하나 더위에는 약하여 연평균 섭씨 15도 이상의 따뜻한 지방에서는 잘 자라지 못한다.

뿌리의 껍질은 두통·요통·건위·지혈·진통제의 약재로 쓰인다. 꽃말은 '부귀·성실'이다.

▲ 시골 마을의 밭에 피어 있는 탐스러운 모란꽃

● **전설** 중국에서는 모란을 목단이라고 하며 한때는 중국의 국화로서 사랑을 받은 적도 있다. 우리 나라에 모란이 들어온 것은 신라 시대 진평왕 때였다.

《삼국유사》에 보면 당 태종이 모란 그림 한 점과 모란꽃 씨 석 되를 보내 왔다고 한다. 아직 왕위에 오르지 않고 공주였던 선덕 여왕이 그림을 보고 말했다.

"그림은 아름다우나 벌과 나비가 없으니 향기가 없겠구나."

이듬해 그 꽃씨를 심어서 꽃을 피워 보았더니 과연 향기가 없어 공주의 총명함에 놀랐다고 한다. 그 공주가 나중에 신라를 다스린 선덕 여왕이 되었던 것이다.

▲ 빨간색의 모란꽃

▲ 모란꽃으로 날아들고 있는 꿀벌. 모란꽃에는 꿀이 많지 않아 곤충들이 잘 오지 않으나 꽃이 귀할 때는 가끔 찾아오기도 한다.

작약 *Paeony*

　미나리아재비과에 딸린 여러해살이풀로 키는 50~80cm가량이다. 꽃 모양은 모란과 비슷하나, 그 느낌은 조금 다르다. 그래서 예로부터 모란은 늙은 가지에서 무게 있게 꽃 피어 덕이 있어 보이므로 '꽃 중의 왕' 이라 하였고, 작약은 가늘고 깨끗한 줄기 끝에 밝게 꽃 피므로 '재상' 이라 하였다.

　뿌리에서 돋은 잎은 1~2개로 갈라진 깃 모양이고, 윗부분의 것은 3개로 깊게 갈라진다. 작은잎은 끝이 뾰족한 타원형으로 가장자리는 밋밋하다.

　5~6월경에 빨강·흰색 등의 탐스러운 꽃이 줄기와 가지 끝에 한 송이씩 피고, 수술은 많으며 노란빛이다.

　뿌리는 중요한 한약재로 뿌리의 색이 흰 것을 백작약, 붉은 것을 적작약이라고 한다. 백작약은 보혈·진정제의 약재로 쓰이고, 적작약은 보양·파혈·통경 등에 귀중한 약재로 쓰인다.

▲ 빨강색의 작약꽃

또한 참작약은 우리 나라 특산종으로 광릉과 아차산에서만 자라며, 잎이 대개 3개로 갈라지고 여덟 꽃잎의 흰꽃이 핀다.

꽃말은 '분노·부끄러움' 입니다.

● **전설** 고려 제25대 충렬왕은 중국 원나라 세조의 딸 제국공주를 왕비로 맞았다.

왕비가 된 제국공주는 궁궐의 뜰을 산책하다가 작약이 한참 탐스럽게 핀 것을 보고 꽃 한 송이를 꺾어 오라고 했다.

공주는 꺾어 온 작약을 물끄러미 바라보고 있다가 갑자기 흐느껴 울기 시작했다. 고국의 궁궐에 피어 있던 작약과 함께 부모님의 얼굴이 눈앞에 아른거렸기 때문이다. 그 후 공주는 병이 들어 시름시름 앓다가 얼마 안 가 세상을 떠나고 말았다.

▲ 분홍빛의 작약꽃

▲ 작약꽃을 찾아온 꿀벌

아네모네 *Anemone*

미나리아재비과에 딸린 여러해살이 알뿌리식물이다. 높이는 20cm 가량으로, 잎은 가늘고 깃 모양으로 갈라져 있다. 4~5월에 빨강·자주·보라·흰빛 등의 화사한 꽃이 줄기 끝에 한 송이씩 피는데, 품종에 따라 홑꽃과 겹꽃이 있다.

아네모네는 그리스어로 바람(Anemos)이라는 뜻인데 바람이 잘 통하는 곳에서 잘 자란다는 데서 붙여진 이름이라고 한다. 그래서 이 꽃을 영어로는 바람꽃(Wind Fower)이라 부른다. 꽃말은 '속절없는 사랑'이다.

▲ 보랏빛의 아네모네(겹꽃)

● **전설** 옛날 그리스 시대 바람의 신 제프르스는 시녀인 아네모네를 사랑하게 되었다. 이 사실을 안 제프르스의 아내 꽃의 신 플로라는 아네모네를 아주 먼 포모누 궁전으로 보내 버렸다.

제프르스는 그리움을 참을 수 없어 바람을 타고 아네모네를 찾아가 행복한 나날을 보내고 있었다. 더욱 화가 난 플로라는 그녀를 꽃으로 만들어 버렸다. 이 꽃이 아네모네이다.

그 후 바람의 신 제프르스는 봄에 따스한 바람을 일으켜 아름다운 꽃을 피울 수 있게 해 주었는데, 이는 아직도 아네모네를 잊지 못하고 있기 때문이라고 한다.

▼ 빨간색의 아네모네

라넌큘러스 *Ranunculus*

미나리아재비과의 여러해살이 알뿌리화초로 키는 30~50cm이다. 라넌큘러스는 라틴어의 작은 개구리(Rana)라는 뜻인데, 이 꽃은 원래 물가에서 자랐으므로 개구리에 비유하여 붙인 이름이다.

잎은 여러 개로 갈라진 깃 모양이고, 줄기에는 잔털이 많다.

4~5월경 노랑·빨강·연분홍 등의 아름다운 큰 꽃이 한 줄기에 1~4송이씩 핀다. 원래는 노란색의 다섯 잎 홑꽃이었으나 원예종은 대부분 겹꽃이다.

▶ 노란색의 라넌큘러스

▲ 빨간색의 라넌큘러스

베고니아 *Begonia*

베고니아는 여러해살이 원예 화초로 프랑스의 식물학자 베공(Michel Begon) 씨의 이름에서 비롯되었다.

키는 30cm 가량 자라고 뿌리에서 여러 개의 줄기가 나온다. 잎은 끝이 뾰족한 타원형이고 꽃은 줄기 끝부분에서 꽃대가 나와 포기 전체를 뒤덮을 정도로 많이 핀다.

꽃 피는 시기는 5~9월로 매우 길어서 길가의 화분에 심거나 거리와 공원의 화단에 많이 가꾼다.

꽃빛깔은 빨강·분홍·노랑·흰색 등 여러 가지이다.

▼ 연분홍빛 베고니아

▼ 빨간색 베고니아와 꿀벌

▲ 진분홍빛 베고니아

목련 *Yulan*(백목련), *Magnolin*(자목련)

아직도 옷깃에 스며드는 바람이 찬 3월에 맨 먼저 짙은 향기를 가지고 봄소식을 전해 주는 목련은 목련과에 딸린 갈잎큰키나무로 키는 4~5m 가량이다. 연꽃을 닮은 꽃이 나무에서 핀다 하여 목련이라는 이름이 붙여졌다.

잎은 어긋나며 긴 타원 모양이고, 어린잎과 겨울눈에는 부드러운 털이 있다. 3~4월에 잎보다 먼저 종 모양의 큰 꽃이 소담하게 핀다. 흰꽃이 피는 것을 백목련이라 하고, 자줏빛 꽃이 피는 것을 자목련이라고 한다.

꽃말은 '연정' 이다.

▲ 봄을 기다리는 겨울의 꽃망울

● **전설** 아득한 옛날 하늘 나라에 아름다운 공주 플로라가 살고 있었다. 많은 청년들이 그녀와 결혼하고 싶어했지만 플로라는 북쪽 바다의 신 윈디스를 사랑하였다. 어느 날 플로라 공주는 몰래 궁궐을 빠져 나와 북쪽 바다로 달려갔다.

윈디스를 만난 공주는 그에게 아내가 있었다는 사실을 알게 되었고, 실망한 나머지 바닷속에 몸을 던져 죽고 말았다. 바다의 신 윈디스는 매우 슬퍼하며, 자기의 아내에게 독약을 먹여 죽인 후 플로라와 나란히 묻어 주었다. 무덤에서는 두 송이의 꽃이 피어났는데 플로라 공주의 넋은 흰빛의 백목련이 되었고, 윈디스의 아내는 붉은빛의 자목련으로 피어났다고 한다.

▲ 꽃이 진 뒤에 잎이 무성하게 돋난다

▲ 자목련
◀ 백목련

사루비아 *Salvia*

높고 푸른 가을 하늘 아래 타는 듯한 빨간꽃을 피우는 사루비아는 꿀풀과의 여러해살이풀로서 깨꽃이라고도 한다. 꽃 모양이 참깨의 꽃과 비슷하기 때문이다.

키는 50~80cm 가량이고, 잎은 마주나며, 심장 모양으로 가장자리에는 톱니가 있다. 6월부터 10월까지 종 모양의 꽃이 이삭을 이루어 여러 층으로 핀다. 꽃 빛깔은 보랏빛과 분홍빛도 있으나 빨간꽃을 가장 많이 가꾼다.

독일에서는 향기가 좋은 사루비아 잎을 성경책과 찬송가책에 꽂는 습관이 있다. 꽃말은 '건강'이다.

▲ 사루비아의 꽃

● 전설 보카치오가 쓴 《데카메론》에는 다음과 같은 사루비아에 관한 이야기가 실려 전해 내려오고 있다.

옛날 이탈리아에서 두 연인이 사루비아꽃 옆에서 사랑을 속삭이다가 청년이 사루비아 잎을 따서 이를 닦았다. 그런데 이상하게도 청년은 그 자리에서 쓰러져 죽고 말았다.

사람들은 여인이 청년에게 독약을 먹여 죽였을 것이라고 의심했다. 여인은 자신의 결백을 증명하기 위해 사루비아 잎을 따서 이를 닦았더니 그녀도 그 자리에서 죽고 말았다.

마을 사람들은 사루비아꽃 포기를 뽑아 보았더니 뿌리 쪽에 두꺼비가 도사리고 앉아 있었다. 그들은 그제서야 두 연인이 두꺼비의 독 때문에 죽었다는 것을 알게 되었다.

▼ 서울대공원의 큰 화분에 심어 놓은 사루비아

채송화 *Rose Moss*

쇠비름과에 딸린 한해살이풀로 높이는 20cm 가량이며, 잎은 굵은 바늘 모양이다. 줄기는 붉은빛이며 옆으로 누워서 많은 가지를 뻗는다.

7~10월경에 자주·분홍·노랑·흰빛 등의 다섯 잎꽃이 핀다. 한 송이의 꽃은 아침에 피었다가 오후에 시들지만, 다른 꽃들이 계속 피어나 여름부터 가을까지 꽃밭을 장식한다. 열매는 둥글고, 익으면 위쪽이 뚜껑처럼 열려 씨를 흩뿌린다.

▲ 채송화를 찾아온 꽃등에

● **전설** 옛날에 보석을 좋아하는 한 여왕이 있었다. 여왕은 모든 보석을 궁궐로 가져오게 하였고, 나랏일을 돌보지 않아 백성들은 굶주림에 시달리고 있었다. 어느 날 한 노인이 코끼리의 등에 보석을 잔뜩 싣고 궁궐을 찾아왔다.

"이 보석 한 개에 마마의 백성 한 사람과 바꾸어 주십시오."

여왕은 백성을 다 주었으나 아직 보석 한 개가 남아 있었다. 여왕은 자신과 보석을 바꾸기로 하고, 마지막 보석을 움켜쥐었다. 이 때 갑자기 보석이 폭발하면서 여왕은 그 자리에서 죽고 말았다. 주위에 흩어진 보석 조각들은 여러 가지 빛깔의 꽃으로 변했는데 이 꽃이 바로 채송화였다.

▼ 겹채송화와 꿀벌

▲ 빨강과 분홍빛의 채송화

라일락 *Lilac*

물푸레나무과에 딸린 갈잎떨기나무로 키는 3~5m 가량이다. 잎은 마주나며 심장 모양으로 가을에도 빛깔이 변하지 않는다. 4~5월에 네 갈래진 작은 대롱 모양의 꽃이 원뿔꽃차례로 모여핀다. 꽃 빛깔은 흰빛 또는 연보랏빛이며 향기가 있다. 중국에서는 라일락을 향기가 좋은 꽃이라 하여 '자정향화'라고 부른다.

영국에서는 공원에 라일락꽃이 필 때를 라일락 타임이라 하여 연인들이 모여 향기를 즐기고, 노인들은 젊은 날의 아름다운 추억을 회상한다고 한다.

꺾꽂이를 할 때는 6월경 새로 나온 가지를 잘라서 심는다. 꽃말은 '청춘·젊은 날의 회상'이다.

▲ 라일락을 찾아온 산호랑나비

● **전설** 라일락을 재배하기 시작한 시기는 16세기부터이며, 에스파냐를 정복했던 아라비아인들에 의해 유럽에 전해졌다.

프랑스에서는 흰빛 라일락을 청춘의 심벌로 여기며, 젊은 여성 이외에는 몸에 지니지 않는다고 한다. 그러나 영국에서는 이와는 정반대로 라일락을 지닌 여성은 결혼 반지를 끼지 못한다는 속담이 있다. 그래서인지 옛날에는 연인에게 이 꽃을 선물하면 더 이상 만나지 않겠다는 거절의 표시라고 한다.

▼ 라일락을 찾아온 박각시

▲ 흰빛의 라일락꽃

▲ 봄에 라일락이 피면 온동네가 꽃향기로 가득합니다.

개나리 *Korean Forsythia*

개나리는 물푸레나무과에 딸린 갈잎떨기나무로 우리 나라의 특산종이다. 키는 2~3m이며, 양지바른 산 밑에 많이 자라는데, 흔히 정원수나 울타리용으로 가꾼다.

잎은 마주나며 톱니가 있고, 이른봄에 잎이 나오기 전에 가지마다 많은 네 잎꽃이 조롱조롱 피어 매우 아름답다. 개나리는 씨를 뿌려 싹을 틔울 수도 있지만 대개 가지를 휘묻이하거나 꺾꽂이로 번식한다.

말린 개나리 열매를 '연교'라 하며 옴이나 여드름·종기 등에 특효가 있다. 꽃말은 '희망'이다.

▲ 경복궁의 뜰에 피어 있는 개나리 앞으로 날아가는 까치

● **전설** 오랜 옛날 인도에 새를 무척 좋아하는 한 공주가 있었다. 어느 날 한 노인이 아름다운 새를 가지고 공주를 찾아왔다. 공주는 매우 기뻐하며 그 새만을 사랑하였다. 그러나 날이 갈수록 새는 모습이 흉하게 변해 갔다.

나랏일을 돌보지 않는 공주와 대신들을 못마땅하게 여긴 노인이 까마귀에 예쁜 색칠을 하여 공주를 속였던 것이다.

이 사실을 안 공주는 너무 화가 나서 그 자리에 쓰러져 죽고 말았다. 이듬해 공주의 무덤에서는 금빛 새장과 같은 색깔의 노란 개나리꽃이 피어났다.

◀ 광릉 연못가에 피어 있는 개나리

컴프리 *Symphytum*

지치과에 딸린 여러해살이풀로 키는 90~120cm 가량이며 밭에 심어 재배한다. 줄기는 빳빳한 털로 덮여 있고, 잎은 길쭉한 타원형으로 끝이 뾰족하다.

6~7월에 초롱 모양의 분홍빛 꽃이 아래쪽을 향해 모여핀다. 잎 속에 광물질과 비타민이 많이 들어 있어 약용으로 쓰인다. 차를 끓여 마시거나 나물로 먹을 수도 있다.

잎이 무성하고 꽃이 아름다워 뜰에 가꾸기도 한다.

▲ 컴프리의 잎과 꽃

불두화 *Snowball Tree*

인동과에 딸린 갈잎떨기나무로 키는 약 2m 가량이다.

잎은 마주나며 길둥근 모양이고 끝은 3개로 갈라진다. 가장자리에는 거친 톱니가 있다.

꽃은 암술과 수술이 퇴화하여 없어진 무성화이며 5~6월에 새하얀 꽃이 한데 모여, 크고 둥근 모양으로 탐스럽게 핀다. 꽃이 필 때 처음에는 연한 녹색이었다가 활짝 피면 흰빛으로 바뀐다. 열매는 맺지 않는다.

절이나 학교의 정원에 많이 심어 가꾼다.

▲ 탐스러운 꽃이 피어 있는 불두화

은행나무 *Maidenhair Tree*

은행잎이 황금빛으로 곱게 물들면 가을이 깊어 간다. 은행나무는 은행나무과에 딸린 갈잎큰키나무로 키는 5~6m에 달하고 긴 가지를 친다.

잎은 한 군데에서 여러 개가 돋아나며 부채 모양인데, 가운데가 갈라지고 평행맥이 있다.

나무는 암수 딴 그루이며, 5월에 수꽃은 이삭꽃차례로 피고, 암꽃은 꽃줄기 끝에 두 송이가 핀다. 열매는 '은행'이라 하며, 구슬 모양으로 10월에 익는다.

은행나무는 수명이 수천 년이나 되며, 약효가 뛰어나 '황금의 나무'라고 불린다. 또한 공해에 강할 뿐 아니라 단풍 든 나뭇잎이 아름다워 가로수로 많이 심는다.

은행은 기침에 특효가 있고, 뇌혈관을 맑게 해주며, 혈액 순환을 좋게 하여 폐를 튼튼하게 해 준다. 그러나 은행에는 독성이 있어서 날로 먹거나 한꺼번에 많이 먹지 않도록 주의해야 한다. 그늘에서 말린 은행잎과 감초를 넣고 달인 물을 마시면 몸 안에 쌓인 독을 없애고 혈압을 내리는 데 효과가 있다. 꽃말은 '장수(長壽)'이다.

▲ 물방울이 맺힌 은행나무 잎

◀ 녹색의 나뭇잎이 노랗게 변하기 시작한다.

▲ 가을이 되어 노랗게 물든 은행나무

▲ 노랗게 물든 은행나무에 까치 한 마리가 앉아 있다.

▲ 노랗게 여문 은행나무 열매

▲ 꽃이 지고 나면 녹색열매가 열린다.

리시언서스 *Lisianthus*

용담과에 딸린 화초로 터키도라지라고도 한다. 우리 나라에서는 온실에서 재배하여 꽃꽂이용으로 많이 쓰인다.

키는 30~60cm이며 잎은 긴 타원형으로 끝이 뾰족하다. 8~9월에 가느다란 꽃대에서 보랏빛이나 분홍빛 꽃이 한 송이씩 핀다.

원산지가 강우량이 적은 북아메리카이므로 건조한 곳에서 잘 자라며, 습기를 싫어하는 꽃이다.

꽃말은 '우아함' 이다.

▲ 분홍빛의 리시언서스
◀ 보랏빛과 흰빛이 섞인 리시언서스

클레오메 *Cleome*

열대 아메리카 원산의 한해살이풀로 '풍접초' 또는 '서양양각채' 라고도 한다.

키는 1m 정도 자라며, 실처럼 길고 가는 털과 잔 가시가 있다. 잎은 마주나며 손바닥 모양의 겹잎이다. 작은잎은 5~7개이며 긴 타원형으로 끝이 뾰족하다.

6~9월에 빨강·분홍·흰빛 등의 꽃이 줄기 끝에 여러 송이가 모여핀다. 꽃에는 4개의 긴 수술이 있다.

◀ 흰빛의 클레오메   ▲ 분홍빛의 클레오메

플록스 *Phlox*

꽃고비과에 딸린 여러해살이 원예화초로 미국의 중부와 동부가 원산지인데, 풀유협도 또는 풀협죽도라고도 한다.

줄기는 뿌리에서 여러 대가 나와서 곧게 자라며, 키는 60cm~1m 가량이다. 잎은 마주나거나 3개씩 돌려나며 잔털이 있고 긴 타원 모양으로 끝이 뾰족하다.

여름철에 분홍·흰빛 또는 보랏빛의 꽃이 줄기 끝에 모여핀다. 꽃받침은 녹색이고 5개로 갈라져 있다.

플록스는 많은 햇빛을 필요로 하는 꽃이며, 섭씨 16~30도에서 잘 자란다. 꽃밭이나 공원의 뜰에 많이 가꾸는 꽃이다.

▲ 흰 플록스의 꿀을 먹고 있는 박각시

▲ 분홍빛의 플록스

▲ 흰빛의 플록스

맨드라미 *Cockscomb*

비름과에 딸린 한해살이풀로 원산지는 인도이며 봉숭아·백일홍·분꽃과 함께 가장 낯익은 꽃 중의 하나이다.

맨드라미는 흔히 볼 수 있는 부채 모양 외에도 붓 모양·둥근 공 모양 등 그 종류가 많고, 키도 약 25cm의 작은 것부터 90cm 가량의 큰 것 등 여러 가지이다.

잎은 어긋나며 긴 칼 모양이거나 끝이 뾰족한 타원 모양 등이 있다. 7~8월에 잎 사이에서 나온 꽃줄기에 잔꽃이 빽빽하게 피며 꽃빛깔은 대체로 붉은색이지만, 노란색과 흰색도 있다.

학명인 크리스타타(Cristata)와 중국어의 계관은 '닭의 볏'이라는 뜻으로 꽃의 모양이 닭의 볏을 닮았다 하여 붙여진 이름이다.

옛날에는 맨드라미의 꽃으로 여인들이 볼에 바르는 연지를 만들었고, 꽃을 그늘에서 말려 떡에 붉은물을 들이는 데 쓰기도 하였다. 그러나 오늘날에는 약재로만 사용되며, 꽃을 달여 먹으면 이질을 고칠 수 있고, 줄기와 잎을 달여 먹으면 치질을 고칠 수 있다고 한다.

꽃말은 '사치·허식'이다.

▲ 맨드라미를 찾아온 하늘소

▲ 삼각 모양의 맨드라미

◀ 부채 모양의 맨드라미

● **전설**　오랜 옛날, 로마 시대의 장군 카크스는 황제가 가장 아끼는 충성심이 깊은 사람이었다. 시기심이 많은 대신들은 그를 궁궐에서 쫓아내려고 음모를 꾸몄다.

"폐하, 군인이란 모름지기 나라를 지키는 것이 본분이옵니다."

황제는 카크스 장군과 헤어지기 싫었지만 대신들의 의견에 따를 수밖에 없었다. 10년 후 궁궐에 돌아온 장군은 사치와 허영으로 세월을 보내는 대신들을 보고는 할 말을 잃었다.

다시 전쟁터로 나갈 것을 결심한 장군은 황제에게 자신의 뜻을 밝혔다. 이 때 기회를 노리고 있던 대신들은 때를 놓치지 않고 다음과 같이 말했다.

"폐하, 카크스를 보내시면 그는 군사를 이끌고 궁궐로 쳐들어올 것이옵니다."

황제는 정권을 잡으려는 대신들에게 속아 장군을 체포하도록 명령했다. 대신들과 싸우던 장군이 팔에 상처를 입자, 대신들은 황제에게 칼을 빼어들었다. 장군은 다시 몸을 일으켜 간신들을 모두 쓰러뜨린 뒤 그 자리에서 죽고 말았다. 황제는 그를 양지바른 곳에 묻어 주었다. 이듬해 여름 그 무덤에서 방패 모양의 붉은꽃 한 송이가 피어났다. 이 꽃이 맨드라미였다.

▲ 흰빛의 맨드라미

▲ 끝이 뾰족한 노란색 맨드라미

▲ 둥근 공 모양의 맨드라미

천일홍 *Bachelor's Button*

비름과에 딸린 한해살이풀로 키는 80cm 가량 자란다.

원산지는 열대 아프리카인데 꽃을 보기 위하여 정원에 가꾸거나 온실에서 재배하여 꽃꽂이용으로 쓰인다.

줄기에는 거센 털이 있고, 잎은 마주나며 길둥근 모양으로 끝이 약간 뾰족하다.

7~8월에 공 모양의 자주색 또는 흰색 꽃이 핀다. 꽃 피는 기간이 길어서 천일 동안 홍색의 꽃이 핀다는 뜻으로 천일홍이라는 이름이 붙여졌다.

▲ 홍색 꽃이 피는 천일홍

바이올렛 *Violet*

제스네리아과에 딸린 한해살이풀로 동아프리카의 탄자니아에서 약 20여 종이 자라는데 우리 나라에서는 온실에서 재배하며 1월경에 꽃을 피운다.

키는 15cm 가량이고, 잎은 둥근 심장 모양으로 가장자리에는 느슨한 톱니가 있다. 꽃 빛깔은 보랏빛 · 분홍빛 · 흰빛 등이 있으며 지름이 3cm 정도 되는 아주 작은 꽃이다. 영어명은 제비꽃과 같지만 제비꽃과는 다른 꽃이다.

▲ 보랏빛 바이올렛

▲ 분홍빛 바이올렛

분꽃 *Beauty-of-the Night*

분꽃과에 딸린 한해살이풀로 남아메리카가 원산지이며, 뜰에 가장 많이 심는 꽃 중의 하나이다.

키는 60~70cm 가량으로 가지가 많이 나와 무성하게 자란다. 굵은 녹색 줄기에는 뚜렷한 마디가 있으며, 잎은 마주나고 끝이 뾰족한 타원형이다.

7~10월경에 빨강·노랑·분홍·자주·흰빛 등의 꽃이 핀다. 꽃은 긴 나팔 모양으로 향기가 있고, 해질 무렵에 피었다가 아침에 진다.

팥알만한 둥근 씨는 검은색으로 속에는 흰 분가루 같은 것이 들어 있어 분꽃이라고 한다.

▼ 노란색의 분꽃

▲ 분꽃의 씨

▶ 자줏빛의 분꽃

▲ 옆에서 보면 나팔 모양이다.
▶ 빨강과 노랑이 섞인 분꽃

고데티아 *Godetia*

바늘꽃과에 딸린 한해살이풀로 원산지는 미국과 콜롬비아이다. 우리 나라에서는 대개 온실에서 재배한다.

키는 20~30cm 가량이며, 잎은 작은 칼 모양이다.

5~6월경에 꽃이 피는데, 꽃빛깔은 빨강·분홍·흰색·분홍과 흰색이 섞인 것 등 여러 가지이다. 꽃이 작고 아름다워 꽃밭 앞쪽에 가꾸거나, 꽃꽂이용으로 많이 쓰인다.

▲ 분홍빛의 고데티아

푸크시아 *Fuchsia*

바늘꽃과에 딸린 한해살이풀로 원산지는 페루·칠레·멕시코 등지이며, 우리 나라에서는 온실에서 재배하여 공원의 뜰이나 길가의 화단에 많이 가꾼다.

키는 30~60cm 가량이고, 잎은 마주나거나 세 잎이 돌려나며 긴 타원형으로 끝이 뾰족하다.

꽃은 잎겨드랑이에서 꽃줄기가 나와 양쪽으로 늘어져 피는데 겹꽃이 많다. 꽃빛깔은 자주·빨강·흰색 등이 있으며, 꽃받침은 네 개로 갈라져 있고 대개 빨간색이다.

푸크시아의 꽃모양이 귀고리 같다 하여 영어로는 레이디스 이어드랍스(Lady's Eardrops)라고도 한다.

▼ 자줏빛의 푸크시아

흰빛의 푸크시아 ▶

칸나 Canna

봄에 알뿌리를 심는 칸나과의 화초인데 꽃이 아름다울 뿐 아니라 키가 크고 늘씬하여 '미인초'라고도 하며, 꽃이 붉고 잎은 파초를 닮았다 하여 '홍초'라고 부르기도 한다.

키는 1.5~2m 가량으로 굵고 크며, 줄기는 녹색이다. 넓고 긴 잎은 가장자리가 물결 모양이다.

6월부터 가을에 서리가 내릴 때까지 빨강·노랑·주황 등의 꽃이 계속 핍니다. 추위에 약하지만 꽃이 튼튼하고 오래 피기 때문에 집이나 길가 또는 공원의 화단에 많이 심어 기른다. 인도가 원산지이며 꽃말은 '존경'이다.

▲ 칸나꽃으로 날아드는 꿀벌

● **전설** 오랜 옛날 미얀마에 데와다드라는 악마가 석가를 죽이려는 음모를 꾸미고 있었다. 데와다드는 석가가 자주 다니는 길목의 언덕에 올라가서 큰 돌을 들고 석가를 기다리고 있었다.

이 사실을 몰랐던 석가는 태연히 그 곳을 지나가고 있는데 갑자기 돌이 떨어져 발을 다치고 말았다. 그 때 발에서 흘린 피가 스며든 곳에서 빨간 칸나가 피어났다. 그리고 석가를 죽이려고 했던 데와다드는 땅의 신의 노여움을 사서 그가 섰던 자리가 꺼지면서 땅 속으로 묻혀 버렸다고 한다.

◀ 빨간색의 칸나

피튜니어 *Petunia*

남아메리카 원산의 여러해살이풀로 우리 나라에서는 한두해살이 원예화초로 여긴다. 키는 20~50cm 가량이며 줄기는 약하고 약간 덩굴진다.

잎은 아래쪽은 어긋나고 위쪽은 마주나며, 타원 모양 또는 작은 칼 모양으로 부드러운 털이 있다. 6~7월경에 흰색·붉은색·보라색·혼합색 등 여러 가지 빛깔의 꽃이 잎겨드랑이에서 한 송이씩 핀다.

● **전설** 피튜니어와 우장춘 박사에 관한 이야기는 실제로 있었던 일이다. 1950년대에 배추와 감자 등을 개량하여 국민들의 식생활에 큰 공헌을 한 우장춘 박사는 씨 없는 수박을 만들어 낸 후에 다시 씨 없는 피튜니어를 만들어 냈고, 이것을 미국으로 수출하여 귀중한 외화를 벌어들였다.

미국에서는 그 방법을 몰라 계속해서 우리 나라로부터 피튜니어를 수입해 갔고, 몇 년 후에야 비로소 알아내어 자기들이 재배하기 시작하였다. 세계 최강의 선진국인 미국에서 우리 나라 식물학자의 우수성을 떨친 쾌거였다.

지금도 과학·공학·경제학·스포츠 등의 분야에서 많은 우리 동포들이 우리 나라의 발전을 위해 노력하고 있다.

▲ 흰색의 피튜니어

▲ 진분홍빛의 피튜니어
◀ 자줏빛과 흰빛이 섞인 피튜니어

까마중 *Solanum*

▼ 까마중의 꽃과 열매

가지과에 딸린 여러해살이풀로 집 근처 길가에서 저절로 자란다.

키는 40~60cm 가량이고, 잎은 어긋나며 끝이 뾰족한 타원형이다. 7~8월에 잎겨드랑이에서 3cm 가량의 꽃줄기가 나와 흰색의 작은 꽃이 몇 개씩 핀다.

꽃이 진 뒤에 구슬 모양의 작은 열매가 열려 가을에 까맣게 익어 간다. 익은 열매는 달고 맛이 좋으며, 많이 먹으면 검정색 껍질의 즙이 입술을 까맣게 물들인다.

◀ 열매가 까맣게 익었습니다.

꽈리 *Lantern Plant*

▼ 꽈리가 주황색으로 익어 갑니다.

가지과에 딸린 여러해살이풀로 꽃밭에 가꾸며 산이나 들에 저절로 나기도 한다.

높이는 60~90cm 가량 자란다. 잎은 어긋나고, 끝이 뾰족한 타원형으로 가장자리는 물결 모양을 이루고 있으며, 6~8월에 연노랑색 꽃이 잎겨드랑이에서 하나씩 핀다.

꽃이 지고 나면 구슬 모양의 열매가 열리는데 주머니 모양의 꽃받침 속에 들어 있다. 열매와 꽃받침은 모두 주황색으로 익어 간다. 열매가 익으면 어린이들이 씨를 빼내어 입에 넣고 부는 놀잇감으로 사용한다.

◀ 구슬 모양의 열매

카네이션 *Carnation*

석죽과의 여러해살이화초로 장미·국화·튤립과 함께 세계 4대 절화로 꼽히는 꽃이다. 키는 30~90cm 가량이며, 잎은 마주나는데 버들잎처럼 가늘고 길다. 7~8월에 빨강·노랑·분홍·흰색 등의 향기 있는 겹꽃이 핀다.

이 꽃은 고대 그리스 시대에 수선화·장미 등과 함께 재배하기 시작했으며, 신의 화관을 만드는 데 쓰였다. 학명인 디안투스(Dianthus)는 신(Dias)과 꽃(Anthos)의 합성어로서 신이 준 꽃이라는 뜻이다.

꽃말은 '어머니의 사랑' 이다.

▲ 빨간색의 카네이션

● **전설** 　미국의 웹스터 마을에 사는 자비스 부인은 어린이들에게 어머니 같은 참사랑을 베풀어 많은 사람들로부터 존경을 받았다. 부인이 세상을 떠나자 마을 어린이들은 부인을 기리는 추모회를 가졌고, 딸 안나는 어머니 영전에 흰 카네이션을 바쳤다.

그 후 부인의 추모회 소식이 백악관에까지 전해져, 어머니날이 제정되었고 세계 각국으로 퍼져 나가게 되었다. 어머니가 살아 계시면 가슴에 빨간 카네이션을, 어머니가 돌아가셨으면 흰 카네이션을 달고 어머니의 크신 사랑에 감사하는 것이다. 우리 나라에서도 5월 8일을 어버이날로 정하고 해마다 기념 행사를 가진다.

절화 : 가장 아름다운 꽃

▼ 빨강과 흰색이 섞인 카네이션

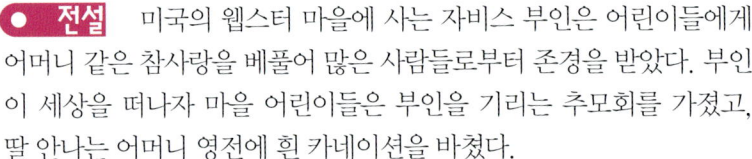

안개꽃 *Gypsophila*

석죽과에 딸린 한해 또는 두해살이 풀로 키는 30~60cm 가량 자란다. 가느다란 줄기에서 많은 가지를 치며 가지 끝에 새하얀 겹꽃이 한 송이씩 핀다.

유럽이 원산지로 우리 나라에서는 온실에서 재배하여 꽃꽂이용으로 쓰인다. 특히 빨간 장미와 잘 어울리기 때문에 안개꽃에 장미를 꽂아 선물용으로 사용한다.

▼ 안개꽃과 장미

◀ 물방울이 맺힌 안개꽃

담쟁이덩굴 *Ivy*

포도과에 딸린 갈잎떨기나무로 줄기에는 잎과 마주나는 덩굴손이 있고 덩굴손의 끝에 빨판이 붙어 있어 담장이나 다른 나무를 기어 올라간다.

길이는 10m 이상 자라며, 잎은 심장 모양으로 가장자리에는 거친 톱니가 있다.

봄에는 연초록색의 잎이 산뜻한 느낌을 주고, 여름에는 녹색 잎이 시원한 분위기를 만들어 주며, 가을에는 단풍진 잎이 아름다워 뜰이나 담 밑에 심어 기른다.

6~7월에 연한 녹색 꽃이 잎겨드랑이에 모여피는데, 꽃이 지고 나면 9~10월경에 작은 구슬 모양의 열매가 자줏빛으로 익는다.

▲ 벽돌 담을 장식해 주는 담쟁이덩굴

▲ 나무를 기어오르는 담쟁이덩굴

난초 *Orchid*

난초과의 여러해살이풀로 금난초·은난초·자란·타래난초·병아리난초 등을 통틀어 일컫는 말이다.

산에 저절로 나기도 하고 온실에서 재배하기도 하는데 고운 꽃이 피고 짙은 향기가 있다. 뿌리는 굵고 잎은 홑잎이며, 꽃은 좌우로 마주보며 핀다.

열대 지방이 원산지로 열대와 온대에 1만 5천여 종이 자라고 있으며 우리 나라에는 약 60여 종이 있다.

◀ 동양란 철골소심

춘란 *Symbidium Virescens*

난초과의 여러해살이풀로 뿌리줄기가 옆으로 뻗으면서 흰 수염뿌리가 자란다.

잎은 뿌리에서 여러 개가 나오며 가늘고 길다. 이른봄에 뿌리에서 꽃줄기가 나와 5~6월에 노란빛을 띤 녹색 꽃이 피는데 꽃잎에는 자줏빛 무늬가 있어 매우 아름답다.

봄철에 꽃이 피므로 '춘란'이라고 하며, 봄을 알린다는 뜻에서 '보춘화'라고 부르기도 한다. 꽃이 아름다워 정원이나 화분에 가꾼다.

▲ 봄소식을 전해 주는 춘란

풍란 *Angraecum*

난초과에 딸린 여러해살이풀로 산 속 고목의 줄기나 바위에 붙어 자라는 난초이다. 늘푸른식물로 아랫부분에서 끈 같은 뿌리가 돋아난다.

잎은 2줄로 달리고 서로 마주 안으며 길이 5~10cm, 너비 6~8mm로서 활처럼 뒤로 굽어져 있다.

7월에 3~5개의 흰꽃이 피는데 나중에 노랗게 변한다. 우리 나라의 남쪽 섬 및 일본에 분포하며, 관상용으로 재배하기도 한다. 꽃말은 '신념'이다.

▲ 넓은잎풍란

전설

우리 나라 고려 시대에 무역을 하는 배 한 척이 원나라에 가서 물건을 팔고 그 곳의 특산물을 가득 싣고 돌아오는 길이었다. 이 배는 지금의 인천인 제물포로 가려 했으나 갑자기 태풍이 몰아치고 높은 파도가 일어 한없이 남쪽으로 흘러내려갔다.

뱃사람들은 배가 바다의 어느 방향에 있는지도 알 수가 없었다. 바람과 파도가 멎고 물결이 잔잔해지자 어느 섬 가까이 갔는데 꽃의 향기가 바람을 타고 풍겨 왔다.

배에 타고 있던 한 선비가 이것은 틀림없는 풍란의 향기이니 여기가 거문도 근방일 것이라고 말했다. 그 곳은 풍란이 많이 자라는 전라남도 여천군의 거문도였다. 그래서 일행은 며칠을 푹 쉰 후에 무사히 제물포로 돌아올 수 있었다.

▲ 풍란의 꽃

◀ 풍란

심비디움 *Cymbidium*

▼ 분홍빛의 심비디움

난초과에 딸린 여러해살이풀로 원산지는 우리 나라·중국·미얀마·오스트레일리아 등지이다. 요즘 온실에서 재배하는 심비디움은 대개 서양에서 들어온 것이 많다.

긴 칼 모양의 잎은 뿌리에서 모여나 옆으로 휘어진다. 잎 사이에서 20~25cm의 꽃대가 나와 10여 송이의 꽃이 이삭을 이루어 아래에서 위로 피어 올라간다.

꽃 빛깔은 분홍·자주·노랑·흰색·연두색 등 여러 가지이다. 꽃 피는 시기는 4~6월이지만 겨울에도 집 안이나 사무실에서 주로 화분에 가꾸는 꽃이다. 꽃빛깔이 화려하여 선물용으로 많이 쓰인다.

● 심비디움이 피는 순서 ●

◀ 미색의 심비디움

▲ 흰빛의 심비디움

카틀레야 *Cattleya*

난초과에 딸린 여러해살이풀로 열대 아메리카 원산지이다. 우리 나라에서는 온실에서 재배한다.

잎은 두껍고 모양은 튤립의 잎과 비슷하다.

잎 사이에서 25~30cm 가량의 꽃대가 나와 한두 송이의 탐스럽고 화려한 꽃이 핀다.

꽃빛깔은 빨강·분홍·노랑·흰색·녹색 등 여러 가지이고, 가을부터 겨울에 걸쳐 꽃이 핀다. 꽃이 큰 대륜종은 지름이 약 15cm 가량이고, 꽃이 작은 소륜종은 지름이 약 7cm 가량이다. 집 안이나 사무실에서 주로 화분에 가꾸는 꽃이며 선물용으로 많이 쓰인다.

▼ 흰빛의 카틀레야

▼ 노란색의 카틀레야

▲ 꽃이 작은 미니 카틀레야

▲ 분홍빛의 카틀레야

덴파라 *Denpara*

난초과에 딸린 여러해살이풀로서 카틀레야와 마찬가지로 우리 나라에서는 비닐 하우스에서 재배한다.

덴파라는 카틀레야의 소륜종과 비슷하지만 아래쪽의 순판을 보면 쉽게 구별할 수 있다. 카틀레야는 순판이 둥글고 크다.

잎은 두껍고 넓은 칼 모양이며, 잎 사이에서 10~20cm 가량의 꽃대가 나와 한두 송이의 작고 화려한 꽃이 핀다. 꽃빛깔은 빨강·분홍·노랑·흰색·혼합색 등 여러 가지이고, 10월부터 2월까지 오랜 기간에 걸쳐 꽃이 핀다. 꽃의 크기는 지름이 3~5cm 가량이다.

주로 온실에서 재배하기 때문에 계절에 상관없이 집 안의 거실이나 사무실에서 화분에 가꾸는 꽃이며 선물용으로 쓰이기도 한다.

▲ 분홍빛의 덴파라

▼ 진분홍빛의 덴파라

온시디움 *Oncidium*

난초과에 딸린 여러해살이풀로 멕시코·브라질 등이 원산지이다. 잎은 긴 타원 모양으로 10~20cm이고, 꽃줄기의 길이는 60~80cm이며 끝부분에서 많은 가지를 친다.

11월~2월에 가지 끝에 작고 귀여운 노란꽃이 한 송이씩 핀다. 우리 나라에서는 온실에서 재배하여 주로 꽃꽂이용으로 사용된다.

꽃지름은 2cm 가량이고, 꽃잎의 위쪽에는 빨간색 무늬가 있다. 분갈이는 꽃이 진 다음 새싹이 나올 때 하는 것이 좋다.

▲ 노란색 꽃을 피우는 온시디움

호접란 *Phalaenopsis*

난초과에 딸린 여러해살이풀로 열대 아메리카가 원산지이다. 우리 나라에서는 온실에서 재배한다.

잎은 마주나며, 두껍고 긴 타원형으로 잎 사이에서 50~80cm 가량의 꽃대가 나와 12~2월에 나비 모양의 아름다운 꽃이 핀다.

꽃빛깔은 빨강·분홍·흰색·붉은색에 무늬가 있는 것 등 여러 가지이고, 꽃지름은 약 7~10cm 가량이다. 집 안의 거실이나 사무실에서 주로 화분에 가꾸는 꽃이며, 꽃꽂이용이나 선물용으로 많이 쓰인다.

▲ 나비 모양을 한 호접란

포인세티아 *Poinsettia*

대극과에 딸린 갈잎떨기나무로서 키는 50~70cm 가량이다. '크리스마스 플라워'라는 애칭을 가진 이 꽃은 크리스마스 때의 장식용 꽃으로서 전 세계 사람들에게 사랑을 받고 있다.

잎은 짙은 녹색이며 긴 타원 모양으로 끝이 뾰족하며, 가지와 줄기 끝에 달린 꽃처럼 생긴 포엽은 빨강·분홍·흰빛 등이 있다.

크리스마스의 계절인 12월에 작은 노란 꽃이 줄기 끝에서 모여 핀다.

꽃말은 '희생·축복'이다.

▲ 포엽이 아름다운 포인세티아

금어초 *Snapdragon*

현삼과에 딸린 원예화초로서 로마 시대부터 재배되어 온 꽃이다. 원래는 여러해살이풀이지만 우리 나라에서는 한해살이풀로 여긴다.

키는 20cm~1m 가량이고 줄기는 곧게 서며 많은 가지를 친다. 잎은 어긋나거나 마주나며 갸름하고 끝이 뾰족하다.

5~7월에 흰빛·붉은빛·노란빛·보랏빛 등의 꽃이 줄기 끝에 이삭 모양을 이루어 모여핀다.

▲ 흰빛의 금어초

◀ 꽃의 모양이 금붕어 같다고 하여 금어초라는 이름이 붙여졌다.

디기탈리스 *Digitalis*

현삼과에 딸린 여러해살이풀로 키는 1~1.5m 가량이고 전체에 짧은 털이 있다.

꽃을 보기 위해 심어 가꾸는 식물로, 잎은 어긋나고 긴 타원형이며 우글쭈글하다. 아래쪽의 잎은 잎자루가 길고 모여나며 위쪽의 잎은 잎자루가 없다.

7~8월에 긴 종 모양의 분홍빛 꽃이 아래에서 위로 피어 올라간다. 잎은 그늘에 말려 심장병·강심제 등의 약재로 쓰인다.

꽃말은 '열애·숨길 수 없는 사랑'이다.

● **전설** 로마 신화에 나오는 최고의 신은 주피터이다. 그런데 주피터의 아내 주노는 하늘의 여러 신들과 함께 자주 주사위놀이를 즐겼다.

주피터는 신성한 신전에서 주사위놀이를 하지 말라고 하였으나 아내 주노와 신들은 좀처럼 그만두려고 하지 않았다.

하루는 주노가 실수를 하여 주사위를 땅으로 떨어뜨리고 말았다. 주노는 당황하여 남편 주피터에게 주사위를 주워 달라고 부탁했다.

주사위놀이 하는 것을 싫어하던 주피터는 들은 척도 하지 않았다. 그리고 신전의 분위기를 해치는 주사위놀이를 아예 없애 버리려고 마음먹었다.

그래서 땅으로 떨어진 주사위를 꽃으로 만들어 버렸다. 이 꽃이 바로 디기탈리스였다는 것이다.

▲ 분홍빛 디기탈리스

인삼 *Ginseng*

본래 깊은 산에서 자라는 두릅나무과의 여러해살이풀인데 밭에서 재배하여 약용으로 쓴다. 키는 60cm 정도로 자라고, 줄기 끝에 서너 개의 잎이 돌려나며 다섯 개의 작은잎으로 이루어진 겹잎이다.

4~5월에 녹색의 꽃이 피고 열매는 붉게 익으며 두 개의 씨가 들어 있다. 흰색의 곧은 뿌리가 가지를 쳐서 흔히 '사람 인(人)' 자 모양을 하고 있어 인삼이라고 부른다.

● **전설** 고려 시대 충청도의 금산 땅에 청우라는 젊은이가 병든 어머니와 함께 살아가고 있었다. 어느 날 산에서 나무를 하고 있던 청우는 사냥꾼에게 쫓기는 상처 입은 사슴을 나뭇단에 숨겨 주었다.

사냥꾼이 지나간 뒤 청우는 사슴을 집으로 데리고 가 정성껏 간호해 주어 사슴은 건강을 되찾게 되었다. 청우는 사슴을 돌려보내려고 함께 뒷동산으로 올라갔다. 그런데 사슴은 청우의 옷깃을 물고 어느 바위 밑으로 가는 것이었다.

사슴이 땅을 파헤치자 그 곳에는 인삼 한 뿌리가 나타났다. 사슴과 헤어진 청우는 그 산삼을 가져와 어머니에게 달여 드렸더니 어머니의 병이 깨끗이 나아 오래도록 행복하게 살았다고 한다.

▲ 인삼의 꽃과 열매

▼ 약용으로 쓰는 인삼의 뿌리

능소화 *Trumpet Creeper*

능소화과에 딸린 갈잎덩굴나무로 길이는 약 10m 가량이다. 줄기에는 수염과 같은 기근이 있어 다른 나무를 기어오를 수 있다.

잎은 깃꼴의 겹잎이고 7~8월에 나팔 모양의 주황색 꽃이 줄기 끝에 피는데, 한 송이 꽃의 수명은 1개월이나 된다.

지금은 우리 나라에서도 공원 등에서 흔히 볼 수 있는 꽃이지만 조선 시대에는 매우 귀했던 꽃이다. 그 당시에 이 꽃을 가꾸는 곳은 궁궐이나 정승의 집 등 불과 몇 집밖에 없었다고 한다.

한방에서는 능소화꽃을 달여 먹으면 이뇨와 통경에 효능이 있다고 한다. 그러나 능소화에는 독성이 있으므로 조심해야 한다.

▼ 능소화의 꽃

▲ 다른 나무를 기어 오르는 능소화

● **전설** 옛날에 능소화는 땅을 기어 가는 가련한 꽃이었습니다. 그래서 소나무에게 자기의 소원을 말했습니다.
"나도 먼 곳을 볼 수 있도록 도와 주세요."
소나무는 능소화가 너무 아름다워서 쾌히 승낙해 주었습니다. 그 때부터 능소화는 소나무 외에 다른 나무에도 마음대로 올라갈 수 있었다고 한다.

잔디 Grass

벼과에 딸린 여러해살이풀로 산과 들에 절로 나는데 원예 품종이 매우 많다. 키는 9~15cm 가량이며 줄기가 옆으로 길게 뻗고 마디마다 수염뿌리를 내려 땅을 튼튼히 얽어 준다.

잎은 갸름하고 끝이 뾰족하며 5~6월에 꽃줄기가 나와 그 끝에서 잔꽃이 이삭 모양을 이루어 모여피는데, 씨가 여물면 자줏빛이 된다. 둑이나 언덕 등에 심어서 비가 올 때 씻기거나 무너지지 않게 하며, 마당에 심어 집을 더욱 아름답게 보이도록 한다.

▼ 잔디의 꽃

▲ 잔디밭에 소풍 나온 다람쥐

극락조화 *Bird-of-Paradise Flower*

파초과에 딸린 여러해살이화초이다. 남아프리카의 희망봉 원산으로 꽃의 모양이 극락조라는 새와 비슷하게 생겼으므로 이러한 이름이 붙여졌다.

키는 1~2m이고 줄기는 땅 속에 있으며 짧아서 밖으로 나오지 못한다. 잎은 긴 타원 모양으로 긴 잎대가 있고, 길이 40cm, 너비 15cm 가량이다.

길고 굵은 꽃대 끝에서 큰 주황색 꽃이 핀다. 우리 나라에서는 주로 온실에서 재배하므로 겨울에도 꽃이 피며, 꽃꽂이용으로 많이 쓰인다.

▲ 새 모양의 극락조화

박 *Bottle Gourd*

박과에 딸린 덩굴성 한해살이 재배식물로, 전체가 잔털로 덮여 있고 줄기가 변한 덩굴손이 다른 나무를 감고 올라간다.

잎은 어긋나며 둥근 심장 모양이고, 여름에 흰꽃이 잎겨드랑이에서 피는데 저녁에 피었다가 아침에 시든다.

열매는 둥근 공 모양인데, 속을 파내고 삶거나 말려서 바가지를 만든다.

열매가 길쭉하고 윗부분이 잘록하게 들어간 것을 호리병박이라고 하며, 호리병박으로 만든 바가지를 조롱박이라고 한다.

▲ 초가 지붕에 열린 박

수세미 *Sponge Gourd*

박과에 딸린 덩굴성 한해살이 재배식물로 수세미외'라고도 한다.

줄기는 덩굴손으로 다른 나무를 감아 올라가며, 잎은 어긋나고 5~7개로 갈라진 손바닥 모양이다.

8~9월에 다섯잎의 암꽃과 수꽃이 한 그루에 피며, 처음에는 수꽃이 많이 피고 여름이 지나면 암꽃이 많이 핀다.

열매는 50cm~1m 가량의 긴 원통 모양인데 몇 개의 세로줄이 있다. 어린열매는 녹색이며 익으면 누런색으로 변한다. 질긴 열매의 섬유로는 수세미를 만들고, 줄기에서 나오는 즙은 향수의 원료로 또는 해열제의 약재로 사용한다.

▲ 수세미의 열매와 꽃

여주 *Bitter Groud*

박과에 딸린 한해살이 덩굴풀로 줄기는 가늘고 길며 덩굴손으로 감아 오른다.

잎은 어긋나며 손바닥 모양으로 갈라져 있다. 암수 한그루로 여름과 가을에 노란꽃이 핀다.

열매는 겉이 우툴두툴하고 처음에는 녹색인데 익으면 주황색으로 변하며, 저절로 벌어져 붉은살이 비어져 나온다. 열대 아시아가 원산지로 우리 나라·일본·중국 등지의 들에서 절로 자란다.

▲ 익으면 저절로 벌어지는 여주의 열매

느티나무 *Keaki*

느릅나무과에 딸린 갈잎큰키나무로 키는 20~30m, 지름은 1~3m 가량이고 암수 한 그루이다.

잎은 어긋나고 끝이 뾰족한 길둥근 모양이며, 가장자리에 톱니가 있다. 5월에 새 가지 끝에 수꽃이 모여피며, 암꽃은 새 가지 위쪽에 한 개씩 달린다. 작고 둥근 열매는 10월에 익어 간다. 어린잎은 떡에 넣어 쪄서 먹는다.

느티나무는 수명이 길고 나뭇잎이 무성하여 여름에 시원한 그늘을 만들어 주므로 동네의 정자 나무로 많이 이용되며, 정원을 가꾸기 위한 나무로, 어린나무는 분재용으로 쓰이기도 한다. 재목은 단단하고 나뭇결이 아름다워 건축·가구 등의 재료로 쓰인다.

▲ 느티나무의 잎

▲ 여름철에 나뭇잎이 무성한 느티나무

▲ 노랗게 물든 느티나무의 잎    ▲ 단풍든 느티나무

선인장 Cactus

선인장이란 선인장과에 딸린 늘푸른 여러해살이풀을 통틀어 일컫는 말로서 그 종류는 3천 가지가 넘는다. 그러나 거의 모든 선인장은 살이 많은 육질과, 잎이 변해서 된 가시와, 화려하고 아름다운 꽃을 가지고 있다.

선인장은 대체로 비슷한 모양의 꽃을 피우는데, 그 수명은 한나절이나 하루 정도이며 긴 것도 일주일밖에 되지 않는다. 선인장은 넓적한 부채선인장, 기둥 모양의 기둥선인장, 잎을 가진 나뭇잎선인장 등으로 크게 나눌 수 있다.

● 전설 중앙 아메리카를 6세기부터 10세기까지 지배했던 인디언 마야(Maya)족은 그들이 숭배하는 위트지로폭돌 신에게 사람을 제물로 바치는 풍속이 있었다.

마야족 사람들은 전쟁 포로나 종들을 제물로 하였는데, 제물이 된 사람에게 선인장의 일종인 패요돌의 즙을 먹였다. 이 즙을 먹은 사람은 정신이 몽롱하게 된다고 한다.

이 때 승려들이 흑요석으로 가슴을 가르고 간을 꺼내어 패요돌에 바른 후 신전에 바쳤다고 한다. 그들의 유물에서 발견되는 선인장의 조각도 이 제물의 증거라는 것이다.

▲ 선인장 비화옥

▲ 선인장 네오포르테리아

▲ 선인장 헤르델

▲ 선인장 옥옹

▲ 선인장 황금사

▲ 선인장 비모란

▲ 선인장 스타펠리아

크리스마스선인장 *Christmas Cactus*

선인장과에 딸린 여러해살이풀로서 게발선인장이라고도 하지만 이것은 별로 좋은 이름은 아니다. 브라질이 원산지인데, 우리 나라에서는 온실에서 재배하여 화분에 가꾼다.

키는 30~50cm 가량으로, 줄기는 납작한데 마디를 이루면서 무성하게 자라서 옆으로 늘어진다. 12~1월경 크리스마스를 전후하여 다 자란 줄기 끝에서 진분홍빛 꽃이 한 송이씩 피어난다.

꽃의 아랫부분은 대롱 모양이고 20여 개의 꽃잎이 3층을 이루며 핀다. 사막에서 자라는 선인장과는 다른 모양을 하고 있으며 가시도 없고, 꽃의 수명도 일주일쯤 된다.

▼ 크리스마스를 전후해서 꽃이 피는 크리스마스선인장

▲ 활짝 핀 크리스마스선인장을 앞에서 본 모양

● 크리스마스선인장이 피는 순서 ●

측백나무 Oriental Arbor Vitae

측백나무과에 딸린 늘푸른큰키나무로 키는 6~10m이며, 해를 따라 방향을 바꾸는 다른 나무와는 달리 항상 서쪽을 향하고 자란다. 그래서 측백나무는 한쪽만을 바라보고 자라는 충성스런 선비 정신을 지녔다고 하여 예부터 상서로운 나무로 여겼다.

잎은 끝이 무딘 바늘 모양이고 꽃은 4월에 피며, 9~10월에 길둥근 열매가 익어 간다. 잎은 빈혈을 예방하는 보혈제로 쓰고, 씨는 몸의 영양을 도와 주는 자양제로 쓰인다.

● **전설** 중국 당나라의 여황제 측천무후는 측백나무를 매우 좋아하여 5품인 대부 벼슬을 내렸다고 하며, 한나라의 무제는 키가 수십 미터나 되는 측백나무의 품위 있는 모습을 보고 대장군의 벼슬에 봉했다고 한다.

또 중국의 적송자라는 사람은 측백나무 씨를 즐겨 먹었더니 빠졌던 이가 다시 돋아났다는 이야기도 전해 내려오고 있다.

▲ 측백나무의 잎
◀ 측백나무

향나무 Juniper

측백나무과에 딸린 늘푸른큰키나무로 향기가 있어 향나무라는 이름이 붙여졌다. 높이는 10~20m 가량이다. 암수 한 그루이며, 묵은 가지의 잎은 가시 모양이고 새 가지의 잎은 바늘 모양이다.

4월에 햇가지 끝에 꽃이 피고, 열매는 작은 구슬 모양이며 이듬해 10월에 익어 간다. 나무는 조각·가구·향료·약용으로 쓰인다. 울릉도의 향나무가 많이 나는 곳은 천연 기념물로 지정하여 보호하고 있다.

▲ 향나무의 열매

◀ 둥글게 잘 다듬 진 향나무

회양목 Box Tree

회양목과의 늘푸른떨기나무로 우리 나라의 특산물이다. 키는 1m 가량인데 강원도와 함경남도에서는 6m까지 자라는 것도 있다. 4월에 연노랑색의 꽃이 잎겨드랑이에 피며, 7월경에 구슬 모양의 작은 열매가 열린다.

뜰을 꾸미기 위해 심어 가꾸기도 하며, 나무는 도장이나 지팡이를 만드는 데 쓰이고 조각의 재료로도 사용한다.

화양목 또는 도장나무라고도 한다.

▲ 회양목의 잎과 꽃

둘째 가름

산과 들의 꽃과 나무

은방울꽃 *Lily of the Valley*

사람의 발길이 닿지 않는 깊은 산 속에서 바람이 불기라도 하면 금세 은방울 소리를 들려줄 것 같은 하얀 은방울꽃은 깨끗하고 맑은 느낌을 주는 들꽃이다.

독일에서는 은방울꽃을 '하늘에의 계단'이라고 부르는데, 이는 하얀꽃이 계단처럼 피어 그 깨끗함이 하늘로 통한다는 뜻이라고 한다. 또한 프랑스에서는 5월 1일에 은방울꽃을 주면 그 사람에게 행운이 온다 하여 이 날을 은방울꽃의 날로 정했다.

은방울꽃은 백합과에 딸린 여러해살이풀로 땅속줄기는 옆으로 길게 뻗으며 많은 수염뿌리를 가지고 있다. 키는 15~20cm 가량이고 잎은 넓고 길다.

5~6월에 잎 사이에서 꽃줄기가 비스듬히 나와 종 모양의 흰꽃이 나란히 핀다. 꽃은 5mm 정도로 아주 작지만 향기가 좋으며 열매는 둥글고 빨갛게 익어 간다. 풀포기는 강심제·향수의 원료로 쓰인다.

꽃말은 '행복·사랑'이다.

▼ 습기가 있는 산 속에 피는 은방울꽃

● **전설**   옛날 고대 그리스 시대 옳은 일을 위해서는 목숨도 아끼지 않는 레오날드라는 용감한 청년이 살고 있었다. 어느 날 레오날드는 사냥을 하러 나갔다가 마을 사람들을 괴롭히며 해치던 큰 독사를 만났다.

  쏜살같이 달려오는 독사를 보는 순간, 레오날드는 마을 사람들을 위해 이 독사를 없애 버려야겠다고 마음먹었다. 사흘 밤 사흘 낮을 싸운 끝에 레오날드는 이 독사를 물리칠 수가 있었다.

  그러나 심한 상처를 입고 쓰러질 듯이 걸어가는 그의 발자취에는 몸에서 흐르는 피가 방울방울 떨어졌다. 그 핏자국이 떨어진 곳마다 하얀 은방울꽃이 피어났다고 한다.

▼ 은방울꽃에 물방울이 맺혔는데, 물방울 속에 꽃이 들어가 있다. 물방울이 렌즈 구실을 하기 때문이다.

노랑 원추리 *Orange Daylily*

백합과의 여러해살이풀로 산이나 들에 절로 자라는 들꽃이다. 키는 50~70cm 가량이며, 칼 모양의 잎이 뿌리에서 모여나 활처럼 휘어진다.

6~8월에 잎 사이에서 꽃줄기가 나와 2~5송이의 노란 꽃이 핀다. 이 때쯤 지리산이나 소백산에 원추리가 피면 온 산이 노랗게 물들어 장관을 이룬다. 하나의 꽃은 아침에 피어서 한낮을 화려하게 장식하다가 저녁에 져 버린다. 그러나 다른 꽃들이 계속 피어나기 때문에 꽃이 지지 않는 것처럼 보이는 것이다.

우리 나라에는 원추리·각시원추리·들원추리·아기원추리·큰원추리·왕원추리·골잎원추리 등 종류가 많은데, 이 중 각시원추리가 가장 많다.

원추리는 물오름이 좋아 온실에서 꽃꽂이용으로도 재배하며, 씨를 심으면 1년 후에 싹이 트므로 대개 포기나누기로 번식한다. 왕원추리 이외에는 어린순을 나물로 먹으며, 뿌리는 이뇨제·지혈제·소염제로 쓰인다. 꽃말은 '지성(至誠)'이다.

▼ 각시원추리의 꽃

▲ 지리산에 피어 있는 각시원추리

● **전설**　예부터 원추리는 망우초라고 부르기도 하며, 근심을 잊게 해주는 꽃이라는 이야기가 전해 내려오고 있다.

　옛날에 두 형제가 어버이가 돌아가신 후 슬픔에 젖어 아무 일도 손에 잡히지가 않았다. 그래서 형은 근심을 잊게 해 준다는 원추리를 어버이의 무덤에 심었더니 마음이 편안해졌다. 그러나 동생은 슬픔을 잊으면 어버이를 잊게 되는 것이라고 생각하여 오래 기억된다는 자완이라는 꽃을 심었다.

얼레지 *Dog-Tooth Vilet*

　백합과의 여러해살이풀로 산에서 절로 자라는 들꽃이다. 꽃줄기의 높이는 20~30cm이며 잎은 하나씩 마주 나는데 녹색 바탕에 자줏빛 무늬가 있다.

　5~6월에 분홍빛의 여섯잎꽃이 뒤로 젖혀져서 핀다. 어린잎은 나물로 먹으며, 알뿌리는 약으로 쓰인다. 우리 나라에서 특히 광덕산에 무리를 지어 자란다.

▲ 얼레지의 꽃

▼ 얼레지와 재니등에

둥굴레 *Poligonatum*

백합과의 여러해살이풀로서 줄기는 곧게 서며, 높이는 40~70cm인데 키가 커지면 위쪽은 활처럼 휘어진다.

잎은 어긋나는데 긴 타원형이거나 끝이 뾰족한 칼 모양이다.

6~7월에 흰꽃이 잎겨드랑이에서 피는데 끝부분은 녹색이다. 꽃잎은 원통 모양이고 6개로 갈라져 있다.

8~9월경에 구슬 모양의 작은 열매가 검게 익어 간다. 온실에서 재배하여 꽃밭이나 화분에 가꾸기도 하며, 꽃꽂이용으로도 쓰인다.

▲ 층층이 달린 둥굴레의 꽃

개맥문동 *Liriope*

백합과에 딸린 여러해살이풀로 주로 산지의 나무 그늘에서 자란다.

높이는 30~50cm 가량이며, 뿌리줄기에는 가느다란 수염뿌리가 나 있고 그 끝이 굵어져서 길둥근 덩이를 이룬다.

잎은 뿌리에서 모여나는데 가늘고 길며 5~6월에 연한 자줏빛의 작은 꽃이 아래에서 위로 피어 올라간다. 수술은 6개이고 수술대는 꾸불꾸불하며 암술대는 1개이다. 열매는 검푸른색이며, 알뿌리는 기침약으로 쓰인다.

서울·제주도·전라도·강원도·경상도 등지에서 자란다.

▲ 개맥문동의 꽃

애기나리 *Disporum*

산의 숲 속에서 자라는 여러해살이풀로서 키가 15~40cm인 들꽃이다. 줄기는 곧게 서고, 잎은 어긋나며 끝이 뾰족한 타원 모양이다.

4~5월에 백합 모양의 아주 작은 흰빛깔의 꽃이 줄기 끝에 1~2개씩 아래쪽을 향해 핀다.

구슬 모양의 둥근 열매는 지름 7mm 가량으로 까맣게 익어 간다. 어린순은 나물로 먹을 수 있다.

지리산·한라산·축령산·검단산·금강산·백두산 등지에서 자란다.

▲ 애기나리의 꽃

박새 *Veratrum*

백합과에 딸린 여러해살이풀로 주로 산에서 자라는 들꽃이다.

키는 1m쯤 자라는데, 굵은 줄기는 곧게 서며 속이 비어 있다. 잎은 어긋나고, 끝이 뾰족하게 넓은 타원 모양이며 아래 부분에서 줄기를 촘촘히 둘러싸고 있다.

7~8월에 매화를 닮은 흰빛의 작은 여섯잎꽃이 줄기 끝에 원뿔 모양으로 모여 핀다. 꽃잎에는 녹색의 줄무늬가 있으며, 꽃이 지고 나면 그 자리에 길둥근 열매가 맺힌다.

우리 나라 태백산·함백산·만주·중국 등지에서 자란다.

▶ 박새의 꽃

▲ 산에서 자라는 박새

나리 *Crumble Lily*

나리라고 하면 백합과의 참나리속에 딸린 여러해살이풀을 통틀어 일컫는 말로, 그 종류에는 참나리·중나리·말나리·솔나리 등이 있다.

참나리는 산에 절로 나는 들꽃으로 키는 1~2m 가량이며, 어린줄기는 흰 털로 덮여 있고 땅 속에 알뿌리를 가진다. 잎은 어긋나며, 가늘고 긴 칼 모양이다.

7~8월경 줄기 위에서 작은 가지가 갈라지고 가지 끝에 짙은 주황색의 향기 좋은 여섯 잎꽃이 아래쪽을 향해 핀다. 검은 자줏빛 점이 있는 꽃잎은 뒤로 말린다.

▲ 중나리

열매는 콩꼬투리 모양으로, 익으면 벌어져 씨를 땅에 흩뿌린다. 어린잎과 알뿌리는 먹을 수 있으며, 알뿌리는 건강을 위한 자양제나 기침약의 원료로 쓰인다.

중나리는 참나리와 모양이 거의 같기 때문에 구별하기가 쉽지 않다. 참나리보다 키와 꽃이 조금 작고 꽃잎에는 짙은 자줏빛 무늬가 안쪽에 모여 있다. 참나리처럼 어린잎과 알뿌리는 먹고, 약용으로도 쓰인다.

▼ 참나리의 꽃

▲ 참나리의 꿀을 먹고 있는 제비나비

산부추 *Allium*

산과 들에서 자라는 백합과의 여러해살이풀로 식물의 모양이 부추와 비슷하게 생겼다.

키는 30~60cm 가량이고, 비늘줄기는 길이 2cm 안팎으로 달걀꼴이며, 긴 칼 모양의 잎은 줄기의 아랫부분에서 2~3개가 나와 비스듬히 휘어진다.

8~9월에 높게 자란 꽃줄기 끝에서 보랏빛의 많은 잔꽃이 우산 모양 꽃차례로 피어 하나의 꽃처럼 보인다.

마늘 같은 향기가 나며, 비늘줄기와 연한 잎은 먹을 수 있다. 우리 나라 중부 이남에서 흔히 볼 수 있다.

▲ 햇빛을 받아 빛나고 있는 산부추꽃

무릇 *Scilla*

백합과의 여러해살이풀로 들이나 밭에서 저절로 자라는 들꽃이다. 키는 30~50cm 가량이고, 잎은 긴 칼 모양이며, 봄과 가을 두 차례에 걸쳐 두세 개가 나와 활처럼 옆으로 휘어진다.

7~9월에 잎 사이에서 긴 꽃줄기가 자라서 많은 분홍빛 여섯잎꽃이 이삭 모양의 꽃차례로 모여피어 하나의 긴 꽃처럼 보인다. 수술은 6개이고 암술은 1개이며, 흰색 꽃이 피는 것을 '흰무릇'이라고 한다.

어린잎과 비늘줄기는 엿처럼 오랫동안 조려서 먹고, 뿌리는 벌레를 없애는 구충제로 사용한다.

▲ 무릇의 꽃

붓꽃 *Iris*

붓꽃과에 딸린 여러해살이풀로 산이나 들의 습기가 많은 풀밭에서 저절로 자라는 들꽃이다.

키는 60cm 가량 자라며, 뿌리줄기는 옆으로 뻗으면서 새싹이 나오고, 많은 잔뿌리가 내린다. 가늘고 긴 칼 모양의 잎은 해마다 뿌리줄기에서 모여난다.

5~6월에 잎 사이에서 꽃줄기가 나와 줄기 끝에 보랏빛 꽃이 두세 송이씩 핀다. 자라는 곳에 따라 꽃빛깔은 조금씩 다르다. 세모 기둥 모양의 열매는 익으면 저절로 벌어져 씨가 흩어진다.

꽃이 아름다워 온실에서 재배하기도 하는데, 씨와 포기나누기로 번식하며, 씨는 봄과 가을에 뿌릴 수 있다. 물오름이 좋아 꽃꽂이용으로도 많이 쓰이고, 뿌리줄기는 옴과 피부병 치료제로 사용한다.

경기도 광릉·전라북도 정읍·함경 남도 등지에서 자랍니다. 꽃말은 '존경·좋은 소식' 이다.

▼ 붓꽃으로 날아드는 꿀벌

보랏빛의 붓꽃 ▶

● **전설** 오랜 옛날, 중국에 칼솜씨가 뛰어난 청년이 있었다. 그는 스승의 뜻을 받들어 항상 남을 존중하고 스스로 겸손하였는데, 어느 날 사랑하는 여인 앞에서 자기가 이 세상에서 가장 칼을 잘 쓰는 사람이라고 자랑하였다. 이 말을 듣고 있던 한 노인이 그게 사실이냐고 말참견을 하였다.

"이 세상에서 나를 당해 낼 사람은 우리 스승 한 분밖에 없소."
"자! 그러면 이것을 받아 보아라."

노인은 갑자기 지팡이를 들어 청년의 머리를 내리쳤다. 청년은 칼을 빼어 보지도 못하고 그 자리에서 숨지고 말았다. 그 노인이 바로 그 청년의 스승이었습니다. 변장을 하고 있던 스승은 청년이 본분을 지키지 못하고 뽐내는 것을 보고, 앞으로 더 큰 죄를 저지르기 전에 죽게 하는 것이 낫다고 생각했던 것이다.

스승은 청년을 묻어 주고는 어디론가 사라져 버렸다. 이듬해 청년의 무덤에서는 칼 모양의 잎에 싸여 후회하는 듯 고개 숙인 보랏빛 꽃 한 송이가 피어 있었다.

◀ 꽃봉오리일 때의 모습이 붓끝과 같다고 하여 붓꽃이라는 이름이 붙여졌다

각시붓꽃 *Iris Rossii*

붓꽃과에 딸린 여러해살이풀로 산이나 들에서 저절로 자라는 들꽃이다.

키는 10~15cm로 매우 작으며, 잎은 긴 칼 모양으로 곧게 서거나 활처럼 옆으로 휘어지며, 꽃이 필 때는 꽃줄기와 길이가 비슷하지만 꽃이 지고 나면 30cm 정도까지 크게 자란다.

4~5월에 잎 사이에서 꽃줄기가 나와 지름 4cm가량의 보랏빛 꽃이 핀다. 꽃잎의 아래쪽에는 노랑과 진보라·흰빛의 세 가지 빛깔로 이루어진 무늬가 있다.

▲ 산기슭에 피어 있는 각시붓꽃

금붓꽃 *Iris Savatieri*

햇볕이 잘 드는 산기슭에서 절로 자라는 붓꽃과의 여러해살이풀이다.

키는 10~15cm 가량이며, 줄기는 묵은 잎으로 둘러싸이고 뿌리줄기에서 3~4개의 새 잎이 돋아 곧게 선다.

4~5월에 잎 사이에서 꽃줄기가 나와 줄기 끝에 지름 2cm 가량의 노란꽃이 한 송이씩 핀다. 붓꽃을 닮은 노란 금빛의 꽃이라 하여 금붓꽃이라는 이름이 붙여졌다.

금붓꽃은 우리 나라에서만 자라는 들꽃으로, 뿌리줄기는 폐렴·편도선염·백일기침 등의 약재로 쓰인다.

▲ 각시붓꽃과 모양이 비슷한 금붓꽃

찔레꽃 Multiflora Rose

산이나 들에서 자라는 장미과의 갈잎떨기나무로, 키는 2m 가량이며, 줄기에는 가시가 있다.

잎은 어긋나고, 깃꼴 겹잎이며 작은잎은 타원 모양으로 가장자리에 톱니가 있습니다. 5~6월경에 여러 개의 향기 좋은 다섯잎 하얀꽃이 가지 끝에 모여핀다.

처음 돋는 새순을 꺾어 껍질을 벗겨서 먹으면 단맛이 나며, 구슬 모양의 작은 열매는 10월에 빨갛게 익어 간다.

▲ 눈처럼 하얀 찔레꽃

짚신나물 Agrimonia

들이나 길가에서 흔히 자라는 장미과의 여러해살이풀로 키는 50cm~1m 가량이며, 식물 전체에 잔털이 있다.

잎은 어긋나고, 타원 모양으로 깃꼴 겹잎인데 잎의 크고 작음이 고르지 않다. 잎의 가장자리에는 거친 톱니가 있다. 6~8월에 노란 다섯잎꽃이 이삭 모양의 꽃차례로 모여핀다.

열매에는 갈고리 같은 털이 있어 옷이나 동물의 몸에 잘 달라붙는다. 어린순은 나물로 먹는다.

◀ 큰뱀무에 앉아 있는 어리여치

▲ 노란색의 큰뱀무꽃

벚나무 *Cherry Tree*

산이나 들에서 자라는 장미과의 갈잎큰키나무로, 키는 10~20m 가량이다. 잎은 어긋나고, 끝이 뾰족한 타원형으로 가장자리에는 잔 톱니가 있다. 4~5월에 연분홍 또는 흰빛의 다섯잎꽃이 잎보다 먼저 피며 바람이 불면 함박눈이 내리는 것처럼 많은 꽃잎이 떨어져 매우 아름답다.

작은 구슬 모양의 열매는 '버찌'라 하며, 녹색인 버찌는 7월에 빨강색으로 변했다가 까맣게 익어 갑니다. 잘 익은 버찌는 달고 맛이 좋다.

벚나무의 종류는 300종 이상이나 되며, 우리 나라에도 약 10여 종이 있다. 전국의 공원이나 길가에서 흔히 볼 수 있는 왕벚나무, 높이가 20m쯤 되는 벚나무, 바다 가까운 숲에 자라는 산벚나무, 울릉도에서만 나는 섬벚나무, 중부 지방의 산에서 자라는 꽃벚나무, 지리산·제주도 등지에서 자라는 올벚나무, 잎과 함께 꽃이 피는 개벚나무 등이 있다.

꽃말은 '절세 미인'이다.

▲ 벚꽃으로 날아드는 꿀벌

▼ 쌍계사 입구에 피어 있는 벚꽃. 뒤쪽에는 안개 낀 지리산이 보인다.

● **전설** 옛날에 서행이라는 스님이 벚꽃 구경을 가다가 잠시 쉬어 가려고 한 초가집에 들렀다. 그 집에는 병든 어머니가 있었으나 너무 가난하여 약 한 첩 살 돈이 없었다. 스님은 가지고 있던 돈을 모두 그들에게 주고 다시 절로 돌아갔다.

또 서행 스님은 젊었을 때 노래도 잘 불러 각 고을에서 솜씨를 뽐내기도 하였다. 하루는 스님이 고개를 오르다가 노래를 부르고 있는 나무꾼을 만났다.

"갈 때는 피지 않았던 벚꽃이 돌아올 때는 활짝 피어 있었네."

나무꾼의 노래를 들은 스님은 아직 자신의 노래 실력이 부족한 것을 깨닫고 다시 돌아가 공부를 더욱 열심히 하였다. 그래서 이 고개를 서행잿마루라고 불렀다고 한다.

▲ 벚나무의 열매 버찌

▲ 연분홍빛의 벚꽃
◀ 연못가에 핀 벚꽃

해당화 *Sweetbrier*

바닷가의 모래땅이나 산기슭에서 자라는 장미과의 떨기나무로 키는 1~1.5m 가량이다. 줄기와 가지에는 털 같은 가시가 많고, 잎은 깃꼴 겹잎이며, 작은잎은 길둥근 모양으로 가장자리에는 톱니가 있다.

5~7월에 짙은 홍색의 다섯 잎꽃이 피는데, 향기가 좋아 향수의 원료로 쓰이고, 열매는 먹으며 약용으로 사용한다.

해당화는 대개 홑꽃이다. 겹꽃은 더욱 아름다우나 열매를 맺지 못한다. 꽃말은 '미인의 잠결'이다.

● **전설** 중국 당나라의 현종 황제가 어느 맑은 봄날 양 귀비를 불렀다. 양 귀비는 술이 취해 누워 있다가 황제 앞으로 나갔는데, 잠이 채 깨지 않아 볼은 아직 붉은빛을 띠고 있었다.

"양 귀비는 아직 술이 깨지 않았느냐?"

양 귀비는 자신을 해당화에 비유해 다음과 같이 대답했습니다.

"해당화는 아직 잠이 덜 깨었습니다."

예부터 중국에서는 해당화의 아름다움을 시로 읊거나 그림으로 그렸는데, 당나라 최고의 시인 두보만은 해당화를 소재로 한 시를 단 한 수도 읊지 않았다. 그의 어머니가 해당 부인이므로 어머니의 이름을 부를 수가 없었기 때문이라고 한다.

▲ 해당화의 꽃봉오리와 꽃을 가까이 본 모양
◀ 향기가 좋은 해당화

조팝나무 *Spiraea*

장미과에 딸린 갈잎떨기나무로 조팝나무·참조팝나무·가는잎조팝나무·산조팝나무 등을 통틀어 일컫는 말이다.

우리 나라에는 가는잎조팝나무가 가장 많은데, 키는 1~2m 가량이며, 잎은 길둥근 모양이고 가장자리에는 톱니가 있다. 4월경 대부분의 줄기에 작은 흰꽃이 대롱대롱 매달린다.

● **전설** 중국 한나라 사람 원기는 제나라와의 싸움에서 적의 포로가 되었다. 이 소식을 들은 딸 수선은 제나라로 찾아갔으나 아버지는 이미 세상을 떠난 후였다. 수선은 아버지의 무덤 옆에 있던 나뭇가지 하나를 꺾어서 집으로 가져와 뜰에 심었다. 이듬해 여름 그 나뭇가지에서 하얀꽃이 피기 시작하였다.

동네 사람들은 효성이 지극한 수선에게 하늘이 내린 꽃이라 하여 이름을 수선국이라 불렀는데 이 꽃이 바로 조팝나무였다.

▲ 하얀 꽃이 피는 조팝나무

꼬리조팝나무 *Willow-Leaved Spiraea*

산과 들의 습지에서 자라는 장미과의 갈잎떨기나무로 키는 1~1.5m 가량이다.

잎은 어긋나고, 양끝이 뾰족한 타원 모양으로 가장자리에는 톱니가 있다. 또 뒤쪽에는 잔털이 있다.

6~7월에 분홍빛의 작은 다섯잎꽃이 원뿔꽃차례로 모여핀다.

어린잎은 먹으며, 뜰에 심거나 꽃꽂이용으로도 사용한다.

▲ 꼬리조팝나무

◀ 꼬리조팝나무와 배추흰나비

황매화 Kerria

　　장미과에 딸린 갈잎떨기나무로서, 키는 약 2m 안팎이며, 가지가 많이 갈라진다. 잎은 어긋나며, 긴 타원 모양인데 가장자리에는 톱니가 있다.

　　5~7월에 노란 다섯잎꽃이 가지 끝에 피는데, 우리 나라에는 국화꽃과 비슷하게 생긴 겹꽃이 더 많다. 겹꽃은 여러 개의 가지 끝에 한 송이씩 핀다. 우리 나라 중부 이남과 일본·중국에서 자란다. 꽃말은 '기다림' 이다.

● **전설**　오랜 옛날 일본의 귀족 집안의 한 젊은이가 신분이 낮은 여인을 사랑하였다. 양쪽 집안의 부모들은 신분이 서로 다르기 때문에 맺어질 수 없는 사랑이라고 반대했다.

　　이들은 서로 사랑했지만 어쩔 수 없이 헤어져야만 하는 운명을 슬퍼하며 두 사람이 얼싸안은 모습을 거울에 담아 땅 속에 묻고, 거울 속에서나마 영원히 사랑하리라고 맹세하였다.

　　얼마 후 거울을 묻은 자리에서는 황매화가 돋아났다고 한다. 그래서 이 꽃을 영상이라고 부르기도 한다.

▲ 겹꽃 황매화
◀ 황매화

양지꽃 *Potentilla*

장미과의 여러해살이풀로 산이나 들의 양지바른 곳에서 자라는 여러해살이풀이다. 키는 5~30cm 가량이고, 줄기 전체에 털이 있다. 뿌리는 굵고 짧고 옆으로 퍼지며 여러 갈래로 갈라지며 뭉쳐나고, 꽃은 긴 꽃자루 끝에 가지가지런히 달려 여러 개가 달린다. 3~8월에 잎 사이에서 나온 꽃줄기 끝에 10~15mm 가량의 노란 다섯잎꽃이 핀다. 이 런 곷과 줄기는 나물로 먹을 수 있다.

▼ 뿌리 아래까지 피는 양지꽃

산딸기 *Wildberries*

장미과에 딸린 갈잎떨기나무로 키는 1~2m이다. 줄기는 붉은 갈색이고 아래 때는 털이 있으며, 아래쪽에서 여러 개가 갈라져 나온다. 잎은 3~5개로 갈라지고 톱니가 있으며 가지 끝에는 둥글거나 둘레에 톱니가 있다. 5~6월에 가지 끝이나 잎겨드랑이에서 하얀꽃이 피며, 7~8월에 둥글고 붉은 열 매가 열린다. 잎 익은 열매는 달콤 한 맛이 나고 약이나 먹기 좋다.

산이나 들에 나가서 산딸기를 보면 열매가 들이 익었을 때 뿌리기를 좋아 먹을 수 있다. 돌로기에는 잎이 있고 마디마다 잎이 맺어나며 가지가 갈라지 서 비디기 대략 60cm 가량 길게 뻗어 나간다. 4~5월이 되면 하얀 꽃이 피며, 둥글고 붉은 열매 는 매끈말 광이 없어 먹기도 좋고 맛 도 없으나 줄기 없이 꽃이 떨어지지 않는다.

▼ 뱀딸기 꽃이 피고 잎이 동글 산딸기
▼ 뱀딸기

은대난초 *Cephalanthera*

산이나 들에서 자라는 다년초의 여러해살이 야생화이다. 키는 30~50cm 가량이고, 줄기에는 6~8개의 잎이 달린다. 잎은 달걀 모양 또는 넓은 타원형이며, 어긋나기로 줄기를 감싸고 있다. 5~6월에 줄기와 잎겨드랑이에 꽃이 피며 꽃잎 끝 부분이 벌어지지 않는다. 꽃받침과 꽃잎은 11~12mm이며 타원형이다.

잎집부 피어는 꽃받침은 가늘고 길쭉하고 있으며, 4~7cm이지만 아래쪽에 달려 있고 1~2개의 꽃턱잎은 줄기보다 길고 위쪽을 향한다.

은대난초는 꽃이지만 꽃이 아들다워 정원에 심어 가꾸기도 한다.

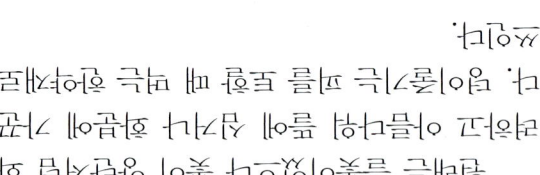

▶ 은대난초의 익은 꽃

자란 *Bletilla*

난초과의 여러해살이풀로 동아시아의 따뜻한 곳에서 자란다. 우리 나라에서는 주로 남부지방 해안 및 바위틈에서 자생으로 높이 자라는 아름다운 꽃으로 알려져 있다.

줄기 끝에 꽃이들이 모여 양팽리로 달려 있어서 5~6개의 잎이 서로 감싸면서 둥글어지며, 잎은 넓은 긴 길 갈은형으로 자란다. 20~30cm이며, 5~6월경 잎 사이에서 긴 꽃줄기가 나와 6~7개의 자홍색 꽃이 핀다.

은대난초 꽃잎이지만 꽃이 앙증스럽게 화려해 들어지 꽃이 상냥나게 화려히 가꾸기에 아름답이 돋는다. 영어 이름도 피를 틀일 때 매우 중요하게 쓰인다.

▶ 꽃봉오리 달려있는 자란

타래난초 *Spiranthes*

난초과에 속한 여러해살이풀로 산기슭이나 들에서 자라는 자생란 종류의 꽃이다.

키는 30~60cm 가량이고, 뿌리에서 나오는 잎은 긴 창 모양으로 길이 5~20cm, 너비 3~10mm이다.

6~7월에 줄기에 선인 꽃줄기 끝에 많은 연분홍색의 잔 꽃이 아래에서 위로 피어 올라가며 돌려진다. 잎 끝과 줄기 가장자리 꽃들이 아름다운 조화를 이룬다. 녹색의 이삭이 점점 풍성해지면서 꽃의 조화를 이룬다.

청초하게 피는 것은 청량해보인다. 우리 나라와 중국·대만이나 동남아시아 속에 흔히 볼 수 있다.

▼ 경기도 광릉에서 자라는 꽃들임

광릉요강꽃 *Cypripedium japonicum*

난초과에 속한 여러해살이풀로 키는 20~40cm이고, 경기도 광릉의 산 속에서 자라는 꽃이다.

맥상줄기가 옆으로 뻗고 마디에서 뿌리가 내린다. 줄기는 곧게 서고 털이 있으며 줄기 윗부분에 2개의 잎이 마주나서 갈라진 둥근 꽃을 부채꼴 사잇으로 펼친다.

4~5월에 연한 녹색이 도는 붉은색에 꽃 한 송이가 아래쪽을 향해 핀다. 꽃자루는 길이 15cm 정도 선단 끝에 꽃 한 송이 달린다. 열매는 10월에 이어 간다.

밝은 숲속에서 습기가 있어 광릉요강꽃 같이 생태조건으로 생장하고 있다. 꽃송이들 원래도 꽃모양이나 꼿꼿함에도 꽃을 보기 쉽지 않아 재배하기도 한다.

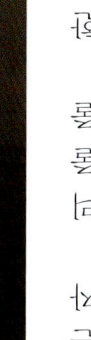

새우난초 *Calanthe*

난초과의 풀로 여러해살이풀이고 땅속줄기는 마디가 없고 새우 모양이며 새우줄처럼 굽이 져 새우난초라는 이름이 붙여졌다.

잎은 뿌리 밑에서 타원형이고 2~3개 새겨 있고 나며, 줄기에는 2~3개가 공개 자라 지만 이들에는 없으로 독자지에 작은 주름이 진다. 꽃은 4~5월에 잎 사이에서 나온 긴 꽃 이 꽃자리 꽃에 향 총상에 약기에 달리며, 한 송이는 암꽃형에 꽃이 아래에
서 위로 피어 올라간다.
뿌리줄기는 약기를 봄 에 어린이가 강장 한약 뜨뜻으로 쓰인다. 꽃 꽃이 금빛인 것은 '금 새우난'이라고 한다.

▶ 금새우난

▼ 새우난초

큰방울새란 *Cypripedium Macranthum*

난초과에 속한 여러해살이풀로 키 는 20~40cm이고, 뿌리줄기가 옆으로 뻗으면서 마디에서 뿌리가 내린다.

3~5개의 잎은 어긋나며, 넓고 긴 잘 모 양이며 줄기를 감싸고 있다.
5~7월에 줄기 끝에 진분홍빛 꽃이 한 송이 아래를 향하여 핀다. 꽃이 여성의 꽃 신발을 닮아 광대신발 또는 복주머니를 닮았다. 꽃잎은 타원형이다. 뒷꽃잎 을 꽃받침이나 꽃술에 붙어서 길이 4cm가 량 된다.

개불알꽃이라는 이름으로 알려져 있으 나 꽃과 아름다운 모양으로 복주머니꽃이라 고 부르는 것이 좋다.

▼ 복주머니꽃

해오라비난초 *Habenaria*

난초과에 딸린 여러해살이풀로 산과 들의 축축한 땅에서 자라며, 키는 15~40cm 가량이다. 긴 칼 모양의 잎은 어긋나고, 비스듬히 선다.

7~8월에 하얀꽃이 피는데 그 모양이 날개를 활짝 펴고 날아가는 해오라비의 모습과 같다고 하여 해오라비난초라는 이름이 붙여졌다. 수원과 칠보산에서 자라는 들꽃이지만 요즈음에는 꽃을 보기 위하여 뜰에 가꾸기도 한다.

● **전설** 오랜 옛날 한 처녀와 강 건너 마을 선비의 아들이 서로 사랑하였는데, 이 소문이 마을에 퍼지자 선비는 아들을 엄하게 꾸짖으며 결혼을 허락해 주지 않았다.

어느 날 밤 총각은 처녀가 사는 마을 쪽으로 달려갔다. 그러나 칡덩굴 다리가 끊어져 강물에 늘어져 있었다. 총각이 건너 마을을 바라보았더니 그 곳에는 사랑하는 여인이 서 있었다.

총각이 칡덩굴을 타고 강을 건너다가 그만 물살에 휩쓸려 멀리 떠내려가자 처녀도 강물 속으로 뛰어들었다. 그 후 강가에는 하얀 새처럼 생긴 두 송이의 꽃이 피었는데, 이 꽃을 날개를 부러워하던 두 젊은이의 넋이라 하여 해오라비난초라고 불렀다고 한다.

▼ 해오라비를 닮은 해오라비난초

제비꽃 *Viola Mandshe*

제비꽃이라고 하면 제비꽃과에 딸린 제비꽃·노랑제비꽃·흰제비꽃·콩제비꽃·남산제비꽃·서울제비꽃·알록제비꽃 등을 통틀어 일컫는 말로, 오랑캐꽃이라고도 한다.

제비꽃은 제비꽃과의 여러해살이풀로 키는 10~15cm 가량이며, 원줄기가 없고 뿌리에서 잎이 자라서 옆으로 비스듬히 퍼진다. 4~5월에 잎 사이에서 나온 꽃줄기 끝에 보랏빛 꽃이 한 송이씩 핀다. 꽃말은 '품위·아름다운 여인'이다.

▲ 제비꽃에 앉은 갈고리나비

● **전설** 옛날 그리스 시대에 아티스라는 양치기 소년이 아름다운 소녀 이아를 사랑했습니다. 그러나 아름다움의 신인 비너스는 이들의 사랑을 못마땅하게 생각하고 있었다.

비너스는 아들 큐피드로 하여금 영원히 사랑이 불붙는 황금 화살을 이아에게 쏘게 하고, 사랑을 잊게 하는 납화살을 아티스의 가슴에 쏘게 하였다. 그 후 이아가 아티스를 찾아갔으나 아티스는 이아를 모르는 척하고 돌아서 버렸다. 이아는 너무나 슬퍼서 점점 여위어 가더니 세상을 떠나고 말았다. 비너스는 이아를 작은 꽃이 되게 하였는데, 그 꽃이 제비꽃이었다고 한다.

▼ 보랏빛의 제비꽃

여러 가지 제비꽃

▲ 서울제비꽃

▲ 콩제비꽃

▼ 남산제비꽃

▼ 노랑제비꽃

▲ 흰제비꽃

▲ 알록제비꽃

병꽃나무 *Korean Weigela*

산기슭의 양지쪽에서 자라는 인동과의 갈잎떨기나무로 키는 2~3m 가량이다. 잎은 마주나며, 긴 타원형으로 끝이 뾰족하고 가장자리에는 잔톱니가 있다.

5~6월에 병 모양의 미색 꽃이 피는데 후에 분홍·빨강 또는 주황색으로 변한다. 열매는 9월에 익으며 씨에는 날개가 달려 있다.

▼ 분홍빛의 병꽃나무

▲ 빨간색 병꽃나무   ▲ 미색 꽃이 주황색으로 변합니다.

자운영 *Milk Vetch*

콩과에 딸린 두해살이풀로 줄기는 땅 위에 누워서 뻗어나가다가 곧게 서서 키가 10~25cm로 자란다.

잎은 어긋나며, 깃 모양의 겹잎인데 쪽잎은 9~11쌍이고 끝이 둥글거나 오목하게 패어 있다.

4~5월에 붉은 자줏빛 꽃이 잎겨드랑이에서 나온 꽃줄기 끝에 한 송이씩 핀다.

논·밭에 무성하게 자란 상태에서 흙을 뒤집어 비료용으로 사용한다. 어린잎과 줄기는 먹거나 가축의 사료로 쓰인다.

▲ 논밭에서 자라는 자운영

자귀나무 *Silk Tree*

콩과에 딸린 갈잎큰키나무로, 키는 3~5m 가량이며, 큰 가지가 드문드문 퍼진다. 잎은 깃 모양의 겹잎인데 쪽잎은 버들잎처럼 가늘며 낮에는 펴져 있다가 해가 지면 오므라져 늘어진다.

6~7월에 분홍꽃이 피는데, 작은 가지 끝에 15~20개씩 우산 모양의 꽃차례로 핀다. 열매는 길둥근 꼬투리이고, 그 안에 5~6개의 씨가 들어 있다.

꽃말은 '환희'이다.

▲ 자귀나무의 꽃

● **전설** 옛날 중국에 두고라는 사람이 조씨 부인을 아내로 맞아들였다. 조씨 부인은 해마다 단오날이 되면 자귀나무의 꽃을 따서 말린 후 베개 속에 넣어 두었다가, 남편의 기분이 좋지 않을 때는 이 꽃을 조금씩 꺼내어 술에 넣어 마시게 했다.

이 술을 마신 남편은 금세 명랑해졌다고 한다. 자귀나무를 합환수라고도 하는데 '기쁨을 함께 하는 나무'라는 뜻이다.

▲ 무성하게 자란 자귀나무

칡 *Kudsu*

콩과에 딸린 갈잎덩굴나무로서 줄기가 길게 뻗으며 다른 물체를 감고 올라간다.

잎은 어긋나고 잎자루가 길며 세 개의 작은잎으로 이루어진 겹잎이다. 작은잎은 둥글고 끝이 뾰족한데 밋밋하거나 얕게 3개로 갈라진다.

8월에 자줏빛 꽃이 잎겨드랑이에서 이삭 모양의 꽃차례로 아래에서 위로 피어 올라간다. 열매는 10월에 콩과 같은 꼬투리로 익는데 편평하며 굵은 털이 있다.

칡뿌리는 갈근이라고 하며 즙을 내어 먹고 또한 열을 내리게 하는 한약재로도 쓰인다.

▲ 칡의 꽃

싸리 *Bush Clover*

콩과에 딸린 갈잎떨기나무로서 키는 1.5~2m 가량 자라며, 줄기와 가지는 겨울에 반 이상 말라 죽는다.

잎은 세 쪽씩 나는데 쪽잎은 타원형이며다. 7~8월에 나비 모양의 자줏빛 꽃이 이삭 모양으로 아래에서 위로 피어 올라가며 핀다. 꽃이 진 뒤에 콩꼬투리 같은 열매를 맺는다.

잎은 동물의 먹이로, 나무껍질은 섬유로 이용되며, 마른 나무는 연기가 나지 않아 좋은 땔감으로 쓰인다.

싸리나무 가지로는 울타리도 만들고 빗자루를 만들기도 한다.

▲ 싸리의 꽃

아카시아 *Acacia*

콩과에 딸린 갈잎떨기나무로 키는 12~15m 가량이고, 가지에는 가시가 있다. 잎은 어긋나며, 깃 모양의 겹잎인데 11~21개의 작은잎은 길둥근 타원형이다.

5~6월에 나비 모양의 향기 좋은 하얀꽃이 이삭꽃차례로 아래에서 위로 피어 올라간다. 꽃이 한창일 때는 나무 전체가 거의 하얗게 보이며, 바람이 불면 꽃잎이 휘날려 눈이 내리는 것 같은 장관을 이룬다. 꽃 향기는 바람을 타고 멀리까지 전해 준다. 양쪽으로 아카시아 나무가 서 있는 곳을 걷고 있노라면 마치 하얀꽃 터널을 지나는 듯한 느낌이 든다. 콩꼬투리 모양의 열매는 10월에 익어 간다.

나무는 철도 침목·기구 재료로 쓰이며, 꽃에서는 좋은 꿀을 얻고, 잎은 동물의 먹이로 사용할 수 있다. 또한 뿌리가 많이 퍼져, 산사태가 나는 곳에 심으면 흙이 무너져 내리지 않게 얽어 주지만 주위의 나무가 잘 자라지 못한다.

꽃말은 '쾌락'이다.

두 가지의 아카시아
영어명에 Acacia라는 말이 들어가는 꽃이 두 가지 있다.
하나는 아카시나무라고도 불리는 흰 꽃이 피는 아카시아가 있고, 빨간 꽃이 피는 Rose Acacia가 있다.
Rose Acacia는 꽃 아카시아라고 한다.

▼ 아카시아 나뭇가지에 앉은 아기까치 두 마리

클로버 *Clover*

콩과의 여러해살이풀로 '토끼풀'이라고도 한다. 잎은 3개의 작은잎으로 된 겹잎이며, 여름에 긴 꽃줄기 끝에 흰꽃이 모여피어 하나의 둥근 꽃으로 보인다. 토끼가 잘 먹는 풀이라 하여 토끼풀이라는 이름이 붙여졌는데, 붉은꽃이 피는 것을 '붉은토끼풀'이라고 한다.

겹잎은 간혹 4개 달린 것이 있는데 희망·신앙·사랑·행복을 나타내는 것이라고 믿었던 유럽 사람들에게는 네잎 클로버를 찾으면 행운이 깃든다는 전설이 있다. 꽃말은 '행운(네잎)·감사(세잎)'이다.

▲ 클로버와 꿀벌

● **전설** 옛날 아일랜드의 크리스트 교회에서는 세잎 클로버를 삼위일체의 상징으로 여겼다. 즉 성부와 성자와 성신이 마귀를 쫓고 사람들을 지켜 준다고 믿었다고 한다.

그 유래는 성 파트릭이 아일랜드에서 전도를 할 때 왕과 귀족들 앞에서 세잎 클로버로 삼위일체를 비유하여 설교를 한 데서 비롯된 것이라고 한다. 클로버가 오늘날 아일랜드의 국화가 된 것도 이 때부터이며 그 뜻은 국민들의 용기와 지혜를 나타낸 것이라고 한다.

또한 나폴레옹이 싸움터에서 네잎 클로버를 따려고 허리를 굽혔는데 그 위로 총알이 지나가는 행운을 얻었다고 합니다.

▲ 붉은토끼풀
◀ 흰빛의 클로버

미모사 *Sensitive Plant*

브라질에서 자라는 콩과의 여러해살이풀인데, 우리 나라에서는 한해살이풀로 여긴다.

키는 30cm 가량이며, 줄기에는 가시와 잔털이 있다. 잎은 마주나며, 깃꼴 겹잎이고 양쪽에 나란히 붙은 작은잎은 밤에 오므라들었다가 낮에는 펴진다. 잎을 손으로 건드리면 이내 닫혀지며 아래로 늘어진다.

7~8월에 잎겨드랑이에서 연분홍빛의 잔꽃이 구슬 모양으로 모여피고, 콩꼬투리 모양의 열매에는 3개의 씨가 들어 있다.

▲ 건드리면 오므라드는 미모사

갯메꽃 *Calystegia*

들에서 자라는 메꽃과의 여러해살이 덩굴풀로 땅속뿌리가 사방으로 길게 뻗으며 새순이 나와 엉킨다. 메꽃은 꽃 모양이 나팔꽃과 비슷하여 언뜻 보면 구별하기 어려울 정도이다.

잎은 어긋나고, 긴 화살촉 모양이며 6~8월에 잎겨드랑에서 나팔 모양의 꽃이 한 송이씩 핀다. 꽃 빛깔은 분홍빛인데 낮에 피었다가 저녁에 시든다.

뿌리줄기를 '메'라고 하며 나물로 먹기도 하고 또 한약재로 쓰기도 한다. 갯메꽃은 메꽃과 비슷한데 흰 줄무늬가 뚜렷하며, 바닷가 모래밭에서 자란다.

▲ 나팔꽃과 비슷하게 생긴 메꽃
◀ 흰 줄무늬가 있는 갯메꽃

유홍초 Star Glory

메꽃과에 딸린 한해살이 덩굴풀로 길이는 1~2m이며, 나팔꽃처럼 다른 나무를 왼쪽으로 감으면서 올라간다.

잎은 어긋나며, 빗살 모양으로 갈라져 있는데, 둥근 심장 모양의 잎을 가진 것을 둥근잎유홍초라고 한다. 7~8월에 잎겨드랑이에서 나팔 모양의 작은 주홍색 꽃이 한두 송이씩 핀다.

달걀 모양의 열매 아래에는 꽃받침이 떨어지지 않고 남아 있으며, 길쭉한 씨가 들어 있다. 열대 아메리카 원산으로 산이나 들에 절로 나는데, 꽃밭이나 울타리·창문가 등에 심기도 한다.

▲ 둥근잎유홍초

돌단풍 Aceriphyllum

▼ 바위틈에 핀 돌단풍

범의귀과에 딸린 여러해살이풀로 돌나리라고도 한다. 바위 옆이나 바위틈에서 자라며, 키는 30cm가량이다.

줄기에서 잎자루가 길게 자라 5~7개로 갈라진 손바닥 모양의 잎이 나오는데 잎끝에는 잔톱니가 있다.

5월에 긴 꽃줄기가 나와서 그 끝에 약간 붉은빛이 도는 흰꽃이 모여핀다.

돌단풍은 단풍나무를 닮은 잎이 나며, 돌 옆에서 자란다 하여 붙여진 이름이다.

◀ 돌단풍의 꽃

산수국 *Hydrangea*

범의귀과에 딸린 갈잎떨기나무로 키는 1m 가량이다.

잎은 마주나며, 길쭉한 타원 모양으로 끝이 뾰족하고 가장자리에는 거친 톱니가 있다.

7~8월에 보랏빛의 꽃이 우산 모양의 꽃차례로 피며, 가장자리에는 암술과 수술이 없는 무성화가 피고 가운데에 양성화가 핀다. 꽃잎처럼 보이는 3~5개의 꽃받침은 흰빛이나 분홍빛이다.

산골짜기의 숲 속에서 절로 자라는데 꽃이 아름다워 꽃밭에 심기도 한다. 우리 나라와 일본·타이완에서 자란다.

▲ 산수국의 꽃

바위취 *Strawberry Geranium*

범의귀과의 늘푸른 여러해살이풀로서 습기가 있는 응달에서 잘 자라는데, 식물 전체가 솜털로 덮여 있다.

키는 30~50cm이며, 잎은 둥근 모양이고 가장자리는 여러 개로 얕게 갈라져 있고 잔톱니가 있다. 잎의 윗면은 녹색인데 연한 무늬가 있고, 아랫면은 검은빛이 도는 붉은색이다.

5월에 꽃줄기 끝에서 꽃가지가 갈라져 다섯 잎 흰꽃이 핀다. 위쪽 3개의 작은 꽃잎에는 붉은 무늬가 있다.

작은 달걀 모양의 열매가 익으면 두 개로 갈라져 땅으로 떨어진다.

▲ 손바닥 모양의 바위취꽃

돌나물 *Sedum Samentosum*

돌나물과에 딸린 여러해살이풀로 향기가 있고, 줄기는 옆으로 뻗으면서 각 마디에서 뿌리를 내린다.

잎은 길쭉한 타원 모양으로 살이 많고 잎자루가 없이 세 개가 돌려난다. 5~6월에 15cm 가량의 꽃줄기에서 끝이 뾰족한 노란 다섯 잎꽃이 우산 모양의 꽃차례로 모여핀다.

산기슭의 습기가 있는 곳이나 돌틈에서 자라는데, 이른봄에 김치를 담가 먹으며, 새순은 나물로 먹는다.

▼ 돌나물과 칠성무당벌레

▲ 돌나물의 잎과 꽃

꿩의비름 *Sedum Erythrostichum*

돌나물과에 딸린 여러해살이풀로 산지의 양지바른 곳에 자라며, 줄기는 한 가지 또는 몇 가지가 곧게 서고, 높이는 50~90cm 가량이다.

잎은 마주나거나 어긋나며, 긴 타원형으로 두툼한데 가장자리에는 둔한 톱니가 있다.

8~10월에 분홍빛의 작고 많은 꽃이 우산 모양의 꽃차례로 모여핀다. 잎은 부스럼 약으로 쓰인다.

▲ 꿩의비름

개요등 *Paederia*

바닷가나 들의 풀밭에서 절로 자라는 꼭두서니과의 여러해살이 덩굴풀로 겨울에는 윗부분이 말라 죽는다.

길이는 5~7m 가량이며, 어린 가지에는 잔털이 있다. 잎은 마주나고 끝이 뽀족한 타원형이다.

7~8월에 긴 종 모양의 흰꽃이 모여 피는데 꽃의 가운데에는 자줏빛 무늬가 있다. 열매는 둥글며 9~10월에 황갈색으로 익어 간다. 뿌리는 감기 등의 한약재로 쓰인다.

▲ 종 모양의 흰꽃이 피는 개요등

겨우살이 *Common Mistletoe*

겨우살이과에 딸린 늘푸른떨기나무로 다른 나무의 줄기에 뿌리를 내리고 그 나무의 물을 먹으며 살아가는 식물이다. 그러나 엽록소를 가지고 있어 스스로 탄소동화작용을 하여 양분을 만들 수 있으므로, 기대어 사는 나무에게는 물만을 빼앗을 뿐 거의 피해를 주지 않는다.

잎은 마주나며, 녹색이고 단단한데 긴 타원 모양이고 이른봄에 한두 개의 미색 꽃이 핀다. 열매는 반투명의 구슬 모양이고 연노랑색으로 가을에 익어 간다.

참나무·오리나무·버드나무·밤나무 등에 기생한다. 겨우살이는 항암 작용을 하므로 암 치료에 사용되며, 혈압을 낮추고, 신경통과 관절염의 약재로 쓰이는 등 약효가 뛰어난다.

▲ 다른 나무에 기생하는 겨우살이

도라지 *Balloon Flower*

초롱꽃과에 딸린 여러해살이풀로서 산이나 들에 절로 나는데, 밭에 심어 가꾸기도 한다. 도라지는 원산지가 우리 나라와 중국·일본 등지의 아시아 지방이라 그런지 고전적인 동양미를 지닌 꽃이다.

키는 60cm~1m 가량이고, 잎은 어긋나며 끝이 뾰족한 타원형이다. 7~9월에 끝이 다섯 쪽으로 갈라진 종 모양의 보랏빛이나 흰색 꽃이 줄기 끝이나 가지 끝에 한 송이씩 핀다.

겹꽃이 피는 것을 '겹도라지'라 하고, 흰꽃이 피는 것을 '백도라지', 흰 겹꽃이 피는 것을 '흰겹도라지'라고 한다.

열매는 거꾸로 세운 달걀 모양이며, 익으면 5개로 벌어져 씨가 땅으로 떨어진다. 뿌리는 나물로 먹기도 하고, 기침약으로 쓰기도 한다.

꽃말은 '영원한 사랑·미소' 이다.

▲ 도라지꽃과 팔랑나비

▼ 도라지밭

● **전설**   오랜 옛날 도라지라는 소녀가 오빠와 단 둘이 살고 있었다. 그런데 오빠가 중국으로 유학을 떠나게 되었다. 도라지는 아버이처럼 의지하고 살던 오빠와 떨어져서 산다는 것이 믿어지지가 않았다.

"도라지야, 5년 후에는 꼭 돌아올 거야."

어느덧 5년의 세월이 흐르고, 도라지는 이제 아리따운 처녀가 되었다. 그러나 오빠는 돌아오지 않았다. 도라지는 날마다 동산에 올라가 바다 쪽을 바라보면서 오빠를 기다렸지만 6년이 지나도, 7년이 지나도 오빠는 돌아오지 않았다.

그러던 어느 날 중국에서 오빠와 함께 공부를 했다는 사람이 찾아왔다. 그는 오빠와 같이 배를 타고 고국으로 돌아오다가 풍랑을 만나서 자기는 구사일생으로 살아 돌아왔지만 오빠는 물에 빠져 세상을 떠났다고 했다. 도라지는 이 말을 듣자 그 자리에 쓰러져 다시 일어나지 못하고 숨을 거두고 말았다.

이듬해 여름, 도라지가 쓰러진 자리에서는 보랏빛 꽃 한 송이가 피어났는데, 사람들은 이 꽃을 도라지라고 불렀다고 한다.

▲ 백도라지의 꽃

▲ 도라지꽃으로 날아오는 꿀벌
◀ 도라지의 꽃

꽃봉오리 ▶

141

초롱꽃 *Bellflower*

초롱꽃과에 딸린 여러해살이풀로 산이나 들에서 절로 자라는 들꽃이다. 줄기와 잎에 털이 나 있고, 키는 40cm~1m 가량이며 잎은 어긋나고, 뿌리에서 나온 잎은 긴 심장 모양이며, 아래쪽의 잎은 타원 모양으로 끝이 뾰족하고 가장자리에는 거친 톱니가 있다.

6~8월에 길이 4~5cm 가량의 흰빛 또는 연한 자줏빛 꽃이 가지마다 몇 개씩 늘어져 핀다. 연자주꽃에는 자줏빛 반점이 있다. 열매는 길둥근 모양으로 익으면 저절로 벌어져 씨를 땅에 흩뿌린다.

꽃이 조선 시대에 들고 다니던 초롱을 닮았다 하여 초롱꽃이라고 부른다.

▲ 초롱 모양의 초롱꽃

금강초롱 *Hanabusaya*

초롱꽃과의 여러해살이풀로서 높은 산에서 자라는 들꽃이다. 키는 30~90cm로 잎은 끝이 뾰족한 타원 모양이며, 어긋나지만 마디 사이가 짧기 때문에 한데 모여나는 것처럼 보인다. 잎의 가장자리에는 불규칙한 톱니가 있다.

8~9월에 초롱 모양의 보랏빛 꽃이 가지마다 몇 송이씩 아래쪽을 향하여 핀다. 꽃의 길이는 4.5~4.8cm 가량이고 꽃지름은 약 2cm이다.

우리 나라 특산종으로 금강산·태백산·설악산 등지에서 자란다.

▲ 설악산 바위틈에 핀 금강초롱

잔대 *Adenophora Triphylla*

초롱꽃과에 딸린 여러해살이풀로 뿌리는 굵고, 키는 50cm~1m 가량이다.

뿌리에서 나오는 잎은 잎자루가 길며 둥근 모양으로 줄기에서 나는 잎은 마주나거나 돌려나거나 또는 어긋나며, 긴 타원 모양으로 끝이 뾰족하고 가장자리에는 톱니가 있다.

7~9월에 종 모양의 보랏빛이나 연보랏빛 꽃이 줄기 끝에 대롱대롱 모여핀다.

어린잎은 나물로 먹으며, 뿌리는 해독·거담제로 쓰인다. 우리 나라 각지 및 일본에서 자란다.

▲ 햇빛을 받아 하얗게 빛나고 있는 잔대의 꽃

모싯대 *Adenophora Remotiflora*

산이나 숲 속 그늘진 곳에서 절로 자라는 초롱꽃과에 딸린 여러해살이풀이다.

뿌리는 굵고 키는 50cm~1m 가량이며 잎은 어긋나고 길쭉한 타원 모양으로 가장자리에 날카로운 톱니가 있다.

8~9월에 남보랏빛 종 모양의 꽃이 줄기 끝 또는 잎겨드랑이에 대롱대롱 모여핀다.

우리 나라 각지에서 자라며, 어린잎은 나물로 먹고 뿌리는 '제니' 라 하여 기침약으로 쓰인다.

▲ 모싯대의 꽃과 꽃봉오리

영아자 *Phyteuma*

초롱꽃과에 딸린 여러해살이풀로 키는 50cm~1m 가량이다.

잎은 어긋나고 긴 달걀 모양으로 양끝이 좁고 가장자리에 톱니가 있다.

꽃은 7~9월에 긴 꽃줄기에 여러 개의 꽃이 어긋나게 달려서 아래에서 위로 피어 올라간다. 꽃빛깔은 보랏빛으로 꽃잎은 깊게 5개로 갈라져서 뒤로 젖혀진다.

산골짜기 낮은 지대에서 자라며, 어린 순은 나물로 먹고 뿌리는 기침약이나 보약의 한약재로 쓰입니다.

▲ 영아자의 꽃

더덕 *Codonopsis*

◀ 더덕의 꽃과 땅벌

초롱꽃과의 여러해살이 덩굴식물로 깊은 산 숲 속에서 자란다.

뿌리는 살이 많으며, 줄기는 덩굴져서 다른 나무를 감아 올라간다. 줄기의 길이는 2m 이상이고, 잎은 어긋나며 짧은 가지 끝에서는 서너 개가 가까이 붙어 있어서 모여나는 것처럼 보인다.

8~9월에 종 모양의 녹색을 띤 흰색 꽃이 아래쪽을 향해 피는데, 꽃잎 끝에는 자줏빛 무늬가 있고 안쪽에는 반점이 있다.

9월에 열매가 익으며, 봄에는 어린잎을 나물로 먹고, 가을에는 뿌리를 먹는다. 뿌리는 향긋한 냄새가 나며, 더덕구이를 해 먹으면 맛이 좋다. 뿌리는 위장을 보호하는 한약재로 쓰인다.

▲ 더덕의 잎과 꽃

고사리 *Bracken*

▼ 고사리의 어린싹

고사리과에 딸린 여러해살이풀로 땅 속 뿌리가 옆으로 뻗으면서 군데군데 잎이 나오고 높이가 1m에 달한다.

이른봄에 뿌리줄기에서 돋은 싹은 잎자루가 통통하고 끝이 꼬불꼬불 말리어 어린아이가 주먹을 쥔 모양이 되고, 온통 솜 같은 털로 덮여 있다. 그래서 고사리 같은 손이라고 하면 어린아이의 포동포동하고 여린 손을 이르는 말이다.

잎자루의 길이는 20~80cm로서 연한 볏짚색이다.

다 자란 잎은 거칠고 크며 길이는 30cm 가량으로 잎사귀는 긴 삼각형으로 깃꼴 겹잎이며, 끝부분은 약간 뒤로 젖혀져 홀씨주머니가 달린다. 우리 나라 모든 곳에서 흔히 볼 수 있는 식물이며, 양지쪽에서 자란다.

▲ 고사리의 잎

노박덩굴 *Oriental Bittersweet*

노박덩굴과에 딸린 갈잎덩굴나무로 산기슭이나 숲 속에서 자란다. 줄기는 덩굴처럼 뻗는데 길이가 10m 이상이고, 잎은 길둥근 모양이거나 거의 둥근 모양이다.

5~6월에 3~5cm 가량의 연두색 꽃이 줄기 끝에 한 송이가 피고 그 아래 여러 개의 꽃가지에 많은 꽃들이 모여핀다. 10월경 구슬 모양의 아름다운 둥근 열매가 주황색으로 익어 간다.

어린잎은 나물로 먹으며, 열매는 기름을 짜고 나무껍질은 섬유를 뽑는 원료로 쓰인다.

▲ 노박덩굴의 열매

용담 *Gentian*

용담과에 딸린 여러해살이풀로 키는 30~60cm이고, 잎은 마주나며 작은 칼 모양이다.

8~10월에 나팔 모양의 자줏빛 꽃이 줄기 끝이나 잎 사이에서 나란히 모여피며, 씨는 양끝에 날개를 가지고 있다.

땅속줄기와 뿌리를 말린 것을 '용담초'라 하며 현대 의학으로도 고치기 어려운 암 치료에 특효가 있고, 위를 보호하는 한약재로 사용한다. 용담과 함께 질경이·감초·황금 등을 넣고 달인 약을 용담사간탕이라고 하며 간염 치료제로 쓰인다. 꽃말은 '슬픈 추억'이다.

● **전설** 옛날 금강산 기슭에 살던 한 나무꾼이 나무를 하러 갔는데 토끼 한 마리가 눈 속을 파헤치고 있는 것을 보았다. 그 토끼는 무슨 풀을 파내어 핥아먹고 있었다.

나무꾼은 토끼에게 무엇을 하느냐고 물어 보았다. 토끼는 자기 주인의 약을 캐러 왔다고 말하고는 어디론가 사라져 버렸다. 나무꾼이 뿌리의 맛을 보았더니 매우 쓴맛이 났다. 이것이 바로 용담이었다. 용담 뿌리를 캐 가지고 집으로 가서 앓아 누워 계시는 어머니께 드렸더니 며칠 만에 병이 깨끗이 나았다. 그 후부터는 용담을 신이 주신 약초라 하여 귀중하게 여겼다고 한다.

▲ 귀중한 약재로 쓰이는 용담

▲ 용담의 꽃봉오리

구슬붕이 *Gentiana*

용담과에 딸린 두해살이풀로 햇빛이 잘 드는 습지에서 저절로 자란다.

키는 10~15cm 가량으로 아주 작은 들꽃으로 뿌리에서 모여나는 잎은 타원 모양이고 줄기에 돋는 잎은 작은 칼 모양이다.

4~5월에 작은 나팔 모양의 보랏빛 꽃이 가지 끝에 한 개씩 핀다.

꽃의 길이는 2.5~3.5cm이다. 열매에는 긴 대가 붙어 있으며 익으면 2개로 갈라져서 씨가 땅으로 떨어진다.

▲ 큰 구슬붕이의 꽃

함박꽃나무 *Oyama Magnolia*

산골짜기의 숲 속에서 자라는 목련과의 갈잎큰키나무로서 높이는 4~7m 가량이다.

잎은 어긋나며, 긴 타원 모양으로 끝이 뾰족하다. 5~6월에 향기가 있는 크고 흰 꽃이 옆이나 아래쪽을 향해 핀다. 꽃잎은 보통 6개 또는 9개이며 수술은 붉은색이다. 꽃이 아름답고 향기가 좋아 공원의 뜰이나 집의 마당에 심어 기르기도 한다.

꽃과 잎이 목련과 비슷하여 흔히 '산목련' 이라고 불린다. 목련은 꽃이 잎보다 먼저 피고, 함박꽃나무는 잎이 무성해진 후에 꽃이 핀다.

▲ 함박꽃나무

까치수영 *Lysimachia*

앵초과의 여러해살이풀로 까치수염이라고도 한다. 키는 50cm~1m 가량이며, 약간 습기가 있는 풀밭에서 자란다. 땅 속 뿌리줄기가 옆으로 뻗으며 줄기에는 잔털이 있다.

잎은 어긋나고 길이는 6~10cm, 너비는 8~15cm로 끝이 뾰족한 칼 모양이다.

6~8월에 흰빛의 작은 꽃이 줄기 끝에 이삭 모양으로 한데 모여 아래에서 위로 피어 올라간다.

갈색의 둥근 열매는 씨방이 하나이고 익으면 갈라져 씨가 땅으로 떨어진다.

▲ 까치수영의 꽃
◀ 까치수영과 팔랑나비

앵초 *Siebold's Primrose*

앵초과에 딸린 여러해살이풀로 키는 20cm 가량으로 잎은 뿌리에서 모여나며 길쭉한 타원 모양이고 가장자리에는 굵은 톱니가 있다. 5~7월에 연한 자줏빛 꽃이 우산 모양의 꽃차례로 모여핀다. 원예 품종으로는 흰빛·자줏빛·분홍빛 등의 꽃이 있다.

▲ 원예 품종의 앵초
◀ 분홍빛의 앵초

좁쌀풀 *Lysimachia*

앵초과의 여러해살이풀로 키는 1m 가량이며, 습기가 많은 들과 산에서 자란다.

잎은 마주나며 작은 칼 모양으로 버들잎처럼 가늘고 길다. 6~8월에 노란색 다섯 잎꽃이 줄기 끝과 여러 개의 꽃가지에서 원뿔 모양의 꽃차례로 모여핀다.

열매는 둥글고 지름 4mm 가량으로 끝에 길이 5~6mm의 암술대가 남아 있으며 익으면 저절로 벌어진다.

우리 나라와 일본·중국 등지에서 자라는 들꽃이다.

▲ 노란색의 좁쌀풀꽃

구기자나무 *Matrimony Vine*

가지과에 딸린 갈잎큰키나무로 진도는 구기자나무의 재배지로 유명하다. 줄기는 비스듬히 자라면서 끝이 아래로 처지는데 다른 나무나 담에 기대어 자란 것은 길이가 4m에 이른다.

가지에는 흔히 가시가 있으나 없는 것도 있다. 잎은 어긋나며, 갸름한 솔잎 모양 또는 길둥근 모양으로 부드럽다. 6~9월에 잎겨드랑이에서 나온 가는 꽃가지에 자줏빛 꽃이 두세 송이씩 핀다.

열매는 긴 타원 모양으로 8~10월에 빨갛게 익어 간다. 열매를 구기자라 하며 차를 만들어 마시고, 잎은 구기엽, 뿌리껍질은 지골피라 하여 한약재로 쓰인다.

▲ 초가집 담장 위에서 열린 구기자나무의 열매

물봉선 *Impatiens Textori*

▲ 물봉선 꽃으로 날아드는 땅벌

봉선화과에 딸린 한해살이풀로 산골짜기 시냇가나 들의 습기가 많은 곳에서 자란다. 키는 60cm 가량이며, 줄기는 검붉은빛이고 마디가 있다.

잎은 어긋나며, 긴 타원 모양으로 끝이 뾰족하고 가장자리에는 날카로운 톱니가 있으며 8~9월에 줄기 끝에 여러 개의 자줏빛 꽃이 아래에서 위로 피어 올라간다. 하나의 꽃을 자세히 보면 꽃밭에 가꾸는 봉숭아(봉선화)와 그 모양이 비슷하다.

10월에 열매가 익으면 저절로 터져서 씨가 밖으로 튀어나온다. 전국 어디에서나 흔히 볼 수 있는 들꽃으로 일본·만주 등지에서도 자란다. 노란꽃이 피는 것을 노랑물봉선, 흰꽃이 피는 것을 흰물봉선이라고 한다.

물봉선은 독이 있는 식물이며, 노랑과 자줏빛 꽃은 물감의 재료로 사용하고 식물 전체는 뱀에 물렸을 때, 또는 맞거나 부딪쳐서 다친 데 약으로 쓰인다.

▶ 물봉선의 꽃

▲ 냇가의 습기가 많은 곳에서 자라는 물봉선

▼ 영롱한 아침 이슬 속에 물봉선꽃이 비쳐 보인다.

▲ 노랑물봉선
◀ 흰물봉선

양귀비 *Opium Poppy*

양귀비과에 딸린 한해살이 또는 두해살이풀로서 키는 60cm~1.5m 가량이다. 잎은 어긋나고, 흰빛이 도는 녹색으로 고르지 않은 톱니가 있다.

5~6월에 빨강・노랑・흰빛 등의 아름다운 꽃이 줄기 끝에 한 송이씩 피는데 하루 만에 진다. 열매는 달걀 모양이며 길이는 4~6cm로 털이 없으며, 익으면 윗부분의 구멍에서 씨가 나온다. 열매가 덜 익었을 때에 하얀 즙을 내어 만든 것이 아편(마약)이다. 따라서 정부의 허가를 받지 않고 재배하는 것은 법으로 금지하고 있다.

이란・소아시아 원산으로 우리 나라에는 중국을 통해 들어왔다. 흰양귀비에서 주로 아편을 뽑는데 어린싹은 나물로 먹고, 약을 뺀 깍지를 말려서 기침약으로 사용하며, 씨는 요리와 과자에 쓰고 기름을 짜서 먹기도 한다.

● **전설** 옛날 인도에 행복한 왕자가 꽃밭에 날아온 새 한 마리를 잡아 큰 새장에 넣어 길렀다. 이 새의 발목에는 금실이 매여 있었고, 웬일인지 지저귈 줄을 몰랐다.

하루는 왕자가 꿈을 꾸었는데, 아라후라라는 나라의 공주를 만났다. 공주는 자기의 이름과 같은 새를 찾으러 왔다고 했다. 그리고 아라후라 궁궐에 핀 꽃을 보면 노래를 부르는데 그 노랫소리가 자기의 이름이라고 했다. 또한 누구든지 공주의 이름을 알아내면 공주와 결혼하여 아라후라의 왕이 된다는 것이었다.

다음날 왕자는 아라후라 궁궐에 몰래 숨어 들어가 그 꽃을 꺾어 인도로 돌아왔다. 그 꽃을 새장 안에 넣었더니 "파파베라, 파파베라" 하며 노래를 불렀다. 이 새의 이름도, 공주의 이름도, 꽃의 이름도 파파베라(양귀비)였다. 왕자는 파파베라 공주를 왕비로 맞아 아라후라의 왕이 되었다.

▲ 노란색의 양귀비꽃

들양귀비   *Field Poppy*

양귀비과에 딸린 한해살이풀로서 개양귀비라고 알려져 있지만 영어명과 같이 들양귀비(Field Poppy)라고 부르는 것이 좋다.

들양귀비는 양귀비와 구별하기 어려울 정도로 비슷하여 매우 아름다우며, 줄기와 잎에는 거친 털이 있으며 잎은 어긋나며, 깃 모양으로 갈라지고 가장자리에는 불규칙한 톱니가 있다.

5월경에 빨강·자주·흰빛 등의 꽃이 가지 끝에 한 송이씩 피는데, 꽃이 피기 전에는 아래를 향하고 꽃이 필 때는 위쪽을 향한다.

서양에서는 보리밭에 많이 나므로 풍작의 여신 세레스에 비유하고, 중국에서는 항우의 왕비 우미인의 무덤에서 피었다 하여 우미인초라고도 한다.

▲ 위에서 본 모양

● **전설**   옛날 중국 초나라의 왕 항우가 한나라와의 싸움에서 패하고 나서 최후의 싸움을 치르기 전날 왕비인 우미인과 밤새도록 이야기를 나누었다. 항우는 날이 밝아 오자 이별의 결심을 말했다.

"부디 몸을 편안히 하여 다시 만날 날을 기약합시다."

"아닙니다, 저도 함께 싸움터로 나가 폐하를 모시겠습니다."

항우는 흐느껴 우는 우미인을 달래며 완강히 거절하였다. 그러자 우미인은 그 자리에서 칼로 자결하고 말았다.

그 후 우미인이 피를 흘린 자리에서 양귀비처럼 아름다운 꽃이 피어났다. 그래서 이 꽃을 우미인초라고 불렀다고 한다.

▲ 빨간색의 들양귀비

애기똥풀 *Chelidonium*

양귀비과에 딸린 두해살이풀로 키는 30~80cm 가량이고, 줄기에 상처를 내면 노랑색의 진이 나오므로 애기똥풀이라고 한다.

잎은 어긋나고 깃 모양으로 깊게 갈라지며 윗면은 녹색이고 아랫면은 흰빛을 띤다. 가장자리에는 둔한 톱니가 있다.

5~8월에 줄기와 가지 끝에서 노란 네잎꽃이 우산 모양의 꽃차례로 피며 수술은 많고 암술은 하나이며 꽃받침은 2개이고, 길이 6~8mm로서 일찍 떨어지며, 겉에 잔털이 있다.

열매는 길이 3~4cm, 지름 2mm 정도로 좁고 길며 익으면 벌어져서 씨가 땅에 떨어진다. 여름철에 전국 어디를 가나 들을 노랗게 물들이는 우리와 매우 친숙한 아름다운 들꽃이다.

▲ 애기똥풀을 찾아온 꼬리명주나비

▶ 애기똥풀의 꽃

▲ 애기똥풀이 피어 있는 동산

노랑매미꽃 *Hylomecon*

양귀비과에 딸린 여러해살이풀로서 '피나물' 이라고도 하며, 키는 30cm 가량이다.

짧고 굵은 뿌리줄기가 옆으로 뻗으면서 많은 뿌리를 내리며 줄기를 자르면 주황색 진이 나온다.

잎은 깃 모양의 겹잎이고, 작은잎은 긴 타원 모양으로 가장자리에는 고르지 않은 톱니가 있다.

4~5월에 줄기 윗부분의 잎겨드랑이에서 1~3개의 노란꽃이 핀다. 열매는 3~5cm의 끝이 뾰족한 원기둥꼴인데 익으면 벌어져 씨를 땅에 떨어뜨린다. 식물에 독이 있으나 어린순은 나물로 먹고, 진통제 등의 약재로 쓰인다.

▲ 독성이 있는 노랑매미꽃

천남성 *Arisaema*

천남성과의 여러해살이풀로 산골짜기의 습기 찬 곳에서 자란다. 키는 40~60cm이고, 덩이뿌리에서 수염뿌리가 사방으로 퍼진다.

잎은 넓고 긴 타원 모양으로 끝이 뾰족하다. 5~7월에 녹색의 작은 꽃이 모여핀다. 잎이 변해서 된 꽃턱잎은 원통 모양이고, 위쪽은 모자의 차양처럼 구부러져 있다.

구슬처럼 작은 녹색 열매가 한데 모여 옥수수 같은 모양을 이루며 빨갛게 익어 간다. 기침약이나 경련을 멎게 하는 한약재로 쓰인다.

▲ 산골짜기에서 자라는 천남성

달맞이꽃 Evening Primrose

바늘꽃과에 딸린 두해살이풀로 들이나 길가에서 저절로 자란다. 키는 1~1.2m 가량이고 굵고 곧은 뿌리를 가지며, 줄기 전체에 털이 있다. 잎은 어긋나며, 긴 타원형으로 끝이 뾰족하고, 가장자리에는 톱니가 있다.

6~8월에 잎겨드랑이에서 노란꽃이 피어 은은한 향기를 전한다. 저녁에 꽃이 피었다가 아침에 해가 뜨면 시들기 때문에 달맞이꽃이라고 하며, 칠레·아르헨티나가 원산지이지만 우리 나라의 토박이꽃인 양 전국 어디에서나 자란다. 이와 같이 원래는 외국 꽃이지만 우리 나라의 꽃이 되어 버린 것을 귀화식물이라고 한다.

달맞이꽃은 온도와는 상관없고 노을빛 태양과 관계가 있기 때문에 달이 뜨지 않는 밤에도 활짝 핀다.

꽃말은 '기다림' 이다.

▲ 강원도의 깊은 산 기슭에 피어 있는 달맞이꽃

● **전설** 옛날 그리스 시대의 요정들은 별을 좋아하였는데 특별히 달을 좋아하는 요정이 있었다. 이 요정은 별이 뜨면 달이 나오지 못한다고 생각했다. 그래서 다른 요정들이 옆에 있는 줄도 모르고 '별이 다 없어졌으면 좋겠다.'고 말했다.

이 말을 듣고 있던 요정들은 최고의 신인 제우스에게 일러바쳤다. 제우스는 이를 못마땅하게 여겨 그 요정을 달도 별도 없는 곳으로 쫓아 버렸다.

달의 신은 자기를 좋아한 그 요정을 찾아다녔다. 이 사실을 안 제우스 신은 달의 신이 가는 곳마다 구름과 비로써 이를 방해하였다. 마침내 달을 좋아하던 요정은 불쌍하게도 병을 얻어 죽고 말았다. 달의 신은 매우 슬퍼하며 요정을 양지바른 언덕에 묻어 주었다.

제우스는 미안한 생각이 들어 그 요정의 넋을 달맞이꽃으로 만들었다. 지금도 달맞이꽃은 달이 뜨지 않아도 꽃봉오리를 열어 달을 기다린다고 한다.

얼굴을 가린 달맞이꽃 ▲
달맞이꽃을 감고 올라간 갯메꽃 ▶

엉겅퀴 *Plumed Thistle*

국화과에 딸린 여러해살이풀로 높이는 70cm~1m 가량이며, 잎은 6~7쌍의 깃 모양으로 깊게 갈라지고 거친 톱니와 더불어 가시가 있다.

6~8월에 붉은자줏빛의 둥근 꽃이 줄기와 가지 끝에 피는데, 굵은 바늘과 같은 많은 꽃잎이 7~8줄로 늘어서 있으며 바깥쪽에서 안쪽으로 조금씩 길어진다.

엉겅퀴꽃에는 꿀이 많아 벌과 나비가 자주 찾아오는데 꽃을 받치고 있는 포에 끈적끈적한 액체가 있어 벌이나 개미 등의 작은 곤충은 포에 붙어 날아가지 못해 죽는 수도 있다. 씨처럼 생긴 작고 단단한 열매는 여물어도 떨어지지 않으며, 흰 수염과 같은 긴 털을 가지고 있다.

엉겅퀴의 어린잎은 나물로 먹으며, 잎과 줄기를 삶은 물로는 종기나 치질을 치료하고, 뿌리는 몸의 건강을 위한 약과 독을 없애는 해독제로 쓰인다.

잎이 촘촘히 달리고 보다 가시가 많은 것을 가시엉겅퀴, 흰색 꽃이 피는 것을 흰가시엉겅퀴라고 한다.

꽃말은 '근엄·고독한 자랑' 이다.

▲ 엉겅퀴에 앉는 네발나비

▼ 엉겅퀴꽃을 찾아온 뱀눈그늘나비

● **전설**   옛날 덴마크가 스코틀랜드를 침략했을 때 덴마크의 군사 한 사람이 적의 동태를 살피기 위해 맨발로 성 가까이에 다가갔다. 그런데 엉겅퀴의 가시에 발이 찔려 소리를 질렀으므로 스코틀랜드 군에 잡혀 포로가 되었다.

그 포로를 잡음으로써 스코틀랜드는 덴마크의 침략을 무난히 막을 수가 있었고, 이 사실을 알게 된 왕은 마침내 엉겅퀴를 나라꽃으로 삼았다.

또한 그리스에는 다음과 같은 이야기가 전해 내려오고 있다.

코린트식 건축물의 창시자인 카리마쿠스가 어느 날 처녀들의 무덤이 있는 곳을 지나가고 있었다. 그는 묘비 앞에서 살아 있을 때 좋아하던 물건들을 담아 놓아 둔 바구니를 발견하였다.

그 바구니 밑에는 엉겅퀴가 돋아나 잎이 퍼져서 바구니를 보기 좋게 장식해 주고 있었다. 카리마쿠스는 여기에서 힌트를 얻어 코린트식 건축물을 고안해 냈다고 한다.

코린트식은 도리아식과 이오니아식 다음에 발전한, 그리스에서 가장 화려하고 섬세한 건축·공예 양식이 되었다.

▲ 엉겅퀴의 열매와 네발나비

▼ 엉겅퀴꽃의 꿀을 먹고 있는 왕자팔랑나비

솜다리 *Edelweiss*

국화과에 딸린 여러해살이풀로 '에델바이스'라고도 한다. 우리 나라에서는 제주도의 한라산과 강원도의 설악산·금강산 등지에서 자라며, 다른 나라에서는 알프스 산맥과 히말라야 산맥에서 자란다.

키는 15~25cm이며 줄기는 잔털로 싸여 있다.

잎은 마주나며, 작은 칼 모양으로 흰빛의 부드러운 털이 있다.

6~8월에 꽃잎이 여러 개로 갈라진 솜 같은 흰꽃이 피는데 가운데의 실상화는 노란색이다.

▲ 솜다리를 위에서 본 모양

◀ 솜다리꽃

▲ 설악산 칠성봉 바위틈에 피어 있는 솜다리

쑥부쟁이 *Aster Yomena*

　국화과에 딸린 여러해살이풀로 약간 습기가 있는 곳에서 자란다. 키는 30cm~1m 가량이며, 땅속줄기가 뻗어 뿌리를 내린다. 잎은 어긋나고 짧은 칼 모양이며 가장자리에 굵은 톱니가 있다.

　7~10월에 줄기와 가지 끝에 꽃이 한 송이씩 피는데 바깥쪽의 설상화는 흰빛이고 가운데의 관상화는 노란빛이다. 끝이 뾰족한 원통 모양의 작은 열매에는 수염과 같은 흰 털이 달려 있다. 어린순은 나물로 먹는다.

● **전설**　옛날에 쑥을 캐러 다니는 가난한 대장장이의 딸 순이를 동네 사람들은 쑥을 캐는 '불쟁이의 딸'이라는 뜻으로 쑥부쟁이라고 불렀다. 하루는 순이가 상처 입은 사냥꾼을 만나 정성껏 치료해 주었다. 그는 박 정승의 아들 재룡이었다.

　순이 곁을 떠난 재룡은 가을에 온다고 하였으나 몇 년이 지나도 돌아오지 않았다. 그러던 어느 날 갑자기 재룡이 나타났다. 그러나 이미 결혼한 후였다. 순이는 그의 식구들을 위해 재룡을 돌려보내기는 하였지만 그에 대한 사랑이 깊어져 시름시름 앓다가 그만 세상을 떠나고 말았다.

　이듬해 순이의 무덤에서는 보랏빛 들꽃이 피어났는데 동네 사람들은 이 꽃을 순이의 별명인 쑥부쟁이라고 불렀다.

▲ 쑥부쟁이와 네발나비
◀ 쑥부쟁이의 꽃

민들레 *Dandelion*

▲ 옆으로 퍼진 민들레의 잎

국화과에 딸린 여러해살이풀로 산과 들의 양지바른 곳에서 절로 자란다. 뿌리가 긴 것은 땅 속 40cm까지 곧게 내려가기도 한다. 키는 15~30cm 가량이며, 이른봄에 뿌리에서 긴 잎이 모여나와 옆으로 퍼지며, 무잎처럼 6~8쌍으로 깊게 갈라지고 가장자리에 톱니가 있으나 없는 것도 있다.

4~7월에 잎 사이에서 꽃줄기가 나와 그 끝에 노란 꽃이 한 송이씩 피는데 아침에 피었다가 해가 지거나 날이 흐리면 오므라든다. 민들레는 국화과의 다른 꽃들처럼 수많은 작은 꽃들이 모여 하나의 큰 꽃을 이룬다.

작은 열매에는 많은 씨가 모여 공 모양을 이루고 씨에는 갓털이 있어 멀리 날리어 흩어진다. 흰꽃이 피는 것을 흰민들레라고 하며, 꽃말은 흩어진다는 뜻의 '분산'이다.

흔히 '일편단심 민들레'라는 말을 들을 수 있는데 이것은 민들레가 곧은 뿌리를 가지고 있기 때문이며, 일편단심은 우리 나라꽃 무궁화의 꽃말이다.

▼ 흰민들레

▲ 동산을 노랗게 물들이고 있는 민들레

● **전설**　옛날, 하느님이 악으로 가득 찬 세계를 멸망시키기 위해 큰 홍수를 내렸다. 그 전에 노아는 신의 계시를 받고 큰 방주(네모 반듯한 배)를 만들었다. 그의 가족과 여러 동물들은 이 배를 타고 산으로 올라가 홍수를 피할 수 있었다.

그러나 민들레는 뿌리가 땅에 박혀 있어 한 발자국도 움직일 수가 없었다. 사나운 물결이 차츰 앞으로 다가오자, 민들레는 너무 걱정을 한 나머지 머리가 하얗게 되었다고 한다. 민들레는 하느님께 구원해 달라고 기도를 했지만 이미 때는 늦어 버렸다.

하느님은 불쌍한 민들레의 기도를 듣고 씨를 바람에 실어 멀리 산 언덕의 양지바른 곳으로 옮겨 주었다고 한다.

▲ 민들레의 열매와 씨

▲ 민들레에 날아드는 꿀벌

곰취 *Ligularia*

▶ 곰취와 굵은줄나비

국화과에 딸린 여러해살이풀로 고원이나 깊은 산의 습지에서 자란다.

키는 1~2m 가량이며, 뿌리잎은 땅속줄기에서 뭉쳐 나는데 큰 심장 모양이며 톱니가 있다.

7~9월에 잎 사이에서 꽃줄기가 나와 줄기 끝에서 노란꽃이 이삭 모양을 이루며 아래에서 위로 피어 올라간다.

원통 모양의 열매에는 수염과 같은 갈색 털이 달려 있다.

어린잎은 나물로 먹으며, 귀중한 묵나물(뜯어 두었다가 이듬해 봄에 먹는 나물)의 하나이다.

▲ 귀중한 묵나물의 하나인 곰취

씀바귀 *Lettuce*

◀ 흰씀바귀

국화과에 딸린 여러해살이풀로 높이 25~50cm 가량이며, 산이나 들의 양지바른 곳에서 자란다. 잎은 밑동에서 무더기로 나는데 꽃이 필 때까지 남아 있으며, 넓은 칼 모양으로 아래쪽에 톱니가 있다.

5~6월에 노란색의 꽃이 줄기와 가지 끝에 한 송이씩 핀다. 줄기와 잎에 상처가 나면 흰 즙이 나오고 쓴맛이 난다.

길둥근 작은 열매에는 수염과 같은 흰 털이 달려 있다.

뿌리와 어린순은 나물로 먹고, 식물 전체는 진정제의 약재로 쓰인다. 흰꽃이 피는 것을 흰씀바귀라고 한다.

▲ 노란색의 씀바귀꽃

산국 *Chrysanthemum*

국화과에 딸린 여러해살이풀로 산과 들에서 절로 자라는 들꽃으로 키는 60~90cm이고 줄기에는 잔털이 있다. 잎은 어긋나고, 깃 모양으로 깊게 갈라져 있으며 가장자리에는 톱니가 있다.

9~10월에 줄기와 여러 개의 꽃가지에 많은 노란색 꽃이 한데 모여 핀다. 열매는 길쭉한 모양으로 아주 작아 길이가 1mm 정도이다.

어린순은 나물로 먹을 수 있으며, 꽃은 두통과 현기증의 한약재로 쓰인다.

▲ 감국으로 날아드는 등에

머위 *Butterbur*

국화과에 딸린 여러해살이풀로 산 기슭의 약간 습기가 있는 곳에서 자라며, 밭에 가꾸기도 한다.

굵은 땅속줄기가 옆으로 뻗으면서 뿌리를 내리고 밑동에서 잎이 나온다. 잎은 둥근 모양으로 잎자루가 길고 가장자리에 톱니가 있다.

암수 딴 그루이며, 이른봄 잎이 돋기 전 뿌리줄기에서 나온 꽃줄기 끝에 여러 개의 꽃이 모여핀다. 꽃 빛깔은 수꽃이 연노랑색이고, 암꽃은 흰색이다.

잎이 연하여 데치거나 삶아서 먹으며, 어린싹은 기침약으로 쓰인다.

▲ 머위의 잎과 꽃

조뱅이 *Cephalonoplos*

국화과에 딸린 두해살이풀로 들에서 절로 자라는데 키는 30~50cm 가량이다.

뿌리에서 나온 잎은 꽃이 필 때 시들어 쓰러진다. 잎은 칼 모양으로 끝이 둔하고 가장자리에는 작은 가시가 있다.

줄기에서 나온 잎은 흰빛의 잔털로 덮여 있다. 5~8월에 줄기와 가지 끝에서 보랏빛 꽃이 한 송이씩 핀다.

어린순은 나물로 먹고, 잎·뿌리·줄기 전체는 몸의 건강을 위한 보약으로 쓰이며, 피를 멎게 하는 약으로도 사용한다.

▲ 조뱅이의 꽃

금불초 *Inula*

국화과에 딸린 여러해살이풀로 습기가 많은 곳에서 자라며, 키는 20~60cm이다. 줄기는 전체에 털이 있고, 잎은 어긋나며 작은 칼 모양이다.

7~9월에 지름 2~3cm의 많은 노란꽃이 줄기와 가지 끝에 모여피는데 1mm 가량의 작은 열매에는 털이 달려 있다.

어린순은 나물로 먹으며, 토하는 것을 진정시켜 주는 약으로 쓰인다.

▲ 금불초를 위에서 본 모양
◀ 금불초와 표범나비

삽주 *Atractylodes*

국화과에 딸린 여러해살이풀로 산지의 마른땅에서 자란다. 높이는 50cm~1m 가량이고, 줄기는 마디가 있으며 나무처럼 단단하다.

잎은 어긋나고 끝이 뾰족한 타원형인데 아래쪽 잎은 3~5조각의 깃꼴 겹잎이고 위쪽의 것은 홑잎이며 가장자리에 톱니가 있다.

7~10월에 꽃줄기 끝에 흰빛의 꽃이 한 송이씩 핀다. 어린순은 나물로 먹으며 뿌리는 위장약으로 쓰인다.

▲ 삽주의 잎과 꽃

쑥 *Mugwort*

▼ 나물로 먹는 쑥

국화과에 딸린 여러해살이풀로 뿌리줄기가 옆으로 뻗으면서 군데군데에서 싹이 나와 한데 모여 무성하게 자란다.

키는 60~90cm 가량으로, 잎은 어긋나고 향기가 있으며 긴 타원형인데 1~2회 깃 모양으로 갈라지고 뒷면에는 흰 잔털이 있다.

7~10월에 잎 사이에서 꽃줄기가 나와 분홍빛 꽃이 한쪽으로 치우쳐서 달린다.

어린잎은 국을 끓이거나 나물로 먹으며, 줄기·잎자루는 두통이나 피를 멎게 하는 약으로 쓰이고, 흰 털은 인주의 재료로 사용한다.

▶ 쑥을 찾아온 팔랑나비

개망초 *Erigeron*

국화과의 두해살이풀로 키는 50cm~1m 가량이다. 식물 전체에 털이 있고 가지를 많이 친다. 잎은 어긋나며, 좁고 가는 칼 모양이다.

6~9월에 줄기와 가지 끝에 많은 흰색 꽃이 모여 피는데 메밀꽃처럼 들을 하얗게 수놓아 장관을 이룬다.

개망초는 북아메리카가 원산지인데 우리 나라의 토박이 들꽃처럼 전국 어디에서나 잘 자란다. 이러한 식물을 귀화 식물이라고 하며, 토끼풀·미류나무·아카시아·달맞이꽃 등도 이에 속한다.

▲ 개망초와 칠성무당벌레

◀ 흰빛의 개망초 꽃
▼ 개망초와 노랑나비

▲ 개망초와 거꾸로여덟팔나비
◀ 들을 하얗게 수놓은 개망초

도깨비바늘 *Spanish Needles*

국화과에 딸린 한해살이풀로 키는 50cm~1m 가량으로 줄기는 네모지고 털이 약간 있으며, 잎은 1~3회 깊이 갈라져 있다.

8~9월에 줄기 끝이나 잎겨드랑이에서 긴 꽃줄기가 나와 지름 6~10mm의 노란 꽃이 한 송이씩 핀다.

열매는 2cm쯤의 짧은 바늘 모양이고 끝에 갈고리 같은 거친 털이 있어 사람의 옷이나 동물의 몸에 잘 달라붙는다.

어린순은 나물로 먹고, 줄기와 잎은 생즙을 내어 벌레에 쏘였을 때나 상처에 바르는 약으로 쓰인다.

▲ 옷에 잘 달라붙는 도깨비바늘

도꼬마리 *Cocklebur*

국화과에 딸린 한해살이풀로 키는 1~1.5m이며, 낮은 지대의 들이나 길가에 절로 자란다.

줄기와 잎에는 거친 털이 많고 잎은 넓은 세모꼴이고 3~5개로 얕게 갈라졌으며 잎자루가 길다.

8~9월에 노란꽃이 피는데, 수꽃은 꼭지에 붙고 암꽃은 그 밑에 붙는다.

열매는 2mm 가량의 타원형이고, 갈고리 모양의 가시와 짧은 털이 있어 사람의 옷이나 동물의 몸에 잘 달라붙는다. 도꼬마리의 열매는 '창이자' 라고 하여 땀을 나게 하고 열을 내리게 하는 한약재로 쓰이며, 머리가 아플 때 먹는 약의 원료로 사용한다.

▲ 한약재로 쓰이는 도꼬마리

민솜방망이 *Senocio*

국화과에 딸린 여러해살이풀로 키는 60~90cm이고, 줄기는 솜털로 덮여 있으며 속이 비어 있다.

잎은 어긋나는데, 뿌리잎과 아래쪽의 잎은 잎자루가 길고 타원형이며, 양면이 많은 솜털로 덮여 있기 때문에 솜방망이라고 한다. 줄기잎은 잎자루가 없고 칼 모양이며 잎 밑이 줄기를 싸고 있다.

5~6월에 줄기 끝에서 꽃가지가 나와 3~9개의 노란꽃이 우산 모양의 꽃차례로 모여핀다. 길쭉한 작은 열매에는 솔 같은 털이 있다. 산과 들의 양지쪽에서 자라는데, 어린잎은 나물로 먹고, 꽃은 기침약으로 쓰인다.

▲ 민솜방망이 꽃

고들빼기 *Yongia*

▼ 절의 지붕 위에 난 고들빼기

국화과에 딸린 두해살이풀로 키는 60~80cm 가량으로 줄기는 많은 가지를 치며 줄기나 잎에 상처가 나면 흰 즙이 나온다.

뿌리잎은 긴 타원 모양으로 빗살처럼 깊게 갈라지고, 줄기잎은 끝이 뾰족한 타원 모양으로 줄기를 감싸며 톱니가 있는 것도 있고 없는 것도 있다.

7~9월에 줄기와 가지 끝에 노란 꽃이 모여피며, 작고 검은 원뿔 모양의 열매에는 흰 털이 달려 있다. 어린순은 나물로 먹고 잎으로는 김치를 담가 먹는다.

▲ 고들빼기의 열매
◀ 고들빼기의 꽃과 잎

복수초 *Amur Adonis*

꽃샘 추위가 옷깃을 여미게 하는 이른봄 흰 눈 속에서 잎이 나오기 전에 노란 얼굴을 내미는 꽃이 복수초이다.

복수초는 미나리아재비과의 여러해살이풀로 키는 약 30cm 가량이며 굵은 뿌리줄기에 수염뿌리가 모여 나고, 잎은 마주나며 깃꼴겹잎이다. 3~4월 잎이 나오기 전 줄기 끝에서 노란꽃이 한두 송이씩 핀다. 열매는 길이 1cm 정도의 꽃턱에 모여달려서 둥글게 보이며 짧은 털이 있다.

복수초의 뿌리는 강심제 및 이뇨제로 쓰인다.

꽃말은 '경축 · 슬픈 추억 · 비애' 이다.

● **전설** 오랜 옛날 일본에 안개의 성에 아름다운 여신 구노가 살고 있었다. 그런데 아버지는 구노를 토룡의 신에게 시집보내려고 하였다. 토룡의 신을 좋아하지 않았던 구노는 결혼식 날 어디론가 자취를 감추어 버렸다.

아버지와 토룡의 신은 사방으로 찾아 헤매다가 며칠 만에 구노를 발견하였다. 화가 난 아버지는 구노를 한 포기 풀로 만들어 버렸다. 이듬해 이 풀에서는 구노와 같이 아름답고 가녀린 노란꽃이 피었다. 이 꽃이 바로 복수초였다고 한다.

▲ 눈 속에 핀 복수초

▲ 복수초의 잎과 꽃

금꿩의다리 *Thalictrum*

미나리아재비과에 딸린 여러해살이 풀로 키는 30~60cm 가량이다.

잎은 어긋나며 세 쪽씩 붙은 겹잎이고, 작은잎은 둥근 타원 모양이며 어린잎과 줄기는 나물로 먹고, 귀중한 묵나물(말려 두었다가 이듬해 봄에 먹을 것이 부족할 때 먹는 산나물)이 되기도 한다.

7~8월에 분홍빛 꽃이 피는데 수술이 금빛을 띠고 있어서 금꿩의다리라고 한다. 노란빛의 수술과 함께 3색이 절묘한 배색을 이룬다.

전남의 백양산·지리산, 경남의 마산 등지에서 자란다.

▲ 묵나물로 먹는 금꿩의다리

노루귀 *Hepatica*

미나리아재비과의 여러해살이풀로 키는 6~12cm이다.

잎은 뿌리에서 모여나는데 잎자루가 길며 심장 모양이고 3개로 얕게 갈라졌다.

3~4월에 묵은잎 사이에서 나온 꽃줄기 끝에 분홍빛 또는 흰빛의 꽃이 한 송이씩 핀다. 작은 열매에는 털이 있고 잎이 변하여 된 비늘 모양의 조각이 붙어 있다.

식물 전체는 진통제나 장 치료제로 쓰인다.

흰빛의 노루귀꽃 ▶

▲ 분홍빛의 노루귀꽃

동의나물 *Caltha Palustris*

미나리아재비과의 여러해살이 풀로 산의 습기가 있는 곳에서 자라며, 키는 50~60cm 가량이다.

뿌리는 희고 수염뿌리가 많으며 줄기는 속이 비어 있다. 잎은 동그란 모양인데 뿌리잎은 잎자루가 길며, 줄기잎은 잎자루가 짧다.

4~5월에 줄기 끝에서 한두 개의 긴 꽃자루가 나와 노란꽃이 한 개씩 핀다.

독이 있는 식물로서 줄기잎은 소의 먹이로 쓰인다.

◀ 동의나물과 재니등에

▲ 산허리를 노랗게 물들인 동의나물

종덩굴 *Clematis Fusca*

미나리아재비과에 딸린 갈잎덩굴나무로서 줄기와 잎꼭지로 다른 물체를 감아 올라간다.

잎은 마주나고 5~7개의 작은잎으로 이루어져 있으며, 작은잎은 타원 모양으로 뒷면에는 약간의 털이 있다.

7월에 종 모양의 진한 자줏빛 꽃이 잎겨드랑이에서 한 송이씩 달리는데, 길이 2~2.5cm로서 아래쪽으로 향하며 활짝 피지 않는다.

산 중턱 이상 높은 곳의 숲 속에서 자라며, 우리 나라에서만 나는 식물이다.

▲ 다른 나무를 감아 올라가는 종덩굴

바람꽃 *Anemone Narcissifara*

미나리아재비과에 딸린 여러해살이풀로 키는 20~40cm이고 전체에 털이 있다.

뿌리줄기는 굵고 마른 잎자루로 덮여 있으며, 잎은 뿌리에서 모여나는데 잎자루가 길고 심장 모양이며 여러 개로 가늘게 갈라진다.

6~7월에 줄기 위쪽에서 두세 개의 꽃줄기가 나와서 매화 비슷한 다섯 잎 흰꽃이 한 송이씩 핀다. 우리 나라 설악산 이북의 높은 산지의 풀밭에서 자란다.

바람꽃과 비슷하지만 키가 15cm로 작고 꽃잎이 뾰족한 것을 '너도바람꽃' 이라고 한다.

▲ 홀아비바람꽃

꿩의바람꽃 *Anemone Raddeana*

미나리아재비과에 딸린 여러해살이풀로 산지의 숲 속에서 자라며, 키는 15~30cm 가량이다.

뿌리줄기는 가로 뻗는데 끝에 비늘 조각을 가지고 있다. 잎은 뿌리에서 모여나고 잎자루는 길며 2~3회 겹친 겹잎인데 작은 잎은 긴 타원형으로 3개로 깊게 갈라진다.

4~6월에 줄기 위쪽의 꽃자루에서 흰꽃이 한 송이씩 핀다. 꽃은 수술이 많고 꽃밥은 노란색이며, 씨방에는 잔털이 있다. 독이 있는 식물로서 줄기가 연약하여 꽃이 피면 옆으로 구부러진다.

▲ 꿩의바람꽃

으아리 *Clematis Mandshurica*

미나리아재비과에 딸린 갈잎덩굴나무로서 줄기는 가늘고 길며 길이 2m 가량 뻗는다. 잎은 깃 모양의 겹잎이며 길둥근 작은잎은 끝이 뾰족하고, 잎줄기는 구부러져서 흔히 덩굴손과 같은 역할을 한다. 6~8월에 줄기 끝이나 잎이 돋는 곳에 흰꽃이 여러 층을 이루어 모여핀다.

열매는 흰 털을 가진 날개 모양의 꼬리가 있고, 9월에 익어 간다. 어린잎은 나물로 먹고, 뿌리는 관절염의 한약재로 사용한다. 연한 노란색을 띤 흰빛이나 분홍빛 꽃이 피는 것을 '큰꽃으아리'라고 한다.

▲ 분홍빛의 큰꽃으아리

▲ 흰빛의 큰꽃으아리
◀ 흰빛의 으아리꽃

미나리아재비 *Ranunculus*

미나리아재비과에 딸린 여러해살이풀로 산과 들의 습기가 있는 양지쪽이나, 논·밭의 둑에 나는데 미나리와 비슷하게 생겼다 하여 미나리아재비라고 한다.

높이는 40~60cm이며 줄기에는 잔털이 있고 속이 비어 있다. 잎은 손바닥 모양으로 깊게 갈라져 있고, 6~7월에 다섯잎 노란꽃이 가지 끝에 모여핀다.

독이 있는 식물이지만 어린잎은 나물로 먹고, 식물 전체는 살충제로 쓰인다.

▲ 노란색의 미나리아재비의 꽃과 열매

매발톱꽃 *Aquilegia*

　미나리아재비과의 여러해살이풀로 햇볕이 잘 드는 계곡에서 자란다. 키는 50cm~1m이며, 줄기는 곧게 서고 매끄럽다.
　잎은 뿌리에서 뭉쳐 나는데, 긴 잎자루 끝에서 작은잎이 3쪽씩 붙은 겹잎이다. 작은잎은 가운데가 2~3번 깊게 갈라지고 뒷면은 분처럼 희다.
　6~7월에 가지 위쪽의 긴 잎자루 끝에서 꽃이 한 송이씩 아래를 향해 피는데 꽃잎은 5개로 노란색이고, 꽃받침잎도 5개로 자줏빛이고 길이 2cm 가량이다.
　꿀주머니는 안쪽으로 구부러졌는데 그 모양이 매발톱 같다 하여 매발톱꽃이라는 이름이 붙여졌다.

◀ 매발톱꽃

▲ 흰매발톱

5개의 씨방으로 된 열매가 익으면 세로선을 따라 갈라져 씨를 땅에 흩뿌린다.

　　예전에는 강원도 오대산이나 설악산의 깊은 산골짜기에서만 볼 수 있던 매발톱꽃이 오늘날에는 공원이나 집의 뜰에서도 가꿀 수 있게 되었다. 꽃이 아름다워 온실에서 재배하는 데 성공하였기 때문이다.

　　매발톱꽃의 빛깔도 여러 가지인데, 그 빛깔에 따라 꽃이 연한 노란색인 것을 노랑매발톱, 흰꽃인 것을 흰매발톱, 분홍빛인 것을 분홍매발톱, 보랏빛인 것을 보라매발톱이라고 부른다.

▼ 분홍매발톱

▲ 보라매발톱　　　　　　　　　　　▲ 보라매발톱의 꽃과 열매

할미꽃 *Pasqueflower*

미나리아재비과에 딸린 여러해살이풀로 식물 전체가 털로 덮여 있고, 키는 10~15cm 가량이다.

잎은 뿌리에서 모여나고, 깃꼴 겹잎이며 여러 갈래로 갈라져 있으며 4~5월에 붉은자줏빛 꽃이 꽃줄기 끝에서 아래쪽을 향해 고개를 숙인 것처럼 핀다. 열매에 난 털이 할머니의 흰 머리카락 같다 하여 할미꽃이라고 한다.

뿌리는 이질·학질·신경통 등의 약재로 쓰인다.

꽃말은 '충성'이다.

● **전설** 오랜 옛날 한 할머니가 두 손녀를 데리고 살았다. 자매가 성장하여 언니는 부잣집으로, 동생은 산 너머 가난한 농부에게 시집을 갔다.

할머니가 너무 늙어 혼자 살아갈 수 없게 되자 큰손녀를 찾아갔으나 할머니를 모른 척하였다. 작은 손녀의 집으로 가던 할머니는 험한 고개를 넘다가 힘이 들어 숨을 거두고 말았다. 마음씨 착한 동생은 슬피 울며 할머니를 뒷산 양지바른 곳에 묻었는데, 다음해 이른봄 할머니의 무덤에서는 고개 숙인 할미꽃 한 송이가 피어 있었다.

▲ 온 몸에 털이 있는 할미꽃

▲ 고개 숙인 할미꽃

▲ 분홍할미꽃

▲ 할미꽃의 열매

투구꽃 *Aconitum*

◀ 투구꽃의 잎

미나리아재비에 딸린 여러해살이풀로 깊은 산속에서 자라며, 키는 80cm~1m 가량이고 줄기는 곧게 자란다.

잎은 어긋나고 손바닥 모양으로 갈라졌으며, 9월에 꽃줄기가 두세 개로 갈라져서 남보라 또는 보랏빛 꽃이 한데 모여핀다. 꽃받침잎은 꽃잎처럼 보이며, 뒤쪽은 투구 모양이고 이마 쪽은 뾰족하게 나왔으며 가운데는 둥글고 아래쪽은 긴 타원형이다.

꽃잎은 2개이고 긴 대가 있으며 위쪽의 꽃받침잎 속에 들어 있고 뿌리는 독이 있으며, 말린 덩이뿌리는 신경통과 류머티스의 진통제로 쓰인다.

▲ 투구 모양의 투구꽃

이질풀 *Geranium Nepalemse*

◀ 흰빛의 이질풀꽃

쥐손이풀과에 딸린 여러해살이풀로 키는 50cm~1m 가량으로 잎은 마주나며 손바닥 모양인데 3~5개로 갈라져 있다.

어린잎에는 붉은빛 얼룩점이 있으며, 7~9월에 연한 자줏빛 또는 흰빛의 다섯잎꽃이 1~2송이씩 달린다.

열매가 익으면 5개로 갈라져서 5개의 씨를 흩뿌린다. 우리 나라 각지와 일본·대만 등지에서 자라며, 이질·위궤양 등의 한약재로 쓰인다. 이질을 고치는 약으로 쓰이는 풀이라 하여 이질풀이라고 한다.

▲ 분홍빛의 이질풀꽃

진달래 *Korean Rosebay*

진달래과의 갈잎떨기나무로서 키는 1~3m 가량이며, 줄기는 많은 가지를 친다. 잎은 어긋나고, 긴 타원 모양으로 톱니가 없다.

4월에 분홍빛 또는 연분홍빛 꽃이 잎보다 먼저 가지 끝에 1송이씩 피는데, 2~5송이씩 한데 모여핀다. 꽃은 깔때기 모양이며 끝이 다섯 개로 갈라진다. 열매는 원통 모양이고, 익으면 저절로 벌어져 씨를 땅에 떨어뜨린다.

흰색 꽃이 피는 것을 흰진달래, 잎이 넓은 타원형 또는 원형인 것을 왕진달래라고 한다. 또한 작은 가지와 잎에 털이 있는 것을 털진달래라 하며 흔히 높은 산에서 자란다.

진달래는 이른봄에 산을 분홍빛으로 물들이며 가장 먼저 봄을 알리는 꽃 중의 하나로 꽃은 '참꽃' 이라 하여 먹을 수 있고, 진달래술을 담그기도 한다.

꽃말은 '사랑의 즐거움' 이다.

▲ 연분홍빛의 진달래꽃

▲ 분홍빛의 진달래꽃

● **전설**　진달래는 두견화라고도 불리는데, 두견이와 관련된 전설을 가지고 있다. 두견이는 봄에 우리 나라에 날아와 숲 속에서 혼자 사는 여름 철새로 두우라고도 한다.

옛날, 중국의 삼국 시대에 촉나라 왕이었던 망제의 이름이 두우이다. 위나라에게 나라를 빼앗긴 두우는 다시 왕위에 오르려는 야망을 가지고 있었으나 그 뜻을 이루지 못하고 싸움터에서 세상을 떠나 새가 되었다고 하는데, 이 새가 두견이이다.

봄이 되면 두견이는 밤낮으로 계속 울어 대고 특히 붉은 빛깔의 진달래만 보면 더욱 슬피 우는데, 이는 망제의 넋이 피비린내 나는 전투를 원망하는 것이라 하여 진달래의 이름을 두견화라고 불렀다 한다.

또한 두견이가 한 번 우짖을 때마다 꽃이 한 송이씩 피어난다는 이야기가 전해 내려오기도 한다.

▼ 설악산 바위틈에 핀 진달래꽃

▲ 북한산의 봄을 아름답게 장식해 주고 있는 진달래

산철쭉 *Smile Rosebay*

　산이나 들에서 흔히 자라는 진달래과의 갈잎떨기나무로 키는 2~5m 가량으로 잎은 어긋나지만 가지 끝에서는 돌려나는 것처럼 보이며 끝이 뾰족한 길둥근 모양으로 가장자리는 밋밋하다. 5월경에 다섯 개로 갈라진 깔때기 모양의 분홍빛 또는 연분홍빛 꽃이 가지 끝에서 3~7송이씩 모여핀다. 10월에 열매가 익으면 저절로 벌어져 씨를 흩뿌린다.

　꽃에서 끈끈한 액이 나오고 독이 있어 작은 곤충이 붙으면 날아가지 못하고 죽는 수도 있으며, 진달래와는 달리 먹지 못한다. 흰꽃이 피는 것을 흰철쭉이라고 한다.

　꽃말은 '사랑의 기쁨' 이다.

▼ 냇가에 핀 산철쭉

▲ 분홍빛의 철쭉꽃

▲ 흰빛의 철쭉꽃

● **전설**　고려 시대에 지리산 기슭에서 부모를 일찍 여의고 외롭게 살아가는 어린 두 형제가 있었다. 산 너머에는 재산이 많은 큰아버지가 살고 있었지만 그들을 도와주려고 하지 않았습니다.

흉년이 들었던 어느 해 동네 사람들도 이들에게 먹을 것을 주지 못하게 되자 두 형제는 하는 수 없이 큰아버지를 찾아갔다. 큰아버지는 재산이 많았지만 두 형제를 본 척하였다.

형은 배고파 우는 동생을 업고 산을 넘다가 기운이 떨어져 산 속에서 쓰러지고 말았다. 그리고는 다시 일어나지 못하고 숨을 거두고 말았다. 이 사실을 안 동네 사람들은 두 형제를 뒷산 양지바른 곳에 묻어 주었다.

이듬해 봄 그들의 무덤에서는 두 송이의 꽃이 피어났는데, 한 송이는 형 철쭉이었고, 다른 한 송이는 동생 진달래였다.

▶ 철쭉꽃 사이를 날고 있는 호랑나비

▲ 산철쭉꽃이 만발한 지리산의 아침

괭이밥 Oxalis

괭이밥과에 딸린 여러해살이풀로 키는 10~30cm이고, 줄기 전체에 잔털이 있고 뿌리줄기 속에는 수산이 들어 있어 신맛이 난다.

줄기는 땅에 눕거나 비스듬히 올라가며 많은 가지를 친다. 잎은 어긋나며 3개로 갈라지고 작은잎은 거꾸로 된 심장 모양이다.

7~8월에 잎겨드랑이에서 꽃줄기가 나와 1~8개의 다섯 잎 노란꽃이 우산 모양의 꽃차례로 핀다.

열매는 원기둥 모양으로 익으면 벌어져 씨가 밖으로 나오고 어린잎은 나물로 먹을 수 있다.

▲ 괭이밥의 꽃과 잎

쇠뜨기 Equisetum

속새과에 딸린 여러해살이 양치식물로 키는 30~40cm이고 양지바른 풀밭에서 흔히 자란다.

땅속줄기가 옆으로 길게 뻗으면서 마디에서 줄기가 나오고 줄기에는 영양줄기와 홀씨줄기의 두 가지가 있다.

영양줄기는 한데 모여나고 녹색인데 마디마다 가느다란 가지가 돌려난다.

홀씨줄기는 이른봄에 영양줄기보다 먼저 나오고 끝에 홀씨주머니 이삭이 솟아난다. 이삭에는 비늘 같은 잎이 돌려나는데 가지가 없다.

어린 홀씨줄기를 '뱀밥'이라 하여 먹고 식물 전체는 이뇨제로 쓰인다.

▲ 쇠뜨기의 홀씨줄기와 영양줄기

익모초 *Motherwort*

꿀풀과의 두해살이풀로 키는 1~1.5m 가량이고 줄기는 둔한 사각형이며 흰빛의 털이 나 있다. 잎은 3개로 깊게 갈라지고 굵은 톱니가 있어 깃 모양을 이룬다.

7~9월에 줄기 위쪽의 잎겨드랑이마다 붉은자줏빛 꽃이 층층으로 모여핀다. 익모초는 어머니에게 이로운 풀이라는 뜻으로 아기를 낳은 어머니에게 좋은 약이며 또 고혈압과 여성의 생리 불순, 더위 먹은 데 약으로 쓰인다.

▲ 익모초와 꿀벌

● **전설** 옛날에 효성이 지극한 소년이 어머니와 함께 살아가고 있었다. 어머니는 아들을 낳은 후 몸조리를 잘못하여 늘 몸이 쑤시고 저려 고생을 하였다. 소년은 건너 마을의 의원을 찾아가 한약을 지어 왔다. 그 약을 달여 어머니께 드렸더니 몸이 날아갈 듯 가벼워졌다. 소년은 다시 의원을 찾아갔으나 너무 많은 돈을 요구했다.

소년은 궁리 끝에 그 의원이 약초를 캐러 나갈 때 몰래 뒤쫓아가 의원이 캐 가고 남은 약초를 가져다가 어머니께 달여 드렸다. 그랬더니 신기하게도 어머니의 병이 깨끗이 나았다고 한다. 그 약초가 바로 익모초였다는 것이다.

▼ 익모초와 배추흰나비

◀ 어머니에게 이로운 익모초

박하 Mint

꿀풀과에 딸린 여러해살이풀로서 키는 40~60cm 가량이며, 땅속줄기가 뻗어 뿌리를 내리고 그 곳에서 줄기가 나와 곧게 서며 줄기는 모가 진다.

잎은 마주나고, 긴 타원형으로 끝이 뾰족하다. 잎 양면에는 털이 약간 있으며 가장자리에는 톱니가 있다.

7~9월에 잎겨드랑이에서 연한 자줏빛 꽃이 여러 층으로 모여핀다.

한방에서는 잎을 '박하'라 하며 통증을 멎게 하는 약이나 위장약으로 쓰이고, 향기가 좋아 음료·사탕 등을 만드는 데 향료로 쓰인다.

▲ 향기가 좋은 박하

꿀풀 Self-Heal

들의 양지바른 곳에 흔히 나는 꿀풀과의 여러해살이풀로 높이는 20~30cm 가량이다.

줄기는 모가 졌으며 전체에 잔털이 있고, 꽃이 진 다음에 밑에서 곁가지가 나오고 잎은 마주나고 잎자루가 있으며 길둥근 모양으로 끝이 뾰족하고 가장자리에는 톱니가 있다.

5~7월에 줄기 끝에서 짧은 원기둥 모양의 자줏빛 꽃이삭이 달리고 여러 개의 씨방으로 이루어진 열매는 익으면 세로줄을 따라 벌어진다.

어린순은 나물로 먹으며 꽃은 이뇨제로 쓰인다.

▲ 들의 양지바른 곳에 나는 꿀풀

광대나물 *Lamium Amplexicaule*

꿀풀과에 딸린 두해살이풀로서 키는 10~30cm 가량이다.

줄기는 모가 졌으며 아래쪽에서부터 많은 가지가 갈라진다. 잎은 마주나는데 깊게 갈라진 깃 모양이며, 아래쪽의 잎은 잎자루가 길고 위쪽의 잎은 잎자루가 없으며 줄기를 둘러싼다.

4~5월에 줄기 위쪽의 잎겨드랑이에서 자줏빛 꽃이 여러 층을 이루며 모여핀다. 여러 개의 씨방으로 된 달걀 모양의 열매는 흰 반점이 있으며, 익으면 세로줄을 따라 저절로 벌어진다.

어린잎과 줄기는 나물로 먹으며, 폐결핵의 약재로 사용한다.

▲ 광대나물

광대수염 *Lamium Album*

꿀풀과의 여러해살이풀로서 산지의 그늘진 곳에서 자라며 키는 30~40cm 가량이다.

줄기는 곧게 서고 네모지며 털이 조금 있다. 잎은 마주나고 긴 타원 모양으로 끝은 뾰족하고 가장자리에 톱니가 있으며, 양면에 털이 있고 주름이 진다.

5월에 흰빛 또는 연분홍빛의 작은 꽃이 줄기 위쪽의 옆겨드랑이에서 5~6개씩 모여 핀다.

열매는 여러 개의 씨방을 가지고 있으며 익으면 세로줄을 따라 저절로 벌어져 씨가 땅에 떨어진다.

◀ 광대수염의 잎과 꽃

▲ 산기슭에 모여난 광대수염

꽃향유 *Elsholtzia*

◀ 꽃향유와 꿀벌

산과 들에 저절로 자라는 꿀풀과의 여러해살이풀로 줄기는 뭉쳐 나며 가지를 많이 치고 키는 40~60cm 가량이다.

잎은 마주나고 끝이 뾰족한 타원형으로, 긴 잎자루를 가지며 가장자리에는 둔한 톱니가 있다.

9~10월에 줄기 끝과 가지 끝에서 자줏빛 꽃이 이삭 모양으로 빽빽이 피고 바로 밑에 잎이 있다.

열매는 여러 개의 씨방을 가지고 있고 익으면 세로선을 따라 저절로 벌어져 씨를 땅에 떨어뜨린다.

▲ 이삭 모양으로 피는 꽃향유

배초향 *Agastache*

꿀풀과의 여러해살이풀로 산과 들의 습기가 많은 곳에서 저절로 자란다.

키는 40cm~1m 가량으로 줄기는 네모지고 윗부분에서 가지가 갈라진다.

잎은 마주나며, 긴 타원형으로 뒷면에 약간의 털과 더불어 흰빛이 도는 것도 있다. 끝은 뾰족하고 가장자리에는 둔한 톱니가 있다.

7~9월에 줄기 끝이나 가지 끝에서 보랏빛이나 분홍빛 꽃이 이삭 모양으로 모여 피는데, 특이한 향기가 난다.

열매는 여러 개의 씨방을 가지고 있으며, 익으면 세로선을 따라 저절로 벌어져서 씨를 땅에 흩뿌린다.

▲ 꽃향유와 비슷하게 생긴 배초향

벌깨덩굴 *Meehania*

꿀풀과에 딸린 여러해살이풀로 깊은 산의 응달진 곳에서 저절로 자라며, 키는 20~50cm 가량이다.

줄기는 둔한 사각형이고 긴 털이 드문드문 있으며, 옆으로 뻗으면서 마디에서 뿌리를 내린다.

잎은 마주나며, 끝이 뾰족한 심장 모양이고 가장자리에는 톱니가 있다. 5월에 줄기 윗부분의 잎겨드랑이마다 입술 모양의 보랏빛 꽃이 2~6개씩 핀다.

열매는 3mm 정도의 달걀 모양으로 겉에는 잔털이 있다. 어린순은 나물로 먹을 수 있다.

▲ 나물로 먹는 벌깨덩굴
◀ 벌깨덩굴의 꽃

큰개불알꽃 *Veronica* _ 봄까치꽃

현삼과에 딸린 두해살이풀로 개불알풀이라고도 하는데, 이 이름은 꽃과 어울리지 않을 뿐 아니라 일본어를 그대로 번역한 것이기 때문에 쓰지 않는 것이 좋다.

길이는 5~15cm 가량이고 부드러운 잔털이 있으며 밑에서부터 가지가 갈라져 옆으로 자라거나 비스듬히 선다.

잎이 아래쪽은 마주나고 위쪽은 어긋나며 타원형으로 가장자리에는 굵은 톱니가 있다.

5~6월에 보랏빛 꽃이 잎겨드랑이에 한 개씩 핀다. 경상도·전라도·충청도에서 많이 자란다.

▲ 길가에서 흔히 볼 수 있는 봄까치꽃

며느리밥풀꽃 *Melampyrum*

현삼과에 딸린 한해살이풀로 산지에서 자라며, 키는 30~50cm이며 줄기는 부드러운 잔털이 있고, 햇볕이 잘 드는 곳에서는 붉은 자줏빛이 돈다.

잎은 마주나며, 긴 타원형으로 끝이 뾰족하고 가장자리는 밋밋하다. 8~9월에 줄기 위쪽의 잎겨드랑이에서 흰 무늬가 있는 빨간꽃이 핀다. 길이 1cm쯤 되는 달걀 모양의 열매는 익으면 벌어져 씨를 땅에 떨어뜨린다.

● **전설** 옛날에 어머니와 함께 살던 명진은 착하고 아름다운 여인 순영을 아내로 맞았다. 남편 명진은 혼인을 한 지 몇 달이 되지 않아 건너 마을로 머슴살이를 떠나게 되었다. 남편이 떠나자마자 웬일인지 시어머니는 며느리를 못마땅하게 생각하였다.

시어머니는 며느리가 하는 일은 무엇이든지 트집을 잡아 괴롭혔다. 어느 날 며느리가 밥을 짓다가 뜸이 들었는지 보려고 밥을 조금 떠먹어 보았다. 이것을 본 시어머니는 몽둥이로 마구 때려 며느리는 그 자리에서 숨을 거두고 말았다.

남편은 매우 슬퍼하며 순영을 양지바른 곳에 묻어 주었다. 여름이 되자 무덤에서는 하얀 밥알을 문 듯한 빨간꽃이 피어났다. 사람들은 이 꽃을 며느리밥풀꽃이라고 불렀다.

▼ 밥풀 모양의 흰 무늬가 있는 며느리밥풀꽃. 꽃 며느리밥풀이라고도 한다.

오동나무 Empress Tree

현삼과에 딸린 갈잎큰키나무로서 높이는 10~15m로 잎은 마주나며, 타원형이지만 흔히 5각형으로 되고 뒷면에는 갈색의 짧은 털이 촘촘히 나 있다.

5~6월에 가지 끝에서 종 모양의 보랏빛 꽃이 모여피고, 열매는 익으면 벌어져 씨를 떨어뜨린다.

● **전설** 중국 당나라 때의 시인 고황은 궁궐을 거쳐 흘러내려가는 강에서 글이 쓰여 있는 오동잎을 발견하고 주워 보았더니 궁중에 사는 여인들의 외로움을 적은 글이었다.

고황은 궁궐 사람들의 외로움을 읊은 시, '누구에게 줄 글이었던가.'라고 오동잎에 적어 강물의 상류로 올라가서 띄어 보냈다. 며칠 후에 고황은 글이 적힌 다른 오동잎을 발견했다.

자유롭지 못한 궁궐에서 전할 이 없지만, '홀로 외로워 아름다운 봄의 느낌을 성 밖으로 이어 보려 함이라.'

그러나 그 궁녀는 고황을 만나지 못했다고 한다.

▼ 오동나무의 열매

▲ 오동나무의 꽃

주름잎 *Mazus*

현삼과에 딸린 한해살이풀로서 밭이나 약간 습기가 있는 곳에서 자라며, 키는 10~20cm 가량이다.

잎은 마주나며, 길둥근 모양으로 가장자리에는 둔한 톱니가 있다. 잎자루는 위로 올라갈수록 짧아지고 잎에 주름이 지는 특색이 있어 주름잎이라는 이름이 붙여졌다.

5~8월에 줄기 끝에서 연보랏빛 꽃이 모여핀다. 열매는 익으면 저절로 벌어져 씨를 땅에 떨어뜨린다.

어린잎과 줄기는 나물로 먹을 수 있다.

▲ 주름잎의 꽃

쪽동백나무 *Styrax*

때죽나무과에 딸린 중키나무로 높이는 3m 가량이고, 가지는 껍질이 벗겨지면서 짙은 갈색으로 변하고 작은 가지는 연한 녹색이다.

잎은 어긋나며, 긴 타원 모양으로 끝이 뾰족하고 5~6월에 흰색의 다섯 잎꽃이 이삭 모양으로 모여핀다. 꽃이 한창일 때는 하얀 눈꽃처럼 매우 아름답다.

산 기슭이나 언덕의 양지바른 곳에서 자라는데, 씨로는 기름을 짜고 신선한 열매로는 빨래를 하거나 물에 풀어 고기를 잡으며, 나무는 지팡이·장난감·장기 등을 만드는 재료로 쓰인다.

▲ 눈꽃이 핀 것처럼 하얀 쪽동백나무의 꽃

동백나무 Camellia Tree

차나무과에 딸린 늘푸른큰키나무로 따뜻한 지방의 해안에서 자라며, 꽃을 보기 위해 가꾸기도 한다.

키는 5~7m이며, 잎은 끝이 뾰족한 타원 모양으로 두텁고 윤이 난다. 4월에 가지 끝에서 빨간색의 다섯 잎 꽃이 피는데 겹꽃도 있다. 꽃에는 특히 꿀이 많아 동박새 등의 새가 날아들어 꿀을 빨아먹는다.

씨는 기름을 짜고, 나무는 공예용으로 쓰인다.

꽃말은 '자랑'이다.

▲ 겹동백

● **전설** 오랜 옛날 전라도가 고향인 한 청년이 충청도 처녀와 결혼하여 서해안의 대청도라는 섬에서 살고 있었다. 이 청년은 어느 날 고향에 볼 일이 생겨 전라도로 떠나게 되었다. 그의 아내는 남편에게 고향에 핀다는 동백꽃 씨를 가져오라고 부탁했다.

그런데 대청도를 떠난 남편은 1년이 지나도 돌아오지 않았다. 아내는 남편을 기다리다 지친 나머지 병을 얻어 세상을 떠나고 말았다. 뒤늦게 돌아와 이 사실을 안 남편은 아내의 무덤에 엎드려 슬피 울었다. 그 때 가지고 왔던 씨가 무덤가에 떨어져 동백꽃이 피고 대청도 전체에 퍼지게 되었다고 한다.

▼ 동백나무의 꽃

◀ 동백나무

유채 *Rape*

십자화과에 딸린 두해살이풀로 남부 지방에서 많이 재배하며, 키는 약 1m 가량이다.

잎은 길쭉한 심장 모양이며, 윗부분의 잎은 줄기를 감싸고 있다. 빛깔은 맑은 녹색이고 뒷면은 흰빛을 띤다.

4월에 줄기와 가지 끝에서 노란색 네 잎꽃이 모여 피며, 꽃이 진 뒤에 긴 꼬투리 열매가 맺히고 6월에 열매가 익으면 씨가 튀어나온다. 꽃 피기 전의 어린잎과 줄기는 나물로 먹으며, 씨는 기름을 짜는 데 쓰인다.

특히 제주도의 유채밭은 이른봄, 아직 다른 지방에는 꽃이 피지 않을 때 유채꽃이 바닷가를 노랗게 물들여 장관을 이루며, 봄맞이를 하려는 많은 관광객들이 찾아온다.

◀ 유채의 잎과 꽃
▼ 유채꽃과 은점표범나비

▲ 제주도의 유채밭

냉이 *Shepherd's Purse*

　십자화과의 두해살이풀로서 키는 10~50cm 가량으로 잎은 뿌리에서 모여나고, 깃 모양으로 깊게 갈라져 있으며 줄기잎은 작은 칼 모양이다.

　5~6월에 잎 사이에서 꽃줄기가 나와 '열십(十)' 자 모양의 네 잎꽃이 모여피는데 아래에서 위로 피어 올라간다. 열매는 삼각형으로 납작하며, 20~25개의 씨가 들어 있고 씨는 달걀 모양이다. 들이나 밭에서 절로 자라는데 이른봄에 어린잎과 뿌리는 나물로 먹거나 국을 끓여 먹는다.

▲ 나물로 먹는 냉이

▼ 냉이와 갈고리나비

▼ 냉이와 세줄나비

▲ 냉이의 잎과 꽃

꽃다지 *Whitlow Grass*

십자화과에 딸린 두해살이풀로 키는 20~30cm이고, 잎은 어긋나며 타원형인데 뿌리잎은 넓고 모여나며, 줄기잎은 작은 칼 모양이다.

4~6월에 잎 사이에서 나온 꽃줄기 끝에 노란 네 잎꽃이 모여피는데 아래에서 위로 피어 올라간다.

열매는 타원 모양으로 길이 5~8mm로 산이나 논·밭에서 자라며, 어린잎은 나물로 먹는다.

식물 전체의 모양이 냉이와 구별하기 어려울 정도로 비슷하지만, 냉이는 꽃이 흰색이고 꽃다지는 노란색이다.

◀ 꽃다지를 위에서 본 모양

▲ 냉이와 모양이 비슷한 꽃다지

질경이 *Plantain*

질경이과에 딸린 여러해살이풀로 들이나 길가에서 흔히 볼 수 있으며, 원줄기가 없고 많은 잎이 뿌리에서 나와 비스듬히 퍼진다.

잎은 길둥근 모양이며, 잎줄기가 길고 세로로 5~7줄의 잎맥이 뚜렷하게 보인다. 6~8월에 뿌리잎 사이에서 나온 10~50cm의 꽃줄기 끝에 작은 흰꽃이 이삭을 이루어 모여피며, 꽃잎은 깔때기 모양으로 끝이 4개로 갈라진다.

어린잎은 나물로 먹고, 씨는 '차전자'라 하여 이뇨제로 쓰인다.

▲ 질경이의 잎과 꽃

동자꽃 *Lychnis*

석죽과에 딸린 여러해살이풀로 깊은 산 숲 속이나 높은 산 초원에서 자란다. 키는 40cm~1m 가량이고, 줄기는 몇 개씩 모여나며 마디가 뚜렷하다. 잎은 어긋나며, 긴 타원형으로 끝이 뾰족하고 가장자리에는 톱니가 없다.

6~8월에 줄기와 가지 끝에서 주황색 꽃이 한 송이씩 핀다. 열매는 익으면 저절로 벌어져 씨가 땅에 떨어지며, 제비 꼬리 모양의 빨간꽃이 피는 것을 제비동자꽃이라고 한다.

● **전설** 오랜 옛날 강원도 설악산의 조그마한 암자에 스님과 동자가 살고 있었다. 부모를 여의고 오갈 데 없던 동자를 스님이 이 암자로 데려온 것이다. 어느 해 동짓달 스님은 겨울 준비를 하기 위해 산 아래 마을로 내려갔다가 갑자기 함박눈이 쏟아져 암자로 다시 돌아갈 수가 없게 되었다. 동자는 배고픔과 추위를 견디지 못해 툇마루에 앉은 채 숨을 거두고 말았다.

스님은 매우 슬퍼하며 동자를 양지바른 곳에 묻어 주었다. 그 해 여름 동자의 무덤에는 동자의 얼굴처럼 동그랗고 빨간꽃 한 송이가 피어났다. 사람들은 이 꽃을 동자꽃이라고 불렀다.

▲ 동자꽃과 등에

▼ 제비동자꽃

▲ 설악산의 깊은 산 속에 피어 있는 동자꽃

패랭이꽃 *Rainbow Pink*

석죽과에 딸린 여러해살이풀로 낮은 지대의 건조한 곳이나 냇가 모래땅에서 자란다.

키는 30~60cm이며, 줄기는 여러 대가 같이 나와 곧게 자란다. 잎은 마주나고 버들잎 모양으로 가늘고 길다. 6~8월에 줄기의 윗부분에서 몇 개의 꽃가지가 갈라지고 가지 끝에서 빨강·분홍·자주·흰빛 등의 다섯잎꽃이 한 송이씩 핀다.

열매는 4개로 갈라지고 꽃받침으로 둘러싸이며 익으면 저절로 벌어져서 땅에 씨를 흩뿌린다. 식물 전체는 늑막염·인후염 등의 약재로 쓰인다. 꽃잎이 실과 같이 많이 갈라지고 분홍빛 꽃이 피는 것을 '술패랭이꽃'이라고 한다.

패랭이꽃은 원래 들꽃이었으나 요즈음에는 온실에서 재배하여 꽃밭에 심거나 화분에 가꾸기도 한다.

꽃말은 '순결한 사랑'이다.

▲ 자줏빛의 패랭이꽃

▲ 분홍빛의 패랭이꽃

● **전설** 고대 그리스 시대에 리크네스라는 청년이 살고 있었다. 그는 일찍이 부모를 여의고 살 길이 막연하여 로마로 돈벌이를 하러 갔다.

당시 로마에서는 훌륭한 시인에게 월계수로 만든 면류관을 주었는데, 면류관을 만드는 일은 여인들이 맡아 하였다.

리크네스가 이 기술을 배워 인기가 높아지자 면류관을 만들려는 사람들이 모두 그에게 몰려들었다. 이를 시기한 여인 니크트라는 젊은 화가를 시켜 그를 죽여 버렸다.

로마 사람들은 그의 죽음을 슬퍼하여 신에게 기도를 하였더니 아폴로는 리크네스를 빨간 패랭이꽃으로 태어나게 해 주었다. 그 후부터는 새로운 면류관을 쓰는 것보다 리크네스가 오래전에 만들었던 면류관을 쓰는 것을 더 영광으로 여겼다고 한다.

우리 나라에서는 옛날에 서민들이 쓰던 모자인 댓개비로 만든 패랭이를 거꾸로 놓은 것 같다 하여 패랭이꽃이라고 불렀다.

▲ 흰빛의 패랭이꽃

▲ 술패랭이꽃

별꽃 *Stellaria*

◀ 숲별꽃

▲ 별 모양의 별꽃

석죽과의 여러해살이풀로 높이는 10~20cm 가량이고, 잎은 마주나며 끝이 뾰족한 타원형이다.

5~6월에 줄기와 가지 끝에 작고 흰 별 모양의 다섯 잎꽃이 한 송이씩 핀다. 꽃잎은 끝이 두 개로 갈라지는데 갈라지지 않는 것도 있다.

산지의 숲 속에서 자라며, 꽃밥이 빨간색인 것을 '숲별꽃'이라고 한다. 개별꽃이라고 알려져 있는 숲별꽃은 기를 보충하고 위장을 튼튼하게 하는 약으로 쓰이는데 꽃밥이 노란 것 등 여러 가지가 있다.

마타리 *Patrinia*

▼ 혈액 순환의 약재로 쓰이는 마타리

마타리과에 딸린 여러해살이풀로 들의 양지바른 곳에서 절로 자라며, 키는 60cm~1.5m 가량으로 뿌리줄기는 옆으로 뻗으면서 수염뿌리를 내리고 그 곳에서 새싹이 나오며, 줄기는 곧게 자란다.

잎은 마주나는데 긴 타원 모양으로 깊은 톱니가 있어 깃 모양으로 보인다.

7~8월에 노란 잔꽃이 가지 끝에 다닥다닥 모여 피고, 털이 없는 길둥근 열매가 열린다.

연한 순은 나물로 먹으며 풀포기 전체는 소염 또는 혈액 순환을 촉진하는 약재로 쓰인다.

궁궁이 *Angelica*

산형과의 여러해살이풀로 산골짜기의 습기가 있는 곳에서 저절로 자라며, 키는 90cm~1.5m 가량입니다. 줄기는 곧게 자라며 많은 가지를 친다.

잎은 여러 개로 갈라진 깃꼴 겹잎인데 작은잎은 길쭉한 타원형이거나 작은 칼 모양으로 가장자리에 톱니가 있다.

8~9월에 가지 끝에서 하얀 잔꽃이 몇 개의 우산 모양으로 다닥다닥 모여피며, 한 가지에는 20~40개의 꽃이 달린다.

뿌리는 중요한 한약재로 쓰이며, 이상한 향내가 나는데 뱀이 그 냄새를 싫어한다 하여 장독대에 두기도 한다. 어린순은 나물로 먹는다.

▲ 지리산에 피어 있는 궁궁이꽃

현호색 *Corydalis Turtschaninovii*

현호색과의 여러해살이풀로 산지의 습기가 있는 곳에서 자라며, 키는 20~60cm 가량이다.

잎은 어긋나며, 손바닥 모양으로 깊게 갈라진 겹잎이다.

4월에 줄기 끝에서 보랏빛이나 자줏빛 또는 파란색 꽃이 5~10송이씩 달리며, 아래에서 위로 피어 올라간다.

열매는 긴 타원형으로 익으면 저절로 벌어져 씨가 땅에 떨어진다. 덩이줄기는 아기를 낳은 어머니의 배 아픈 데 또는 월경 불순에 먹는 한약재로 쓰인다.

▲ 파란색의 현호색꽃
◀ 자줏빛 꽃으로 날아드는 털보줄벌

201

금낭화 *Bleeding Heart*

현호색과에 딸린 여러해살이풀로 집 근처 야산이나 계곡에서 절로 자라지만 꽃이 아름다워 공원의 뜰이나 집의 꽃밭에 가꾸기도 한다.

키는 40~60cm 가량으로 곧게 서지만 줄기가 연약하여 옆으로 휘어지면서 많은 가지를 친다. 잎은 어긋나고 흰빛이 도는 녹색이며, 3~5개로 깊게 갈라진 깃 모양이다.

5~6월에 여러 송이의 아름다운 분홍색 꽃이 가지 끝에 한쪽으로 치우쳐 아래에서 위로 피어 올라간다. 꽃은 심장 모양을 이루고, 꽃잎 끝은 양쪽으로 꼬부라져 밖으로 젖혀진다. 원예 품종으로는 흰색 꽃도 있다.

일본에서는 식물 전체를 탈항증 치료제로 사용한다.

꽃말은 '행운·복주머니'이다.

▲ 아침 이슬이 맺힌 금낭화

▶ 금낭화의 꽃

▲ 빨간 주머니 모양의 금낭화

산괴불주머니 *Corydalis Speciosa*

현호색과의 여러해살이풀로 줄기는 속이 비어 있고, 키는 50cm 가량이다.

잎은 어긋나며, 여러 번 갈라진 깃 모양이다. 4~6월에 줄기와 가지 끝에서 노란 꽃이 이삭 모양을 이루며 아래에서 위로 피어 올라간다. 꽃잎은 한쪽이 입술 모양으로 벌어진다.

열매는 구슬을 엮어 놓은 듯한 꼬투리 모양이며, 씨는 검은색으로 독이 있는 식물인데 통증을 멎게 하는 약으로 쓰인다.

▲ 산괴불주머니의 꽃과 잎·열매

치자나무 *Cape Jasmine*

꼭두서니과의 늘푸른떨기나무로 키는 2~3m이다. 잎은 마주나며, 끝이 뾰족한 긴 타원 모양이다. 6~7월에 향기 있는 크고 흰 꽃이 가지 끝에 하나씩 핀다.

열매는 9월에 꽃받침에 싸인 채 주황색으로 익어 간다. 열매는 치자라 하며 노랑 물감과 이뇨제로 쓰이고, 물·식초·밀가루와 반죽하여 뼈가 삔 데 바르면 특효가 있다.

▼ 치자나무의 꽃

● **전설** 옛날에 한 소녀가 천사를 만났는데 그 천사는 꽃씨 하나를 주고 하늘로 날아가 버렸다. 소녀는 그 꽃씨를 뜰에 심었더니 나무로 자라 흰꽃을 피우고 주황색 열매를 맺었다. 어느 날 천사가 다시 나타났다.

"내가 준 꽃씨를 참으로 잘 키웠군요. 이제 당신이 바라던 씩씩한 청년을 만나게 될 거예요."

"아, 그분이 어디에 계시지요?"

"바로 당신 앞에 있어요."

이 말이 끝나자마자 천사는 잘생긴 청년으로 변해 있었다. 천사가 소녀에게 준 꽃씨가 바로 치자나무의 씨였다고 한다.

▲ 치자나무의 열매

달개비 *Commelina*

닭의장풀과에 딸린 한해살이풀로 들이나 길가에서 흔히 볼 수 있으며, 키는 15~50cm 가량이다.

줄기는 마디가 있고 옆으로 비스듬히 자라며 아래쪽 마디에서 뿌리가 내린다. 잎은 어긋나고 넓은 칼 모양이며, 잎깍지로 줄기를 싸고 있으며 평형맥을 가지고 있다.

7~8월에 잎이 변하여 된 삿갓 모양의 포 안에서 보랏빛이나 청보랏빛 꽃이 한 송이씩 핀다. 열매는 달걀 모양인데 마르면 3개로 갈라져 씨가 땅에 떨어진다.

식물 전체는 종기 등의 한약재로 쓰이며, 어린잎과 줄기는 나물로 먹고 꽃은 염색용으로 쓰인다.

본디 이름은 닭의장풀이지만 달개비라는 이름으로 더욱 많이 알려져 있다.

꽃말은 '소야곡 · 순간의 즐거움'이다.

▲ 달개비꽃으로 날아드는 등에

▶ **붉은보랏빛의 달개비꽃**

▲ 들에 피어 있는 청보랏빛 달개비

자주달개비 *Tradescantia*

　닭의장풀과에 딸린 여러해살이풀로 키는 50cm 가량이며, 많은 줄기가 한데 모여난다. 잎은 어긋나며, 긴 칼 모양으로 활처럼 휘어지고 아래쪽은 줄기를 감싸고 있다. 5~7월에 가지 끝에서 보랏빛 세잎꽃이 모여피는데 아침에 피었다가 오후에 시든다.

　이름이 자주달개비인데 꽃색깔이 보랏빛인 것은 일본말을 그대로 번역하여 잘못된 것이다. 일본말에서는 보랏빛과 자줏빛을 구별하지 못하고 한 가지로 표현하기 때문이다. 자주달개비 이외에도 보랏빛 꽃을 자줏빛 꽃이라고 쓴 책이 많은데 이는 꽃을 보고 구별해야 한다.

　자주달개비는 북아메리카가 원산지로 흔히 식물 세포 실험 재료로 쓰이며, 특히 절의 뜰에서 많이 가꾸는 꽃이다.

▼ 경기도에 있는 절 보광사의 뜰에 핀 자주달개비

▲ 보랏빛의 자주달개비꽃

205

산수유 *Cornelian Cherry*

▼ 산수유를 찾아온 꿀벌

층층나무과의 갈잎큰키나무로 키는 2.5~3m 가량이다. 잎은 마주나며, 끝이 뾰족한 타원 모양이다.

3~4월에 20~30개의 노란꽃이 모여 우산 모양의 꽃차례로 잎보다 먼저 피는데, 가장 먼저 봄을 알리는 꽃 중의 하나이다. 열매는 1.5cm 가량이며 가을에 빨갛게 익어 간다.

열매 또는 씨를 말린 것을 '산수유'라 하며 몸의 건강을 위한 보약이나 신경쇠약 등의 한약재로 쓰인다.

▼ 산수유의 열매
▼ 고궁의 뜰에 핀 산수유

부처꽃 *Lythrum*

▼ 부처꽃과 박각시

부처꽃과의 여러해살이풀로 밭둑이나 습기가 많은 곳에서 자란다. 줄기는 많은 가지를 치며 키는 80cm~1m 가량이다.

잎은 마주나는데 잎자루가 거의 없고 버들잎처럼 가늘며 가장자리는 밋밋하다.

5~8월에 분홍빛 여섯잎꽃이 줄기 끝에 이삭 모양으로 돌려핀다. 열매는 익으면 저절로 벌어져 씨가 밖으로 나온다.

식물 전체를 말린 것을 '천굴채'라 하여 설사를 멎게 하는 약으로 쓰인다.

배롱나무 *Crape-Myrtle*

부처꽃과에 딸린 갈잎큰키나무로 키는 3~5m 가량이며 중국이 원산지이다. 줄기는 매끄럽고 붉은 갈색이며, 잎은 마주나고 긴 타원 모양으로 표면은 윤기가 난다.

7~9월에 가지 끝에서 많은 분홍빛 꽃이 원뿔 모양의 꽃차례로 한데 모여피며, 품종에 따라 흰색 꽃과 자주색 꽃도 있다.

배롱나무는 '백일홍'이라고도 하는데 꽃이 100일 동안이나 오래 핀다 하여 생긴 이름이며, 국화과의 꽃인 백일홍과 혼동하기 쉽다. 그래서 꽃이 100일 동안 피는 나무라는 뜻의 '목백일홍'이라고 부르기도 한다.

열매는 구슬 모양으로 10월에 익고, 씨로는 기름을 짜며, 나무는 도구를 만드는 데 쓰거나 조각품의 재료로 쓰인다.

▲ 배롱나무 위를 날고 있는 비둘기

▲ 배롱나무의 꽃과 열매

▲ 서울대공원의 배롱나무

이삭여뀌 *Persicaria Filiforma*

마디풀과에 딸린 여러해살이풀로 전체에 털이 있고 키는 1m에 이른다.

잎은 어긋나며 긴 타원 모양으로 잎자루가 짧고 털 모양의 잔톱니가 있다.

7~8월에 줄기와 가지 끝에서 빨간색의 작은 꽃이 이삭 모양의 꽃차례로 아래에서 위로 드문드문 피어 올라간다.

열매는 양쪽이 뾰족한 달걀 모양으로 끝에는 암술대가 남아 있고 꽃받침으로 싸여 있다.

▲ 개울가에 무리지어 나는 여뀌

고마리 *Persicaria Thumbergii*

▼ 고마리의 꽃

마디풀과에 딸린 한해살이풀로서 물가나 습기 찬 곳에서 자라며, 키는 70cm~1m이고, 줄기에는 잔가시가 있다.

잎은 어긋나며 화살촉 모양으로 깊게 갈라져 있다. 그러나 어떤 것은 끝이 뾰족한 타원형이고, 가장자리에 잔가시가 돋은 것도 있다.

8~9월에 가지 끝에서 흰 무늬가 있는 빨간꽃이나 빨간 무늬가 있는 흰꽃이 10~20개씩 모여핀다.

열매는 길이 3mm 정도의 모가 난 달걀 모양이며, 익으면 저절로 벌어지는데 꽃받침으로 싸여 있다. 줄기와 잎은 피를 멎게 하는 약으로 쓰인다.

▲ 고마리꽃을 찾아온 잎벌레

단풍나무 *Maple Tree*

단풍나무과에 딸린 갈잎큰키나무로 키는 5~8m 가량 자란다. 잎은 마주나며, 손바닥 모양이고 5~7개로 깊게 갈라져 있는데 잎끝은 뾰족하다.

암수 딴 그루로 5월에 검붉은 작은 꽃이 줄기 끝에서 모여 피며, 열매는 9~10월에 익어 간다. 열매의 양쪽에는 긴 타원형의 날개가 있어 바람이 불어 땅으로 떨어질 때는 뱅글뱅글 돌면서 아래로 내려온다. 가을에는 잎이 빨갛게 물들어 매우 아름다우므로 뜰이나 공원에 많이 심어 기른다.

단풍나무에는 잎이 항상 붉은색을 띠는 홍단풍과 봄과 여름에는 녹색을 띠는 청단풍이 있다.

▲ 물방울이 맺힌 단풍나무의 열매

▼ 붉게 물든 단풍나무 앞 가지에 앉아 있는 가을 까치

▼ 여름철의 단풍나무와 까치

▲ 빨갛게 물든 단풍잎과 녹색의 단풍잎

족두리풀 *Asarum*

쥐방울덩굴과에 딸린 여러해살이풀로 산지의 나무 그늘에서 자라며, 우리 나라에서만 나는 들꽃이다.

키는 20~30cm 가량이고, 뿌리줄기는 살이 지고 마디가 많다. 잎은 뿌리에서 두세 개가 나와 마주 퍼지며, 잎자루는 매우 길고 잎몸은 심장 모양이다. 잎의 색깔은 녹색으로 뒷면에는 잔털이 있고, 가장자리는 밋밋하다.

4~5월에 짧은 꽃줄기가 나와 검은자줏빛 꽃이 땅에 붙은 듯이 피는데 꽃잎은 3개로 갈라지고 끝부분이 뒤로 말린다.

열매는 살과 즙이 많으며 씨가 20개 가량 들어 있다. 족두리풀은 독이 있는 식물로서 뿌리는 세신이라 하여 매운 맛이 있고, 기침약이나 통증을 멎게 하는 약으로 사용한다. 또한 감기약과 두통약·이뇨제로도 쓰인다.

▲ 산지의 그늘진 곳에서 자라는 족도리풀

쇠비름 *Portulaca*

◀ 쇠비름의 꽃

쇠비름과에 딸린 한해살이풀로 밭이나 길에 흔히 나며, 키는 20~30cm이다. 줄기는 붉은 갈색이고, 가지가 많이 갈라져서 비스듬히 옆으로 퍼진다.

뿌리는 흰색이지만 훑으면 줄기와 같은 갈색이 되므로 어린이들이 가지고 장난을 하기도 한다. 잎은 마주나거나 또는 어긋나며, 길둥근 모양으로 가장자리가 밋밋하다. 6월부터 9월까지 가지 끝에 노란 다섯 잎꽃이 계속 피어난다. 연한 부분은 나물로 먹으며, 서양에서는 상추와 더불어 샐러드를 만들기도 한다.

식물 전체는 벌레나 뱀의 독을 없애는 약이나 이질을 고치는 약으로 쓰인다.

▲ 나물로 먹을 수 있는 쇠비름

미선나무 *Abeliophyllum*

물푸레나무과에 딸린 갈잎떨기나무로서 산 기슭 양지에서 자라며, 키는 1m 가량입니다. 잎은 마주나고 끝이 뾰족한 타원형이다.

3월에 흰빛이나 연분홍빛의 많은 네 잎꽃이 이삭 모양을 이루며 아래에서 위로 피어 올라간다.

달걀 모양의 열매에는 씨가 2개씩 들어 있으며, 우리 나라에서만 나는 들꽃으로 세계에 1속 1종뿐이다.

충북 진천군 용정리와 괴산군의 군자산에서 자란다. 요즈음에는 서울의 창경궁 등에 옮겨 심어 고궁에서도 미선나무의 꽃을 볼 수 있게 되었다.

▲ 흰꽃이 피는 미선나무

대나무 Bamboo Tree

벼과에 딸린 여러해살이 늘푸른큰키나무로 키가 큰 것은 20m까지 자라며, 땅속줄기는 옆으로 뻗어 마디에서 뿌리와 순이 나온다.

줄기는 꼿꼿하고 둥글며 속이 비어 있는데 군데군데 막힌 부분은 마디를 이루고 마디에서 가지가 어긋난다. 잎은 작은 칼 모양이며, 꽃은 수십 년 만에 피는데 두 해 동안만 피고 꽃이 진 다음에는 대개 말라 죽는다. 그러나 수명이 긴 것은 50~60년 가량 사는 것도 있다.

매화·국화·난초와 함께 '사군자'라 하여 깨끗하고 높은 절개를 지키는 문인·화가들이 즐겨 그렸다.

대나무는 집을 지을 때 흙벽 속에 넣어 튼튼하게 하고, 피리·장구채 등의 악기를 만들며, 잘게 켜서 발이나 소쿠리·부채 등을 만들기도 한다. 죽순이라고 부르는 대나무의 어린순은 먹을 수 있다. 대나무의 종류에는 참대(왕대)·오죽·이대·조릿대·솜대 등이 있다.

▲ 대나무의 잎과 죽순
◀ 줄기가 굵고 키가 큰 참대(왕대)

● **전설**　옛날 중국의 삼국 시대에 맹종이라는 사람이 살고 있었다. 효성이 지극한 맹종은 어느 추운 겨울날 몸져누워 있는 어머니가 죽순을 먹고 싶다고 하자 대나무밭에 가서 신령님께 죽순이 돋아나게 해 달라고 빌었다.

그랬더니 흰 눈 속에서 대나무 순 하나가 돋아나 어머니께 가져다 드렸더니 죽순을 먹은 어머니는 씻은 듯이 병이 나았다고 한다.

오죽 Black Bamboo

벼과에 딸린 대나무의 한 가지로 키는 3~20m이다.

줄기가 첫해에는 녹색이지만 다음해부터는 검은색으로 변한다. 잎은 작은 칼 모양이고, 가지 끝에 1~5개씩 달린다. 수명은 약 60년이다.

● **전설**　오죽헌이란 오죽이 있는 집이라는 뜻으로, 신 사임당이 살았던 강원도 강릉시 죽헌동에 있는 집을 일컫는 말이다.

신 사임당은 조선 시대의 여류 문인·서화가로 글재주가 뛰어났고 산수와 포도의 그림을 잘 그렸으며, 오늘날에도 훌륭한 어머니로 존경을 받는다. 신 사임당의 아들인 조선의 큰학자 율곡 이이가 오죽헌에서 태어났다.

◀ 강릉의 오죽헌에 있는 오죽

억새 *Eulalia*

벼과에 딸린 여러해살이풀로서 굵은 뿌리줄기가 옆으로 뻗으며, 키는 1~2m 가량으로 잎은 어긋나고 긴 칼 모양이며 해마다 묵은 뿌리에서 줄기와 잎이 나온다.

9월경에 이삭이 패어 자줏빛을 띤 누런 많은 잔꽃이 우산 모양을 이루며 한데 모여핀다. 이삭은 길이 20~30cm이며, 작은 이삭은 대가 있는 것과 없는 것이 한 마디에 한 쌍씩 달린다.

산과 들에 절로 자라는데, 사료나 종이의 원료·꽃꽂이용으로 사용되며 뿌리는 이뇨제로 쓰인다. 잎이 얼룩진 것을 얼룩억새, 잎의 너비가 5mm 정도인 것을 가는잎억새라고 한다. 꽃말은 '친절'이다.

● **전설** 아주 오랜 옛날에 토끼 한 마리가 섬에 가 보고 싶은 호기심이 났다. 토끼는 악어에게 섬까지 징검다리를 놓아 주면 많은 보물을 주겠다고 했다. 수많은 악어들이 줄을 지어 다리를 놓아 주었더니 토끼는 섬에서 한참을 놀다가 악어들이 놓아 준 다리를 밟고 다시 뭍으로 돌아왔다. 토끼는 뭍으로 깡충 뛰어내리면서 악어들에게 말했다.

▲ 노을빛으로 물든 억새
◀ 햇빛을 받아 반짝이는 억새

"이 어리석은 악어야, 보물은 무슨 보물이야! 너희들은 나에게 속은 거야."

그러자 재빠른 악어 한 마리가 토끼를 잡아 껍질을 홀랑 벗겨 버렸다. 토끼는 몸이 쓰려려 견딜 수가 없었다. 이를 불쌍히 여긴 동물의 신은 토끼에게 억새밭에서 구르면 좋은 옷이 생길 것이라고 말해 주었다. 그의 말대로 한 토끼는 이 때부터 부드럽고 고운 털옷을 갖게 되었다고 한다.

물억새 *Miscanthus*

벼과에 딸린 여러해살이풀로 물가와 습기가 많은 곳에서 자라며, 키는 1~2.5m 가량이고 뿌리줄기가 옆으로 뻗으면서 줄기가 모여난다.

잎은 칼 모양이고, 윗부분의 가장자리에는 톱니가 있으며 뒷면에는 털이 나 있다. 9월에 가지 끝에서 흰빛의 털이 있는 꽃이 이삭을 이루어 한데 모여핀다.

▶ 물가에서 자라는 물억새

강아지풀 *Foxtail*

벼과에 딸린 한해살이풀로서 들이나 길가에서 흔히 자라며 키는 20~70cm 가량이고, 줄기에는 마디가 있다. 줄기 끝의 이삭 모양이 강아지 꼬리 같다 하여 강아지풀이라는 이름이 붙여졌다.

영어명의 뜻은 여우 꼬리(Foxtail)이다.

잎은 칼 모양으로 길고 차츰 가늘어져서 끝이 뾰족하며, 세로로 된 나란히맥을 가지고 있다.

7월에 줄기 끝에서 원기둥 모양의 이삭이 나와 연한 녹색 또는 자줏빛 꽃이 한데 모여피는데, 꽃의 길이는 2mm 가량이며 꽃잎 밑에는 가시 같은 털이 나 있다.

강아지풀은 소가 잘 먹는 식물이며, 이삭의 꽃이 진 다음에 열매가 맺히면 새들의 좋은 먹이가 된다. 뿌리는 말려서 기생충 약으로 사용한다.

생김새가 강아지풀과 비슷하지만 이삭의 빛깔이 황금색을 띤 것을 금강아지풀이라고 한다.

▲ 강아지풀과 노린재

▲ 강아지풀

▲ 황금빛의 금강아지풀

바랭이 *Digitaria*

양지바른 들이나 밭에서 절로 자라는 벼과의 한해살이풀로 들이나 밭에서 자라는 농작물을 해치는 잡초이다.

키는 40~70cm 가량이며, 밑부분이 땅 위를 기면서 뿌리를 내리고 그 자리에서 줄기가 돋아나 빠르게 자라난다.

잎은 긴 칼 모양이고, 길이 8~20cm, 너비 5~12cm이며 세로로 된 나란히맥을 가지고 있다.

7~8월에 3~8개의 꽃이삭이 달리고 비스듬히 퍼지는데 작은 이삭은 연한 녹색 바탕에 자줏빛이 돌며, 끝이 뾰족하다.

바랭이는 가축의 먹이나 풋거름으로 쓰인다.

▲ 들이나 밭에서 자라는 바랭이

수크령 *Pennisetum*

벼과에 딸린 여러해살이풀로 들이나 둑의 양지바른 곳에서 저절로 자란다. 키는 30~80cm이고 뿌리줄기에서 억센 뿌리가 사방으로 퍼지며, 줄기는 한데 모여난다.

잎은 편평하고 빳빳하며, 긴 칼 모양으로 털이 조금 있다.

9월에 잎 사이에서 긴 원기둥 모양의 꽃이삭이 나와 검은 자줏빛 꽃이 핀다.

꽃에는 가시 같은 털이 나 있으며, 색이 연한 것을 청수크령, 검붉은 색인 것을 붉은수크령이라고 한다.

▲ 수크령과 코스모스

소나무 *Pine Tree*

소나무과에 딸린 늘푸른큰키나무로서 키는 20~30m까지 자라며 나무껍질은 검붉은 비늘 모양이다.

바늘처럼 가늘고 긴 잎은 한 눈에서 두 잎씩 모여나고 조금 비틀린다. 5월에 꽃이 피는데 수꽃이삭은 새 가지 밑부분에 달리며 누른빛이고, 암꽃이삭은 새 가지 끝부분에 달린다.

방울 모양의 갈색 열매는 다음해 9월에 익어 간다. 씨는 타원 모양이며 씨에는 날개가 붙어 있다.

▲ 소나무의 잎과 솔방울

● **전설** 속리산의 법주사로 가는 길에 8백 년 이상이나 된 소나무 한 그루가 서 있는데, 조선 시대에 제7대 임금인 세조가 이 앞을 지나게 되었다.

그런데 소나무의 가지가 늘어져 있어 임금의 가마가 지나갈 수가 없었는데 갑자기 가지가 스스로 위쪽으로 올라가 주위 사람들을 놀라게 했다. 왕은 이 소나무를 기특하게 여기어 정2품의 벼슬을 내렸다. 그 다음부터 이 소나무를 정이품송이라고 불렀다.

▼ 경복궁 뜰에 있는 소나무

▲ 바닷가 바위틈에 난 소나무

백송 *Laceback Pine*

소나무과에 딸린 늘푸른큰키나무로 높이는 15m에 이른다.

나무껍질은 잿빛이 도는 흰색이고, 껍질 조각은 오래 되면 저절로 떨어진다.

바늘 모양의 잎은 3개씩 모여나고, 5월에 수꽃과 암꽃이 핀다.

방울 모양의 열매는 10월에 익으며, 씨에는 길이 3mm 가량의 날개가 달려 있다.

▲ 백송과 까치

낙엽송 *Larix*

소나무과에 딸린 갈잎큰키나무로 키는 20m에 이른다. 큰 나무의 지름은 1m 가량이며, 잎은 바늘 모양이고, 20~30개씩 나며 부드럽다.

5월에 수꽃과 암꽃이 한 나무에 피는데, 수꽃은 길둥근 모양이고, 암꽃 이삭은 넓은 타원형이다.

방울 모양의 열매는 미색으로 9~10월에 익어 간다.

나무는 기름기가 많고 물에 잘 견디므로 건축재·침목·말뚝·전봇대·펄프·선박 등을 만드는 재료로 쓰인다.

▲ 낙엽송과 백로

전나무 *Needle Fir*

소나무과에 딸린 늘푸른큰키나무로 높이는 30~40m 가량으로 잎은 바늘 모양으로 가늘고 끝이 뾰족한데 길이 4cm, 너비 2cm 가량이다.

4월에 황록색의 꽃이 피며, 10월에 솔방울과 비슷하게 생긴 끝이 동그란 원통 모양의 열매를 맺는다. 집을 꾸미기 위해 뜰에 심기도 한다.

나무는 건축용·가구용 또는 종이를 만드는 재료로 쓰이기도 한다.

▲ 전나무

구상나무 *Korean Fir*

소나무과에 딸린 늘푸른큰키나무로 높이는 25m에 이르며, 겨울눈은 달걀 모양으로 갈색이며 털이 없다. 잎은 바늘 모양이고 끝이 조금 오목하며 뒷면은 흰빛이다.

꽃은 6월에 피는데 수꽃은 10mm, 암꽃은 18mm 가량으로 짙은 자줏빛이다. 긴 솔방울과 같은 열매의 빛깔에 따라 푸른구상나무·검은구상나무·붉은구상나무 등으로 구분한다.

▼ 백두산에서 자라는 검은구상나무

주목 Yew

주목과에 딸린 늘푸른큰키나무로 높이는 17m에 이르고, 줄기는 곧게 자라며 나무껍질은 붉은 갈색이다.

잎은 어긋나며, 바늘 모양으로 윗면은 짙은 녹색인데 뒷면에는 2개의 연한 노란색 줄이 있고, 잎이 2~3년 만에 떨어진다.

암수 딴 그루로 3~4월에 꽃이 피는데 가지 끝 잎의 아귀에서 자잘한 수꽃이 피고, 암꽃은 잎의 아귀에서 홀로 핀다. 수꽃은 6개의 비늘 조각으로 싸여 있고, 암꽃은 10개의 비늘 조각으로 싸여 있다.

열매는 8~9월에 빨갛게 익어 간다. 나무는 공원이나 회사 또는 가정의 뜰에 많이 심으며, 건축용·조각용·기구를 만드는 재료로 쓰인다.

▲ 주목의 잎과 열매

▲ 눈꽃이 핀 덕유산의 주목

▲ 뜰에 많이 가꾸는 주목

참나무 *Oak Tree*

참나무라고 하면 잎이나 열매의 모양이 비슷한 참나무과의 갈참나무·굴참나무·물참나무·졸참나무·상수리나무를 통틀어 일컫는 말이다.

갈참나무는 갈잎큰키나무로 높이는 30m까지 자란다. 잎은 어긋나며, 긴 타원 모양으로 가장자리에는 물결 모양의 톱니가 있다.

5월에 노란 수꽃이 늘어져 피고, 열매인 도토리는 녹색이었다가 10월에 갈색으로 익어 간다. 나무는 건축용이나 기구의 재료로 쓰이며, 숯을 만들기도 한다. 도토리로는 묵을 만들어 먹는다.

굴참나무는 나무 껍질이 두꺼워 코르크를 만들거나 굴피집의 지붕을 이을 때 기와 대신으로 쓰이며, 물감의 원료로 사용하기도 한다.

상수리나무는 열매를 상수리라고 하는데, 도토리보다 조금 납작하며, 나무가 단단하여 기구용으로 쓰이거나 마차의 바퀴를 만드는 데 쓰인다.

▲ 창덕궁의 뜰에서 자라고 있는 갈참나무

▲ 참나무의 꽃

▲ 참나무의 열매인 도토리

▲ 굴참나무 껍질로 이은 굴피집의 지붕

갯버들 *Salix*

버드나무과에 딸린 갈잎떨기나무로 개울가에 많이 나므로 갯버들이라고 한다.

높이는 1~2m 가량이고, 뿌리 근처에서 많은 가지가 나오며 누런 갈색인데 어린가지는 연두색입니다. 잎은 긴 타원 모양으로 끝이 뾰족하고 가장자리에는 톱니가 있다.

꽃은 3월에 잎보다 먼저 지난해 가지의 잎이 붙어 있는 자리에서 핀다.

열매는 긴 타원 모양으로 익으면 둘로 갈라지고, 씨에는 흰 솜털이 나 있으며, 바람에 날려 멀리까지 날아간다.

비 피해를 막기 위해 강가나 시냇가에 나무숲을 만드는 나무로 좋으며, 가지와 잎은 풋새거름으로 사용하고, 열매는 먹을 수 있다.

▲ 갯버들의 꽃

▼ 개울가에서 숲을 이루고 있는 갯버들

미류나무 *Poplar*

버드나무과에 딸린 갈잎큰키나무로서 시냇가나 습기가 많은 곳에서 자라며, 포플러라고도 한다.

높이는 30m에 이르고, 잎은 거의 세모진 타원형으로 위쪽은 녹색이고 뒷면은 흰 빛을 띈다. 잎의 길이와 너비가 7~12cm로 거의 비슷하며, 가장자리에는 둔한 톱니가 있다.

꽃은 3~4월에 잎보다 먼저 피고, 열매는 5월에 익어 간다. 씨에는 솜털이 있어 바람을 타고 멀리 날아간다.

미류나무는 북아메리카 원산으로 미국의 버드나무라는 뜻이며, 나무는 젓가락·성냥개비 등을 만드는 데 쓰인다.

▲ 유난히 키가 큰 미류나무

버드나무 *Willow Tree*

버드나무과에 딸린 갈잎큰키나무로서 들이나 개울가에서 자란다. 높이는 20m에 이르며 암수 딴 그루이다.

잎은 짧은 칼 모양이고, 가장자리에는 톱니가 있다. 가늘고 긴 가지는 아래로 축 늘어진다. 가로수로 많이 심으며 세공품의 재료로 사용한다.

수양버들은 냇가나 길가 또는 뜰에 심는데, 연노랑의 꽃이 잎보다 먼저 피고, 가지가 길게 땅에까지 늘어져 보기가 좋다.

▼ 가지가 아래로 늘어지는 수양버들

◀ 수양버들의 꽃

플라타너스 *Platanus*

◀ 플라타너스의 잎

버즘나무과에 딸린 갈잎큰키나무로 잎은 어긋나고 3~5조각으로 얕게 갈라지며, 나무껍질은 큰 조각으로 터서 떨어진다.

암수 한 그루이며, 5월에 연한 녹색의 암꽃과 빨간 수꽃이 핀다.

10월에 지름 3cm 가량 되는 단단한 공 모양의 열매가 3~4개의 긴 꼭지에 모여 달린다.

플라타너스는 키가 잘 자라고 공해에 강하기 때문에 세계의 여러 나라에서 가로수로 널리 심는다.

▲ 잎이 무성한 플라타너스

사철나무 *Spindle Tree*

노박덩굴과에 딸린 늘푸른떨기나무로 키는 3m에 이르며, 작은 가지는 녹색이고 털이 없다. 잎은 마주나며, 좁은 타원형으로 윗면은 짙은 녹색이고 윤기가 있다. 뒷면은 황록색이고 털이 없으며 가장자리에는 둔한 톱니가 있다.

6~7월에 연한 황록색의 잔꽃이 잎겨드랑이에 모여피며, 꽃의 지름은 7mm 가량이다. 열매는 구슬 모양으로 둥글고 지름 8~9mm로 10월에 주황색으로 익으며, 4개로 갈라져서 황적색의 껍질에 싸인 씨가 나온다.

씨는 흰색이고 길이 7mm 가량으로 한쪽에 줄이 있습니다. 사철 푸른잎을 볼 수 있으므로 주로 뜰에 심어 가꾼다.

▲ 사철나무
◀ 사철나무의 열매

셋째 가름

백두산에 피는 꽃

만병초 Rhododendrom

진달래과에 딸린 늘푸른떨기나무로 키는 4m에 이르고, 어린가지에는 털이 빽빽이 나지만 곧 없어지며 갈색으로 변한다.

잎은 어긋나는데 가지의 끝에서는 5~7개가 모여나며, 긴 타원 모양으로 길이는 8~20cm, 너비는 2~5cm이다. 가장자리에는 톱니가 없고 조금 옆으로 휘어진다.

7월에 10~20개의 흰꽃이 가지 끝에서 핍니다. 9월에 열매가 익으면 저절로 벌어져 씨를 흩뿌린다.

잎은 '만병엽' 이라 하여 위장약·류머티즘 등의 약재로 쓰인다.

▲ 위를 보호하는 약재로 쓰이는 만병초

하늘매발톱 Korean Fan Columbine

미나리아재비과에 딸린 여러해살이풀로 키는 30cm 가량이며, 뿌리가 땅 속 깊이 들어간다.

대체로 줄기에는 털이 없으나 조금 있는 것도 있다. 잎은 깊게 갈라진 깃꼴 겹잎이며, 뿌리잎은 밑동에서 무더기로 나온다.

뿌리잎은 잎자루가 길고 작은잎은 길이 12~25mm로서 2~3개로 얕게 갈라지며 다시 2~3개로 갈라진다.

7~8월에 보랏빛 꽃이 줄기 끝에 1~3개가 피는데 안쪽의 꽃잎에는 흰색 무늬가 있고 꽃잎은 12~15mm로 끝이 가늘어져 매발톱처럼 안쪽으로 굽어져 있다. 꽃받침잎은 넓은 타원 모양이고 길이는 2~2.5cm 가량이다.

열매는 5개의 씨방이 있으며, 익으면 저절로 갈라져 씨가 밖으로 튀어나온다.

▲ 활짝 핀 매발톱꽃

▲ 매발톱꽃의 꽃봉오리

물망초 *Forget-me-not*

지치과에 딸린 여러해살이풀로 깊은 산 숲 속에서 자라며 키는 20~40cm이고 털이 드물게 나 있다.

뿌리잎은 주걱 모양이며, 줄기잎은 작은 칼 모양이다.

7~8월에 줄기 윗부분에서 꽃가지가 나와 연보랏빛 꽃이 이삭 모양으로 모여핀다. 달걀 모양의 짙은 갈색의 열매는 익으면 세로줄을 따라 저절로 벌어진다.

● **전설** 오랜 옛날 영국에 루돌프라는 청년이 사랑하는 소녀 펠타와 함께 강변에 앉아 시간 가는 줄도 모르고 이야기꽃을 피우고 있었다. 해는 차츰 서산으로 기우는데 햇빛을 받아 반짝 빛나는 꽃을 본 펠타는 "어쩌면 저리도 고울까." 하고 말했다.

루돌프는 펠타에게 그 꽃을 꺾어 주려고 강가로 내려가 꽃을 쥔 순간 발이 미끄러져 강의 거센 물결에 휩쓸리고 말았다.

루돌프는 온 힘을 다해 손에 쥐었던 꽃을 던지면서 "나를 잊지 말아요, 펠타!" 하고 소리를 지르며 물속으로 사라져 버렸다.

그래서 꽃이름이 '물망초(Forget-me-not)'가 되었다.

▲ 사랑의 전설을 간직하고 있는 반디지치

자주꽃방망이 *Campanula*

초롱꽃과에 딸린 여러해살이풀로 백두산의 풀밭에서 자란다.

키는 40cm ~1m이고, 전체에 잔털이 나 있다. 뿌리잎은 잎자루가 길고 끝이 뾰족한 타원 모양이다. 줄기잎은 어긋나고 밑부분의 것은 날개를 가진 잎자루가 있으며, 윗부분의 것은 잎자루가 없고 긴 타원 모양이거나 작은 칼 모양이다.

7~8월에 줄기 끝에 10개쯤의 자줏빛 꽃이 위를 향해 모여피고, 윗부분의 잎겨드랑이에도 달린다.

꽃잎은 길이 2~3cm로서 5개로 깊게 갈라진다. 민간에서 기침약이나 열을 내리는 약으로 쓰인다.

▲ 백두산 천지 앞에 핀 자주꽃방망이

괭이눈 *Chrysosplenium*

범의귀과의 여러해살이풀로서 산 속의 습지에서 자라며 키는 5~20cm이다.

뻗는 가지는 꽃이 진 다음에 자라면서 몇 쌍의 잎이 달리고, 마디에서 뿌리를 내린다. 잎은 마주나며 타원 모양인데 안으로 굽은 톱니가 있다.

4~5월에 지름 2mm 정도의 연노랑색 꽃이 피며 꽃 옆에 달린 잎은 누른빛이 돈다. 열매는 2개로 깊게 갈라지고 끝에 한 개의 세로선이 있어서 마치 햇볕 밑에서 보는 고양이의 눈과 같기 때문에 괭이눈이라고 부른다.

씨는 갈색이고 윤기가 있으며 전체에 잔돌기가 있다.

▲ 산속의 습지에서 자라는 괭이눈

하늘말나리 *Korean Wheel Lily*

백합과의 여러해살이풀로 산지의 초원에서 자라며, 꽃이 하늘을 향하여 피기 때문에 하늘말나리라고 부른다.

키는 70cm~1m이며, 아래쪽의 잎은 크고 긴 타원 모양으로 6~12개씩 1~2층으로 돌려난다. 위쪽에 나는 잎은 작고 칼 모양이다.

7~8월에 가지 끝에서 주황색 바탕에 자줏빛 반점이 있는 여섯 잎꽃이 한 송이씩 핀다.

열매는 길둥근 모양이며 익으면 저절로 3개로 갈라져 씨가 밖으로 나온다.

한방에서 기관지염·백일기침·신경쇠약·폐렴 등의 약재로 쓰인다.

▲ 산지의 초원에서 자라는 하늘말나리

산용담 *Gentiana Algida*

용담과에 딸린 여러해살이풀로 키는 10~25cm 가량으로 잎은 작은 칼 모양이며, 뿌리잎은 몇 개가 모여난다.

8~9월에 잎 사이에서 나온 줄기 끝에 노란빛이 도는 종 모양의 흰색 꽃이 피며, 길이 3.5~4cm로서 청록색 점이 있다. 꽃받침은 잎 모양과 거의 비슷하며, 곧게 서고 꽃부리는 5개로 갈라진다.

열매는 익으면 절로 벌어져 씨가 땅에 떨어진다. 씨는 그물 같은 무늬가 있으며 3~4개의 좁은 날개를 가지고 있다.

▲ 흰빛의 꽃이 피는 산용담

비로용담 *Gentian Janesii*

용담과에 딸린 여러해살이풀로 높은 산의 초원 습지에서 자란다.

키는 5~12cm이고 줄기는 네모지며 흔히 자줏빛이 돌고 밑부분에서 실 같은 가지가 옆으로 뻗으면서 작은잎이 달린다.

뿌리잎은 마주나며 5~10쌍이고 줄기잎은 긴 타원 모양이며 잎자루가 없고 끝이 둔하며 가장자리가 흰빛이다.

7~9월에 종 모양의 보랏빛 꽃이 줄기 끝과 가지 끝에 한 송이씩 핍니다. 흰꽃이 피는 것을 흰비로용담이라고 한다.

▲ 보랏빛 꽃이 피는 비로용담

오랑캐장구채 *Silene*

석죽과의 여러해살이풀로서 키는 10~60cm이고 밑에서부터 가지가 많이 갈라지며 온 몸에 잔털이 흩어져 있다.

잎은 마주나는데 버들잎처럼 가늘고 길며, 털이 없거나 가장자리에 털이 나 있다.

6~7월에 줄기와 가지 끝에 흰색 꽃이 한 송이씩 피고 꽃잎은 끝이 2개로 갈라지며 꽃받침은 통 모양이다. 수술은 10개이며 꽃받침통에서 조금 밖으로 나온다.

열매는 달걀 모양인데 끝이 6개로 갈라지고 길이는 7mm 가량이다. 몸이 붓는 병이나 산모의 젖이 잘 나오게 하는 약으로 쓰인다.

▲ 이슬을 머금고 있는 오랑캐장구채

넷째 가름

과일·곡식·채소

사과나무 *Apple Tree*

장미과에 딸린 갈잎큰키나무로 약간 차고 건조한 곳에서 잘 자란다. 키는 10m에 이르며, 작은가지는 처음에는 털이 있고 자줏빛이 돈다.

잎은 어긋나며, 끝이 뾰족한 타원 모양이고 가장자리에는 얕고 둔한 톱니가 있다. 어린잎은 잔털로 덮여 있지만 곧 없어지며 윗면은 짙은 녹색인데 뒷면에는 털이 있다. 잎자루는 길이 2~3cm이며 턱잎은 일찍 떨어진다.

4~5월에 가지 끝 잎겨드랑이에서 다섯 잎 흰꽃이 잎과 함께 우산 모양의 꽃차례로 한데 모여피는데 발그레한 꽃봉오리가 활짝 피면 눈송이처럼 하얗게 가지 위에 흩어진다.

꽃이 지고 나면 그 자리에서 열매인 사과가 열리고 8~9월에 익어 가는데 지름 3~10cm로 양끝이 오목하다. 사과는 우리 몸에 좋은 비타민 C가 많이 들어 있고, 빛깔도 붉은색·노란색·연두색 등 여러 가지가 있다. 꽃말은 '유혹'이다.

▼ 사과나무의 꽃

▲ 붉은색으로 익어 가는 사과

● **전설** 사과가 처음으로 우리 나라에 들어온 것은 1900년경이므로 지금으로부터 약 100년이 되었다. 그래서 사과에 얽힌 이야기도 여러 가지가 있다.

 옛날 중국에 문임랑이라는 사람이 강을 따라 흘러내려오는 아름다운 과일 하나를 가져다 뒤뜰에 심었더니 나중에 열매가 맺혔는데 이 열매가 사과였다는 것이다.

 유럽에 전해 내려오는 이야기에서는 아담과 이브가 뱀에게 속아서 지혜의 열매라는 선악과를 따 먹고 에덴 동산에서 쫓겨났는데 그 열매가 바로 사과였다고 한다.

 영국의 과학자 뉴턴은 사과가 나무에서 떨어지는 것을 보고 만유인력의 법칙을 발견하였다고 한다.

 요즘 우리가 먹는 개량종 사과는 사과라 하고 재래종 사과는 능금이라 하여 구분한다.

▲ 능금의 어린열매

◀ 연두색의 인도사과

▲ 사과나무를 심어 기르는 과수원

배나무 *Pear Tree*

장미과에 딸린 갈잎큰키나무로 키가 10m에 이르지만 과수원에서 기르는 배나무는 2~3m 가량이다. 이것은 배를 따기 쉽게 가지치기를 하여 가꾸기 때문이다.

잎은 끝이 뾰족한 타원 모양이며, 가장자리에는 톱니가 있고 4~5월에 흰빛의 다섯 잎꽃이 잎겨드랑이에 3~7송이씩 한데 모여핀다.

열매인 배는 익으면 갈색 껍질에 작은 점이 생기며, 단맛이 있고 수분이 많다. 여름에 배가 어느 정도 자라면 다 익을 때까지 깨끗하게 보존하기 위하여 신문지나 봉지로 싸 준다.

우리 나라에서 나는 과일이 모두 그렇지만 배 역시 전라 남도 나주에서 나는 배는 세계에서 제일 맛이 좋기로 유명하다.

▲ 배나무의 꽃

▲ 배가 주렁주렁 열린 배나무

딸기 *Strawberry*

　장미과에 딸린 여러해살이풀로 열매를 먹기 위하여 밭에서 재배하는 과일이다. 잎은 뿌리에서 모여나는데 3개의 잎으로 이루어진 겹잎이며, 작은잎은 타원 모양으로 가장자리에 톱니가 있다.

　5~6월에 잎 사이에서 나온 줄기와 가지 끝에 매화 비슷한 하얀 꽃이 피며, 꽃받침잎은 5~6개이며 작은 칼 모양으로 끝이 뾰족하다.

　우리가 먹는 딸기는 꽃턱이 발달한 것으로 수분이 많고 맛이 좋으며 겉에는 많은 씨가 박혀 있다. 딸기는 날로 먹거나 주스와 잼을 만들어 먹기도 하고 딸기술을 담그기도 한다.

▲ 딸기 모종을 심고 있는 아낙네들

▲ 딸기꽃에 날아온 작은주홍부전나비

◀ 딸기와 딸기꽃

복숭아나무 *Peach Tree*

장미과에 딸린 갈잎큰키나무로 복사나무라고도 부르며, 꽃은 흔히 복사꽃이라고 부른다. 키는 6m에 달하고, 겨울눈에는 털이 있다.

잎은 어긋나며, 끝이 뾰족한 타원 모양이며 가장자리에 둔한 잔톱니가 있다. 잎자루는 길이 1~1.5cm로 꿀샘이 있으며 처음에는 털이 있다. 4~5월에 잎겨드랑이에서 지름 3cm의 연분홍빛 다섯 잎꽃이 잎보다 먼저 핀다.

열매인 복숭아는 둥근 모양이며 털이 많고, 8~9월에 분홍빛으로 익어 간다. 씨는 딱딱하고 끝이 뾰족한 달걀 모양이며 속살로부터 잘 떨어지지 않는다.

연노랑색을 띤 흰빛의 복숭아를 백도라고 하며, 흰꽃이 핀다. 복숭아의 맛은 시고 달며 씨는 한약재로 쓰인다.

▼ 복숭아나무의 꽃

▲ 마이산 기슭의 복숭아 과수원

● **전설** 중국의 신화에 나오는 서왕모는 죽지 않는 약을 가진 선녀이다. 중국 한나라 무제 때의 일이다. 어느 날 선녀 서왕모가 궁중으로 날아와 왕에게 복숭아 일곱 개를 바쳤다. 무제가 이 복숭아 중 두 개를 먹고 그 씨를 남겼더니, 서왕모가 말했다.

"이 복숭아는 3천 년에 한 번 꽃이 피어 열매가 맺으며, 이 세상의 여느 복숭아와도 다른 것입니다."

이 말을 들은 동방삭은 몰래 그 복숭아 세 개를 훔쳐 먹고 3천 년 동안이나 오래 살았다고 한다. 그래서 오래 살고 싶어하면 '삼천 갑자 동방삭이처럼'이라는 말이 생겨났다.

복숭아는 예부터 신선이 먹는 과일로 여기며, 중국의 그림에서는 서왕모를 그릴 때 반드시 시동이 복숭아를 받들고 있는 모습을 그린다.

시동이란 귀한 사람에게 시중을 드는 아이를 일컫는 말이다.

▼ 녹색의 어린 복숭아

▲ 경기도 용인의 민속촌에 있는 복숭아나무

앵두나무 Nanking Cherry

장미과의 갈잎떨기나무로 키는 3m에 이르고 어린가지에는 잔털이 많이 난다. 잎은 어긋나며, 끝이 뾰족한 타원 모양이고 가장자리에는 톱니가 있다.

꽃은 4월에 잎이 나오기 전에 흰색 또는 연분홍빛 꽃이 잎의 아귀에서 1~2개씩 달린다. 작은 구슬 모양의 빨간 열매는 6월에 익으며 단맛이 난다.

▲ 빨갛게 익어 가는 앵두

자두나무 Plum Tree

장미과의 갈잎큰키나무로 오얏나무라고도 한다. 키는 5m에 이르고, 잎은 어긋나며 긴 타원 모양으로 둔한 톱니가 있다.

4월에 잎보다 먼저 흰꽃이 피며, 열매인 자두는 8월에 노란색 또는 붉은 자주색으로 익어 간다.

자두의 품종에는 동양자두·유럽자두·미국자두가 있는데 우리 나라에서 가꾸고 있는 자두는 중국이 원산지인 동양자두이다.

▲ 신맛이 나는 자두

살구나무 *Apricot Tree*

장미과에 딸린 갈잎큰키나무로 키는 5~7m 가량이며 잎은 어긋나고 끝이 뾰족한 타원 모양이고 가장자리에는 잔톱니가 있습니다. 4월에 연분홍빛의 꽃이 한두 송이씩 잎보다 먼저 핀다.

열매인 살구는 둥근 공 모양이고, 6월에 붉은빛을 띤 노랑색으로 익어 가는데, 날로 먹거나 통조림을 만드는 데 쓰인다.

씨는 '행인' 이라 하여 한약재로 사용한다. 꽃말은 '수줍음' 이다.

▲ 매화를 닮은 꽃이 피는 살구나무

모과나무 *Quince*

장미과의 갈잎큰키나무로서 키는 10m에 이른다. 잎은 어긋나고 타원 모양이며 가장자리에는 잔톱니가 있다.

5월에 가지 끝에서 지름 2.5~3cm의 분홍빛 다섯 잎꽃이 핀다. 열매인 모과는 타원 모양이고 지름 8~15cm로서 9월에 노란색으로 익어 간다. 모과는 향기가 좋으나 살이 단단하고 신맛이 나며, 기침약으로 쓰인다.

▲ 모과
◀ 모과나무의 꽃

무화과 Fig Tree

뽕나무과에 딸린 갈잎떨기나무로서 키는 3m 가량이고 잎은 어긋나며 타원 모양이고 3~5개로 깊게 갈라져 있다.

5월에 공 모양의 화낭 속에 수꽃은 위쪽에, 암꽃은 아래쪽에 피는데 잘 보이지 않으므로 무화과라고 하며 꽃이 없는 과실이라는 뜻이다.

열매는 날로 먹거나 잼을 만드는 데 쓰인다. 시장에 가면 말린 무화과를 살 수 있는데 사탕보다 더 단맛이 난다.

◀ 익은 열매

▲ 무화과나무의 잎과 어린열매

대추나무 Jujube Tree

갈매나무과에 딸린 갈잎떨기나무로 키는 5m 가량이다.

잎은 어긋나고 달걀 모양이며 윤기가 있고 끝은 둔하며 가장자리에 둔한 톱니가 있다.

5~6월에 잎겨드랑이에서 지름이 5~6mm쯤 되는 연한 녹색꽃이 2~3개씩 핀다.

열매는 타원 모양으로 길이 1.5~2.5cm이고, 처음에는 녹색이나 9~10월에 붉은갈색으로 익어 간다.

살은 많지 않으나 단맛이 나며, 보약 등의 한약재로 쓰인다.

▲ 대추나무의 열매

밤나무 *Chestnut Tree*

참나무과의 갈잎큰키나무로서 키는 5~15m이며 잎은 마주나고 긴 타원 모양이며 가장자리에는 톱니가 있다.

암수한그루로 5~6월에 긴 꽃이삭에는 수꽃이, 그 아래에는 암꽃이 각각 따로 핀다. 열매인 밤은 9~10월에 익으며, 알밤은 두세 개가 가시가 많은 밤송이에 싸여 있다.

나무는 단단하고 습기에 잘 견디어 선박·침목·토목·건축·조각 등에 쓰이며 열매는 날로 먹거나 쪄서 먹고 한약재로 쓰이며, 꽃은 약용 또는 염료용으로 사용한다.

▲ 어린 밤송이

▲ 밤나무의 꽃

▲ 밤이 주렁주렁 열린 밤나무

▲ 아람이 벌어진 밤

감나무 *Persimmon*

감나무과에 딸린 갈잎큰키나무로서 키는 6~14m이며 잎은 어긋나고 타원 모양으로 두껍고 빳빳하다.

5~6월에 잎겨드랑이에서 노란빛을 띤 흰꽃이 피고 꽃이 진 자리에서 타원 모양이나 공 모양의 녹색 열매가 달리고, 10월에 주황색 또는 붉은색으로 익어 간다. 열매인 감은 먹고, 한약재로 쓰이며 나무는 조각이나 가구의 재료로 쓰인다.

꽃말은 '경이(驚異)'이다.

● **전설** 옛날 중국에 정건이라는 사람은 공부를 하고 싶었지만 너무 가난하여 종이와 붓을 살 돈이 없었다. 정건은 큰 감나무가 있는 절을 찾아가 감나무 잎을 한아름 가져왔다. 그리고 그 감나무 잎에 글을 써서 공부를 하여 후에 장원 급제를 하였다.

관리가 된 장건은 예전에 감나무 잎에 써 놓았던 글과 그림을 한 권의 책으로 엮어 황제인 현종에게 바쳤다. 현종은 매우 기뻐하며 정건의 뛰어난 실력과 그의 노력을 칭찬하고 큰 상을 내렸다고 한다.

▲ 감을 먹고 있는 까치

▲ 10월에 익는 감

▼ 감이 주렁주렁 매달린 감나무

포도나무 *Grape Vine*

포도과에 딸린 갈잎덩굴나무로 줄기는 넌출지고 덩굴손으로 다른 물체를 감아 올라간다. 잎은 어긋나고 손바닥 모양으로 깊게 갈라졌으며 쭈글쭈글하다.

5~6월에 녹색의 잔꽃이 원뿔 모양으로 모여피며 꽃이 진 자리에서 구슬 모양의 열매가 다닥다닥 붙어 송이를 이룬다. 열매는 품종에 따라 검은 자주색·녹색·보라색 등으로 9~10월에 익어 간다. 꽃말은 '은혜'이다.

● **전설**   포도는 오랜 옛날부터 사람들이 재배해 왔기 때문에 그 전설도 여러 가지가 있다. 고대 이집트의 신들이 사람들에게 단것을 주려고 내린 것이 포도라는 전설이 있고, 그리스 신화에는 술의 신 바카스가 인도에서 가져왔다고 하며, 프랑스에서는 수렵의 여신인 다이아나의 제전에 포도를 바치며 풍년을 기원했다고 한다.

이솝 우화에는, 양이 포도밭에 와서 덩굴을 갉아먹었더니 포도는 자기가 피해를 입어도 나중에 포도주가 되어 양의 머리 위에 부어질 테니 원망하지 않는다고 말했다. 또 포수에게 쫓기고 있던 노루가 포도잎 뒤에 숨어 잡히지 않았으나 후에 생명의 은인인 포도잎을 따 먹다가 포수의 활에 맞아 죽었다고 한다.

▲ 포도알이 큰 거봉

▲ 포도

◀ 포도나무

오렌지 *Orange*

운향과의 늘푸른큰키나무로 오렌지색이라는 한 빛깔의 이름이 될 만큼 고운 색을 가진 귤의 하나이다.

오렌지는 우리말로는 광귤이라고 하며, 재배종이 약 20종이나 되는 품종의 한 이름이다. 귤류는 인도와 미국·유럽·중국 남부 등에서 자란다. 우리 나라의 제주도에서도 약 5종이 재배되고 있다.

잎은 어긋나고 6월에 향기가 있는 흰꽃이 피며, 열매인 오렌지는 10~11월에 주황색으로 익어 간다.

꽃말은 '너그러움' 이다.

● **전설** 옛날 중국에 두 자매가 살고 있었다. 언니는 부잣집으로 시집을 가고, 동생은 가난한 산지기에게로 시집을 갔다. 어느 날 동생에게 한 선녀가 나타나 오리 한 마리를 주면서 매일 콩 한 홉씩을 먹여야 한다고 일러 주었다.

동생은 선녀가 일러 준 대로 하였더니 오리는 매일 한 홉만큼의 황금알을 낳았다. 이 소식을 들은 언니는 그 오리를 빼앗아 가서 매일 콩 한 되씩을 먹였더니 오리는 너무 배가 불러 죽고 말았다. 동생은 오리를 동산에 묻어 주었다. 이듬해 그 자리에서는 황금알과 같은 열매가 열리는 오렌지나무가 돋아났다고 한다.

▼ 단맛이 나는 감귤

▲ 외국에서 수입한 오렌지

▲ 제주도에서 많이 재배하는 귤나무

유자나무 Cirton

운향과에 딸린 늘푸른떨기나무로 키는 4m에 이르고, 가지에는 뾰족한 가시가 있다. 잎은 어긋나고 긴 타원 모양으로 가장자리에 둔한 톱니가 있으며 잎자루에 넓은 날개가 있다.

5~6월에 잎겨드랑이에서 희고 작은 다섯잎꽃이 한 송이씩 핀다.

열매인 유자는 지름 4~7cm로 껍질이 울퉁불퉁하며 9~10월에 노란색으로 익고, 향기 있는 껍질과 신맛이 강한 살이 잘 떨어지며 가운데가 비어 있다.

열매를 조미료로 사용하고, 덜 익은 열매는 탱자의 대용품으로서 약용으로 쓰인다.

▲ 유자나무의 열매

호두나무 Walnut Tree

가래나무과에 딸린 갈잎큰키나무로서 키는 20m에 이른다.

겨울눈은 검은빛이 돌고 윤기가 있으며 잔털이 있다. 잎은 깃꼴 겹잎으로 어긋나며 작은잎은 5~7개이며 타원 모양이고 윗부분의 것일수록 크며, 가장자리는 밋밋하거나 뚜렷하지 않은 톱니가 있고 털이 거의 없다.

4~5월에 수꽃이삭은 잎겨드랑이에 달려 늘어지고, 암꽃이삭은 1~3개가 가지 끝에 달린다.

열매는 둥글고 털이 없으며 9월에 익고, 씨는 거의 둥근 모양이다.

▲ 호두나무의 잎과 열매

수박 Watermelon

　박과에 딸린 덩굴성 한해살이 재배식물로 줄기는 4~6m 까지 길게 자라서 땅 위를 기며 가지를 친다. 잎은 어긋나며, 긴 심장형이고 3~4쌍으로 깊게 갈라진다.

　암수 한 그루로서 5~6월에 노란 꽃이 피고 꽃부리는 5개로 갈라지며 주름이 지고 보통 줄기의 7~9마디마다 암꽃이 달린다.

　열매인 수박은 크고 둥글며 녹색 바탕에 검은 녹색의 불규칙한 줄무늬가 있다. 속살은 수분이 많고 달며 보통 붉은색이지만 노란색 또는 흰색인 것도 있다.

　씨는 타원 모양이고 길이 8~13mm로서 검은색이다. 열매를 한방에서는 대소변을 원활하게 하는 약과 신장염의 약재로 사용하며, 씨는 마시는 차의 원료로 쓰인다.

▼ 수박의 꽃

▲ 덩굴성 식물인 수박

참외 *Melon*

박과에 딸린 덩굴성 재배식물로서 가시가 있는 줄기는 길게 옆으로 뻗으면서 덩굴손으로 다른 물체에 기어 올라간다.

잎은 각 마디에서 어긋나고, 심장 모양이거나 손바닥 모양으로 얕게 갈라지고 가장자리에는 톱니가 있다.

암수 한 그루로서 6~7월에 잎겨드랑이에서 깔때기 모양의 노란꽃이 핀다. 열매인 참외는 단맛과 향기가 있으며, 노란색·녹색·흰색 등으로 익어 간다. 우리 나라에서는 성환과 부여가 명산지이다.

▲ 참외의 잎과 열매

멜론 *Netted Melon*

박과의 덩굴성 한해살이 식물로 전체에 거센 털이 있다.

세계 각지에서 재배되고 있는 서양종의 참외로 영국에는 머스크멜론, 미국에는 칸타로프·허니듀 등의 종류가 있다.

열매인 멜론은 공처럼 둥글며, 녹색 바탕에 그물 모양의 무늬가 있다.

맛이 좋고 향기가 있으며, 노란색의 멜론도 있다. 따뜻한 지방의 습기가 적은 곳에서 잘 자라며, 요즈음에는 온실에서 재배되기도 한다.

◀ 노란색 멜론

▲ 서양 참외인 멜론

249

호박 *Cushaw*

박과의 한해살이 덩굴식물로 줄기는 다섯모꼴 또는 둥근 원통 모양으로 거친 털이 있고 덩굴손으로 감으면서 자라지만 개량된 것은 덩굴성이 아닌 것도 있다.

잎은 어긋나며, 심장 모양이고 5개로 얕게 갈라지며 작은잎에는 톱니가 있고 잎자루가 길다. 암수 한 그루로 종 모양의 노란꽃이 잎겨드랑이에 한 송이씩 달리는데 6월부터 서리가 내릴 때까지 계속 핀다. 수꽃은 꽃자루가 길며 암꽃은 꽃자루가 짧고 긴 씨방이 있다.

열매인 호박은 큰 공 모양이고 빛깔은 갈색·녹색·흰색 등 여러 가지이다. 어린 것을 '애호박'이라 하고, 익어서 잘 굳은 것을 '청둥호박'이라고 한다.

호박은 쪄서 먹고, 잎과 순·씨도 먹을 수 있다.

빨간색의 열매를 맺는 것을 화초호박이라고 하는데, 쪄서 먹거나 기침약으로 쓰이며, 열매의 즙은 끓는 물에 데었을 때 약으로 사용한다.

▲ 호박꽃에 앉아 있는 잠자리

1 꽃봉오리

2 노랗게 피어나는 호박꽃

3 활짝 핀 호박꽃

4 꽃이 지면서 맺히는 애호박

▲ 붉은색의 화초호박

5 짙은 녹색으로 커 가는 호박

6 잘 익은 호박

▲ 호박의 씨

오이 *Cucumber*

박과에 딸린 한해살이 덩굴성 재배식물로서 줄기는 땅 위나 다른 물건을 덩굴손으로 감아 뻗어나가며 전체에 굵은 털이 있다.

잎은 어긋나며 손바닥 모양으로 얕게 갈라지고 작은잎은 끝이 뾰족하며 가장자리에 톱니가 있다.

암수 한 그루로서 5~6월에 노란꽃이 피는데, 꽃부리는 5개로 갈라지며 주름이 지고 지름은 3cm 가량이다. 수꽃은 3개의 수술이 있고 암꽃은 밑부분에 긴 씨방이 있다.

열매인 오이는 긴 원통 모양이고 가시와 같은 돌기가 있다. 열매는 먹고, 액즙은 뜨거운 물에 데었을 때 바르는 약으로 쓰인다.

인도와 히말라야 지방이 원산지이다.

▲ 오이와 오이의 꽃

▲ 오이의 받침대 위에 앉은 잠자리

바나나 *Banana*

파초과의 늘푸른여러해살이 풀로서 원산지는 인도·말레이시아·세일론 등지이며, 키는 4~6m 가량이다.

땅속의 알줄기에서 죽순 모양의 싹이 나와 긴 타원 모양의 잎이 8~10개가 모여난다.

여름철에 커다란 꽃줄기가 나와 엷은 노란색 잔꽃이 이삭꽃차례로 핀다.

열매는 한 꼭지에 수십 개가 달리며 모양은 초승달에 가까운 긴 타원형이고, 익으면 노란빛이 되며 향기가 있고 맛이 좋다.

▲ 향기가 좋은 바나나

파인애플 *Pineapple*

파인애플과의 늘푸른여러해살이풀이다. 잎은 뿌리에서 모여나며, 넓은 칼 모양이고 가장자리에는 가시와 함께 톱니가 있으며, 빛깔은 뿌연 녹색이다.

잎 사이에서 나온 꽃줄기 끝에 솔방울 모양으로 꽃이 핀다. 녹색의 열매는 황갈색으로 익어 가는데 향기가 좋으며, 단백질을 소화시키는 작용이 있고 날로 먹거나 통조림용으로 쓰인다.

열대 아메리카 원산으로 비닐 하우스 안의 밭에서 가꾸며, 우리 나라는 제주도에서 재배된다.

▲ 봄부터 여름까지 피는 양지꽃

석류나무 *Pomegranate*

석류나무과에 딸린 갈잎큰키나무로 키는 5~10m이다. 어린가지는 네모지고 가시가 있다.

잎은 마주나며, 긴 타원 모양이고 윗면은 윤이 난다.

5~6월에 종 모양의 붉은색 꽃이 가지 끝이나 잎겨드랑이에 1~5송이씩 피는데, 꽃잎은 여섯 개이고 꽃받침은 통 모양이며 씨방은 꽃받침 아래쪽에 붙어 있고, 수술은 많으며 암술은 1개이다.

열매는 석류라 하는데 9~10월에 빨갛게 익으면 불규칙하게 갈라져 분홍빛의 투명한 씨를 드러낸다. 씨는 어린이들이 즐겨 먹는데 신맛이 있다.

한방에서 나무와 열매의 껍질·뿌리를 말려 구충제로 사용한다. 꽃말은 '자손 번영'이다.

▲ 파란 하늘 아래 빨갛게 익어 가는 석류

● **전설** 옛날 중국의 안덕왕 연종이 군수 이조수의 딸을 왕비로 삼고 처갓집으로 행차를 하였다. 장모는 사위인 왕을 마중 나와 석류 두 개를 바쳤는데, 왕은 그 뜻이 무엇인지를 몰랐기 때문에 석류를 땅에 버리고 말았다.

　　이 때 왕비가 '석류는 씨가 많으니 왕가에 자손이 많이 있기를 바라는 뜻'이라고 알려 주었다. 이 일이 있은 후로는 석류가 자손 번영의 상징으로 여겨지게 되었다고 한다.

▲ 익어서 벌어진 석류

▼ 석류나무의 꽃

▲ 석류나무의 잎과 열매

고추 *Red Pepper*

가지과에 딸린 한해살이풀로 키는 60~90cm이고 전체에 털이 조금 있다. 잎은 어긋나며, 길쭉한 타원 모양으로 양끝이 좁고 가장자리가 밋밋하다.

6~8월에 잎겨드랑이에서 하얀꽃이 한 송이씩 밑을 향해 핀다. 열매는 긴 원통 모양이고 길이 5cm 가량이지만 품종에 따라 보다 큰 것도 있다. 녹색 열매는 빨갛게 익어 가며 껍질과 씨는 몹시 맵다.

잎은 무치어 나물을 만들고 열매는 먹으며, 익은 열매는 빻아서 조미료로 쓴다.

▼ 고추의 꽃

◀ 풋고추와 빨갛게 익은 고추

▲ 강원도 정선의 고추밭

토마토 Tomato

◀ 비타민이 많은 토마토

가지과에 딸린 한해살이 풀로 키는 1.5~2m 가량이며, 가지가 많이 갈라지고 땅에 닿으면 어디에서나 뿌리를 내린다. 잎은 어긋나며 5~9개의 작은 잎으로 된 깃 모양의 겹잎이다. 6~8월에 노란꽃이 몇 개씩 모여핀다.

5~10cm 가량의 붉은 열매가 달리는데, 품종에 따라 노란색인 것도 있다.

남아프리카 열대 지방 원산으로, 보통 밭에서 재배한다. 열매는 '토마토' 또는 '일년감'이라 하며 맛이 좋고 비타민이 많다.

▲ 토마토의 잎과 꽃

가지 Eggplant

가지과에 딸린 한해살이풀로서 원산지인 인도와 같은 열대 지방에서는 여러해살이풀이다.

키는 60cm~1m 가량이고, 줄기는 검은 자줏빛이며 회색 털이 있다.

잎은 어긋나며 타원 모양으로 가장자리는 밋밋한 물결 모양을 이룬다.

6~9월에 잎겨드랑이에서 보랏빛 꽃이 피며, 열매는 보통 검은 자줏빛이며 달걀 모양 또는 긴 원통 모양이다.

중요한 야채의 하나로서 세계의 많은 나라에서 재배하고 있으며 품종도 여러 가지이다.

▲ 가지의 꽃과 열매

감자 White Potato

가지과의 재배식물로 원산지에서는 여러해살이풀이지만 우리 나라에서는 한해살이풀이다. 키는 60cm~1m 가량이며, 잎은 어긋나고 깃 모양의 겹잎이다.

6월에 줄기 위쪽의 잎겨드랑이에서 흰빛 또는 자줏빛 꽃이 피는데 수술은 5개, 암술은 1개이고 꽃밥은 노랑색으로 암술대를 둘러싼다.

땅속줄기의 일부가 비대해져서 덩이 모양을 이룬 것을 감자라고 하는데 쪄서 먹기도 하고 당면을 만들기도 하며, 의약품이나 공업 원료로 널리 쓰인다. 페루·칠레 등의 안데스 산맥이 원산지이다.

▲ 감자 잎에 앉은 부전나비

▼ 흰빛의 감자꽃

▲ 보랏빛의 감자꽃

◀ 땅속줄기가 변해서 된 감자

보리 *Barley*

▲ 녹색의 보리 이삭

벼과에 딸린 두해살이농작물로 키는 1m 가량이며, 곧은 줄기는 마디가 있고 속이 비어 있다. 잎은 어긋나고 긴 칼 모양이며 평형맥이 있다.

보리의 종류에는 봄보리와 가을보리가 있는데, 우리 나라에서는 가을보리를 많이 가꾼다. 가을보리는 10월에 씨앗을 뿌리면 이듬해 5월에 줄기에서 이삭이 나와 누런꽃이 피는데 이것을 보리가 팬다고 말한다. 이삭에는 긴 까끄라기가 있고 6월에 여물어 간다.

여물어도 낟알이 껍질에 붙어서 잘 떨어지지 않는 것을 겉보리라고 하며, 낟알이 껍질에서 잘 떨어지는 것을 쌀보리라고 한다. 그리고 껍질을 벗기지 않은 보리도 겉보리라고 하며, 껍질을 찧어서 벗긴 보리를 쌀보리라고 한다.

보리는 쌀 다음가는 중요한 곡물로서 보리밥·맥주·된장·빵 등의 원료이고, 줄기는 여름 모자·공예품·땔감·제지용·퇴비 등에 쓰인다.

▼ 누렇게 익어 가는 보리

벼 *Rice Plant*

    벼과에 딸린 한해살이식물로, 우리 나라 농작물 중에서 가장 오래 되고 중요한 곡식이다.
    키는 70cm~1m로 줄기는 곧게 서고 포기를 이루며, 속은 비어 있다. 잎은 어긋나며 긴 칼 모양이고 평행맥이 있다.
    7~8월에 줄기에서 이삭이 나와 흰색의 작은 꽃이 피고 이삭이 패어 벼가 여물어 간다. 꽃이 진 후 녹색 열매가 누렇게 익는데, 열매를 '벼', 찧은 것을 '쌀'이라고 한다. 대체로 5~6월경 못자리에서 논에 옮겨 심어 준다.

▶ 논에서 짝짓기를 하고 있는 고추좀잠자리

▲ 북한산 기슭의 노을진 겨울논

◀ 벼 위에 앉아 있는 벼메뚜기　　▼ 노랗게 익은 벼

▲ 이삭이 팬 벼
◀ 차츰 여물어 가는 벼

농부들은 처음에 좋은 볍씨를 고른다. 3월에는 못자리를 만들고 볍씨를 뿌린 뒤 추위를 막기 위해 비닐을 덮어 준다.

5월이 되면 소와 함께 논갈이를 한다. 그리고 못자리에서 자란 모를 모판에 담아 논에 옮겨 심는데 이 일을 '모내기'라고 한다. 요즈음에는 이앙기라는 기계로 모내기를 하는 농촌이 많이 늘었다.

벼가 차츰 자라면 잡초를 뽑아 주고 농약을 뿌려 벼가 잘 크도록 정성을 다한다. 7월에는 이삭이 패고 여름에 해가 뜨거울 때 벼가 여물어 간다.

10월에 벼가 황금빛으로 물들면 농부들은 벼베기를 합니다. 요즈음에는 콤바인이라는 기계로 벼베기와 함께 낟알과 짚을 따로 모으는 탈곡이 동시에 이루어진다.

이제 마지막으로 벼의 껍질인 왕겨를 벗겨 내면 밥을 지어 먹을 수 있는 쌀이 되는 것이다.

▲ 팔을 벌리고 서 있는 허수아비

▼ 논을 갈고 있는 농부

▲ 모내기를 하고 있는 모습

밀 Wheat

　벼과에 딸린 한해[봄밀] 또는 두해살이[가을밀]풀로서 주식 작물로 가꾸며, 세계의 농작물 중 가장 넓은 재배 면적을 차지한다. 우리 나라에서는 주로 가을밀을 재배한다.

　10월에 씨앗을 뿌려 이듬해 6월 하순에 수확하는데, 보리와 비슷하나 이삭이 길쭉하다. 키는 1m 가량이며, 줄기에는 마디가 있고 속은 비어 있다.

　잎은 긴 칼 모양이고 활처럼 옆으로 휘어진다. 5월에 줄기 끝에서 이삭이 나와 꽃이 핀다. 밀가루로는 빵·과자·국수 등을 만들어 먹고, 밀짚으로는 여름 모자·방석 등을 만든다.

▲ 세계에서 가장 많이 재배하는 농작물인 밀

조 Foxtail Millet

　벼과에 딸린 한해살이 농작물로 키는 1~1.5m 가량으로 잎은 어긋나며, 긴 칼 모양인데 활처럼 옆으로 휘어진다.

　9월에 줄기 끝에서 15~20cm의 이삭이 나와, 작은 꽃들이 많이 모여핀다.

　10월이 되면 열매가 여물어 익어 간다. 열매는 잘고 둥글며 누런빛을 띠고 있다. 열매를 '조'라 하고 찧은 것을 '좁쌀'이라고 하며, 단백질·지방이 많아 밥을 짓기도 하고, 떡·과자·엿·술의 원료로 널리 쓰인다.

　우리 나라에서는 농작물 중에서 가장 중요한 쌀·보리·조·콩·기장의 5가지 곡식을 오곡이라고 한다.

▲ 누렇게 익은 조

옥수수 *Corn*

▲ 옥수수의 껍질을 벗기고 있는 할머니

벼과에 딸린 한해살이풀로 멕시코 원산이며 밭에서 재배하는 주요 농작물의 하나로 키는 2~3m 가량이고 줄기는 한 대로 곧게 자란다.

잎은 어긋나며 길이가 1m에 이르고, 윗면에는 털이 있으며 활처럼 휘어지고 밑부분이 줄기를 감싼다.

암수한그루로서 7~8월에 암꽃과 수꽃이 따로 피는데 수꽃은 줄기 끝에 달리며 큰 원뿔 모양의 꽃차례로 핀다. 암꽃이삭은 윗부분의 잎겨드랑이에 달리고 1개의 씨방을 가지고 있다.

열매는 옥수수라 하여 쪄서 먹거나 사료로 쓰이며, 마른 암술대는 이뇨제로 사용한다.

▲ 옥수수의 열매
◀ 옥수수밭

수수 African Millet

벼과에 딸린 한해살이농작물로, 키는 1.5~3m 가량이다.

줄기는 곧고, 10~13마디로 되어 있으며, 잎은 어긋나고 긴 칼 모양이다.

8월에 줄기 끝에서 이삭이 나와 꽃이 피고, 10월에 녹색 열매는 붉은 갈색으로 익어 간다.

수수는 거친 땅에서도 잘 자라고, 씨를 뿌린 후 약 80일이면 수확할 수 있으며, 떡이나 엿·술 등의 원료로 쓰인다.

▲ 붉은갈색으로 익어 가는 수수 이삭

메밀 Buck Wheat

여뀌과에 딸린 한해살이 식용 작물로서 키는 40~90cm이고 줄기는 속이 비어 있으며 연한 녹색이지만 흔히 붉은빛이 돈다.

잎은 어긋나고 세모꼴의 심장 모양이며 밑부분이 칼집 모양으로 되어 줄기를 감싼다. 7~10월에 잎겨드랑이와 가지 끝에서 흰색 또는 붉은색 꽃이 피는데 꽃잎은 깊게 5개로 갈라져 있다.

열매는 길이가 5~6mm이고 검은 갈색으로 익는다. 열매는 전분이 많아 가루를 내어 국수·묵 등을 만들어 먹는다. 줄기는 가축의 먹이로 쓰인다.

◀ 메밀꽃

▲ 넓게 펼쳐진 메밀밭

아욱 Mallow

아욱과에 딸린 한해살이풀로 우리 나라에서는 채소로 심는다.

키는 60~90cm이며 줄기에 잔털이 있다. 잎은 손바닥 모양으로 5~9개로 갈라지며 가장자리에는 잔톱니가 있다. 봄부터 가을까지 흰꽃이 잎겨드랑이마다 두세 송이씩 모여 핀다. 어린 순과 연한 잎으로 국을 끓여 먹는다.

특히 꽃을 보기 위해 가꾸는 당아욱은 꽃모양이 무궁화와 비슷하며, 5~6월에 자줏빛 꽃이 피는데 검은 자줏빛의 줄무늬가 있다.

▲ 당아욱꽃을 찾아온 꿀벌

고구마 Sweet Potato

메꽃과의 여러해살이풀로 줄기는 덩굴이 되어 땅 위로 길게 뻗으면서 뿌리를 내린다.

잎은 어긋나며 심장 모양이고 보통 꽃은 피지 않으나 때로 7~8월에 나팔꽃과 비슷한 자줏빛 꽃이 핀다.

땅속뿌리의 일부가 비대해져서 덩이뿌리를 이루는데 '고구마'라 하며 전분이 많아 먹거나 공업용으로 쓰이고 잎과 줄기도 나물로 한다.

북아메리카 중부가 원산지로, 우리나라에는 조선 시대 영조 39년, 조엄이 일본에 사신으로 다녀올 때 쓰시마 섬에서 종자를 들여왔다.

◀ 고구마

▲ 고구마의 줄기와 잎

콩 *Soybean*

콩과에 딸린 한해살이 재배식물로 높이는 60~90cm 가량이다.

잎은 3개, 드물게는 5개의 작은잎으로 되어 있고 어긋나며 잔털로 덮여 있다.

7~8월에 잎겨드랑이에서 자주·보라·흰빛 등 나비 모양의 꽃이 피는데, 그 중 몇 개의 꽃이 결실을 맺어 꼬투리가 된다. 꼬투리 속에는 두세 개의 종자가 들어 있다.

콩은 노랑·갈색·검정 등 여러 가지가 있다. 열매는 단백질이 많으므로 밥에 두어 먹기도 하고 장·두부·기름의 원료로 쓰인다.

▲ 콩의 잎과 열매

완두 *Pea*

콩과에 딸린 한해살이 또는 두해살이 재배식물로 줄기는 높이 1~3m 가량이다.

잎은 깃 모양의 겹잎이며 끝의 작은잎은 덩굴손으로 변하고 아래에는 한 쌍의 큰 턱잎이 있다.

5월에 잎겨드랑이에서 꽃가지가 나와 나비 모양의 흰빛 또는 자줏빛 꽃이 핀다. 꼬투리 열매 안에는 5~6개의 종자가 있는데, '완두'라고 한다.

어린순과 열매는 먹으며, 잎과 줄기는 가축의 사료로 사용된다.

◀ 완두

▲ 완두의 꼬투리 열매

강낭콩 *Kidney Bean*

콩과에 딸린 한해살이풀로서 줄기는 넌출지며 잔털이 있고 길이는 1.5~2m 가량이다.

잎은 어긋나며 3개의 작은잎으로 된 겹잎이고 잎자루가 길며, 작은잎은 달걀 모양으로 가장자리가 밋밋하고 끝이 길게 뾰족해지며 잎자루가 짧다.

7~8월에 흰색 또는 연한 붉은색 꽃이 잎겨드랑이에 달리고, 꽃받침은 술잔 모양이며 끝이 5개로 갈라진다.

열매는 꼬투리이며 길이 10~20cm로 가늘고 길며, 씨는 원형 또는 타원형이다.

품종에 따라 흰색·황갈색·검은색 등 빛깔과 모양이 각각 다르다.

▲ 얼룩 무늬가 있는 강낭콩

팥 *Red Bean*

콩과에 딸린 한해살이 재배식물로 길이는 50~90cm 가량이다.

잎은 어긋나고, 3개의 작은잎으로 된 겹잎이며 아래쪽에 한 쌍의 작은 턱잎이 있다.

여름에 잎겨드랑이에서 긴 꽃줄기가 나와 나비 모양의 노란꽃이 4~6개 가량 핀다. 꽃받침은 통 모양이고 끝이 얕게 갈라지며 씨방은 꾸불꾸불하며 끝에 털이 있다.

열매인 꼬투리 안에 3~10개의 종자가 들어 있는데 '팥'이라 하여 먹으며, 빛깔은 붉은 갈색·노랑·검정·얼룩팥 등이 있다.

▲ 붉은 갈색의 팥

녹두 *Mug Bean*

◀ 녹두

콩과에 딸린 한해살이풀로 밭에 심어 가꾸며, 키는 40~60cm이다.

줄기는 곧게 서고 전체에 털이 있다. 잎은 어긋나며 긴 잎자루 끝에 3개의 작은잎이 달린다.

8월에 10~15cm쯤 되는 나비 모양의 노란꽃이 잎겨드랑이에 모여 핀다. 열매는 꼬투리로서 겉에 거친 털이 있다.

씨는 타원 모양이며 녹색 또는 갈색으로 그물 같은 무늬가 있다. 씨를 갈아 녹두죽·빈대떡 등을 만들어 먹는다.

물에 불린 녹두를 갈아 앙금을 말린 녹말은 독을 없애는 한약재로 사용한다.

▲ 녹두의 잎과 열매

땅콩 *Peanut*

◀ 땅콩의 꼬투리 열매

모래땅에서 잘 자라는 콩과의 한해살이풀로서 길이는 30~60cm이고 줄기는 밑부분에서 갈라져 옆으로 비스듬히 자란다.

잎은 어긋나고 4개의 작은잎으로 된 깃꼴 겹잎이며, 작은잎은 타원 모양이다. 7~9월에 나비 모양의 노란꽃이 잎겨드랑이에서 한 송이씩 핀다. 꽃받침통 안에는 한 개의 씨방이 있다.

열매는 씨방이 땅 속으로 들어가 자란 것이다. 꼬투리는 허리가 잘록한 고치 모양인데 두껍고 딱딱하며 겉에는 그물 같은 맥이 있고 1~3개의 씨가 들어 있다. 이 씨가 땅콩이다.

▲ 땅콩의 잎과 꽃

배추 *White Cabage*

십자화과 두해살이풀로 잎은 뿌리에서 나와 한데 포개져 자라는데, 연한 녹색이다. 가장자리에는 불규칙한 톱니가 있고, 가운데에는 흰색의 주맥이 있다. 잎은 서로 감싸면서 단단한 덩어리로 되지만 윗부분은 조금 퍼진다.

4~6월에 꽃자루가 자라서 윗부분에 노란꽃이 많이 달린다.

열매는 원기둥 모양이며 익으면 벌어져서 검은 갈색의 씨가 나온다. 배추로는 대체로 김치를 담가 먹으며, 줄기와 뿌리도 다 먹을 수 있다.

◀ 배추꽃과 부전나비

▲ 김치를 담그는 배추

양배추 *Cabbage*

십자화과에 딸린 두해살이풀로 잎은 두껍고 가장자리에 불규칙한 톱니가 있으며 서로 포개져서 공처럼 둥글게 된다.

5~6월에 2년 된 뿌리에서 꽃줄기가 자라 그 끝에 연노랑빛 네 잎꽃이 핀다.

양배추로는 김치를 담그거나 샐러드를 만들기도 하며, 찌거나 삶아서 쌈을 싸 먹기도 한다.

양배추의 즙은 위장약으로 쓰이고, 입 안이 헐었을 때 물에 타서 마시면 효과가 있다.

▲ 서양에서 들어온 양배추

무 *Radish*

십자화과의 한해살이풀로 뿌리의 윗부분은 줄기이지만 그 경계가 뚜렷하지 않고 잎은 깃꼴 겹잎으로 뿌리 윗부분에서 모여난다. 꽃줄기는 길이 1m 가량 자란 다음 꽃가지를 치며 꽃은 4~5월에 피는데 연한 자주색 또는 거의 흰색이고 작은 꽃자루가 있다.

1년에 두 번 봄·가을에 씨를 뿌리는데, 가을의 김장무가 가장 널리 쓰인다. 특히 봄무는 씨를 받기 위한 것이며 키가 60cm~1m쯤 자라고 연보랏빛 꽃을 피운다.

뿌리와 잎은 김치를 담가 먹고, 비타민·단백질이 많아 약용으로도 쓰인다. 씨는 위장약·기침약으로 사용한다.

▲ 무꽃으로 날아드는 배추흰나비

◀ 무

▼ 무꽃을 찾아온 꿀벌

▲ 밭에서 자라고 있는 무

치코리 *Chicory*

국화과의 한두해살이풀로 꽃상추라고 부르기도 한다.

키는 50cm~1m 가량이고 뿌리에서 모여난 잎은 잔톱니가 있고 잎면에 주름이 있다.

줄기잎은 어긋나고 밑쪽이 줄기를 감싸고 있다. 5월에 짙은 파란색 꽃이 핀다.

어떤 환경이든 잘 적응하기 때문에 세계 여러 나라에서 널리 재배하는 채소이다. 잎은 쌈이나 샐러드로 먹고, 포기 전체를 간염·기관지염의 한약재로 쓴다.

▲ 잎을 먹는 치코리

쑥갓 *Crown Dasy*

국화과에 딸린 한해 또는 두해살이풀로 독특한 향기가 있으며, 키는 30~60cm이다.

잎은 어긋나고, 깃 모양으로 깊게 갈라지며 작은잎들이 서로 겹친다. 5월에 국화처럼 생긴 노란색 꽃이 가지와 줄기 끝에 한 송이씩 핀다.

열매는 삼각기둥 또는 사각기둥 모양이고 모서리가 조금 날개처럼 도드라지며 길이 2.5mm 정도로서 연한 갈색이거나 짙은 갈색이다.

▲ 쑥갓의 꽃과 잎

상추 Lettuce

국화과에 딸린 한해 또는 두해살이풀로 키는 1m 가량 자라며, 온도가 낮을 때는 뿌리잎이 모여나지만 온도가 높아지면 줄기와 꽃대가 나온다.

뿌리잎은 길이 20~30cm이며 주름이 많고 대체로 연한 녹색이지만 위쪽은 자줏빛으로 변한다. 줄기잎은 차츰 작아지며 윗부분의 잎은 칼 모양이다.

6~7월에 가지 끝에서 노란꽃이 모여피고, 열매에는 낙하산처럼 생긴 털이 퍼져 있다.

주로 뿌리잎을 먹으며 꽃줄기의 잎은 쓴맛이 강하다.

▲ 쌈으로 먹는 상추

우엉 Burdock

국화과에 딸린 두해살이풀로 키는 1~1.5m이다.

뿌리잎은 모여나며 심장 모양으로 윗면은 짙은 녹색이며 뒷면은 흰색 털이 있어서 흰빛이 돌고 가장자리에는 톱니가 있다. 7월경에 줄기와 가지 끝에서 검은 자줏빛의 꽃이 모여핀다.

향기가 있는 뿌리를 먹으며, 이뇨제 및 땀을 내게 하는 약으로 쓰인다. 씨는 부기가 있을 때와 인후통 및 독충에 쏘였을 때 독을 없애는 해독제로도 사용한다.

▲ 우엉의 꽃

▲ 뿌리

참깨 *Sesame*

꿀풀과에 딸린 한해살이풀로 키는 1m 가량이고 잎과 줄기에는 부드러운 털이 있다.

잎은 마주나거나 윗부분에서 때로 어긋나며, 긴 타원 모양인데 위쪽의 잎은 작은 칼 모양이다. 꽃은 7~8월에 윗부분의 잎겨드랑이에서 분홍빛이 도는 흰색 꽃이 핀다.

원기둥 모양의 열매는 길이 2.5cm 가량이며 9~10월에 익어 간다. 씨는 누런색이거나 검은색입니다. 씨는 볶아서 양념에 쓰고, 기름을 짜서 요리에 쓰며 어린잎은 먹는다.

들깨는 참깨와 비슷하나 씨가 검고 크며, 동그란 모양이다. 잎은 먹고, 씨는 기름을 짜서 먹거나 약용으로 사용하며 옻의 해독제로 사용한다.

▲ 참깨꽃으로 날아드는 꿀벌

▼ 참깨밭

▲ 참깨의 씨   ▲ 들깨의 씨   ▲ 들깨의 잎과 꽃

파 *Welsh Onion*

백합과에 딸린 여러해살이풀로 키는 30~60cm이고 비늘줄기는 그리 굵어지지 않고 수염뿌리가 밑에서 사방으로 퍼지며 땅 위 15cm 정도 되는 곳에서 5~6개의 잎이 두줄로 자란다. 잎은 끝이 뾰족한 원통 모양이고 밑부분이 서로 감싸며, 조금 흰빛이 도는 녹색이다.

6~7월에 잎 사이에서 나온 꽃줄기 끝에서 흰꽃이 우산 모양의 꽃차례로 많이 모여피어 둥근 공 모양을 이룬다. 수술은 6개이고 길게 밖으로 나온다.

열매는 익으면 저절로 벌어져 씨가 밖으로 나오는데 3개의 모가 난 검은색 씨가 들어 있다.

칼슘·염분·비타민 등이 많이 들어 있고 특이한 냄새와 맛이 있어 조미료로 널리 쓰이며, 날로 먹기도 한다. 뿌리는 비늘줄기와 더불어 기침약·이뇨제·구충제 등의 한약재로 쓰인다.

▼ 파꽃과 부전나비

▲ 초가집 텃밭에서 자라고 있는 파

▲ 파꽃과 꿀벌

▲ 파꽃 위에 앉아 있는 호랑나비와 큰줄흰나비

양파 Onion

백합과에 딸린 두해살이풀로 땅 속에 지름 10cm쯤 되는 둥근 비늘줄기를 가지고 있다.

비늘줄기의 겉에 있는 얇은 비늘잎은 갈색이지만 안쪽에 있는 것은 두껍고 층층이 겹쳐 있으며 매운맛이 강하다.

원기둥 모양의 잎은 가늘고 길며 속이 비어 있는데 꽃이 필 때는 대개 말라 버린다. 9월에 잎 사이에서 나온 30~70cm의 꽃줄기 끝에서 흰빛이나 연자줏빛 꽃이 공 모양으로 둥글게 모여핀다.

양파는 비늘줄기를 먹는데, 매운맛이 있고, 탄수화물·인분·칼슘·염분·비타민C 등이 들어 있다.

▲ 둥근 비늘줄기를 가지고 있는 양파

부추 *Leek*

백합과의 여러해살이풀로 키는 30~40cm이다. 가늘고 긴 잎은 비늘줄기에서 나오며, 7~8월에 꽃줄기 끝에 흰빛의 작은 여섯 잎꽃이 우산 모양의 꽃차례로 핀다.

잎을 먹는데 염분·칼슘이 많이 들어 있고 특이한 냄새가 난다. 비늘줄기는 위장약으로 쓰이며, 불에 데었을 때 바르는 약으로 사용되기도 한다.

▲ 부추꽃을 찾아온 장수말벌

◀ 부추의 잎과 꽃

▲ 부추꽃과 박각시

시금치 *Spinach*

명아주과의 한해 또는 두해살이 풀로 키는 40~60cm이다.

뿌리잎은 모여 나고, 긴 삼각형 또는 타원 모양이며, 아랫부분이 깃 모양으로 갈라진다. 줄기잎은 어긋나며 작은 칼 모양이다.

암수 딴 그루로서 5월에 녹색의 잔꽃이 이삭 모양으로 모여 핀다. 씨는 9월에 여무는데, 가시가 있는 것과 없는 것이 있다.

잎에는 비타민과 철분이 많이 들어 있어 영양가가 높다.

▲ 비타민과 철분이 많이 들어 있는 시금치

미나리 *Dropwort*

산형과에 딸린 여러해살이풀로 습기가 많은 곳이나 냇가에서 자라는데 흔히 논·밭에서 재배한다.

키는 30~60cm 가량이고 밑에서 가지가 갈라지며, 가을에 옆으로 뻗는 가지의 마디에 뿌리가 내린다.

잎은 어긋나며 깃 모양의 겹잎으로 깊게 갈라지고 작은잎에는 톱니가 있다.

7~8월에 희고 작은 꽃이 우산 모양의 꽃차례로 모여핀다. 잎과 줄기에 독특한 향기가 있으며 나물로 먹는다.

▲ 미나리의 잎과 꽃

당근 *Carrot*

산형과에 딸린 두해살이풀로서 키는 1m 가량이며 잎은 3회 깃꼴겹잎이고 털이 있으며 뿌리잎은 잎자루가 길다.

7~8월에 줄기와 가지 끝에 흰색 꽃이 큰 산 모양의 꽃차례로 모여핀다. 꽃받침잎·꽃잎 및 수술은 각각 5개이며 1개의 암술이 있다.

열매는 긴 타원 모양이고 가시 같은 털이 나 있다.

뿌리는 긴 원뿔 모양이며 길이 20~30cm로 붉은색이며 맛이 달콤하고 향기가 있다. 중국에서는 씨를 구충제로 사용한다.

▲ 뿌리를 먹는 당근

버섯 *Mushroom*

담자균류에 딸린 고등 균류를 통틀어 일컫는 말로, 대부분이 우산 모양으로 생겼으며 아래쪽의 주름 속에는 많은 홀씨가 붙어 있다.

송이버섯처럼 독이 없는 것은 먹을 수 있으나 독이 있는 것도 많으므로 주의해야 한다. 버섯은 엽록소가 없어서 스스로 양분을 만들어 내지 못하기 때문에 산과 들의 그늘이나 썩은 나무에 붙어서 기생 생활을 한다.

버섯의 몸은 크게 자실체와 균사로 나뉘는데, 송이버섯이나 느타리버섯에서 먹는 부분은 자실체에 해당한다. 자실체는 홀씨를 만들어 퍼뜨리는 일을 하며, 균사는 가는 실같이 생겼고 땅 속이나 나무 속에 얽혀서 퍼져 있다.

버섯의 종류에는 송이버섯·표고버섯·느타리버섯·영지버섯·싸리버섯·밤버섯 등 여러 가지가 있다.

▲ 고목에서 자라고 있는 등색가시비녀 버섯

● 여러 가지 버섯 ●

▲ 송이버섯

▲ 표고버섯

◀ 아까시재목버섯

▲ 노랑 느타리버섯

▲ 망태버섯

생강 Ginger

생강과에 딸린 여러해살이풀로 키는 30~50cm이며, 굵은 뿌리줄기는 옆으로 자라며 살이 많고 연한 황색으로서 맵고 향기가 있다.

잎은 양끝이 뾰족한 칼 모양이다.

보통은 꽃이 피지 않지만 따뜻한 곳에서는 땅속줄기에서 20cm 가량의 꽃줄기가 나와 황록색의 잔꽃이 이삭꽃차례로 모여 핀다.

땅속줄기는 누른색인데 맛이 맵고 시고 향기가 좋아 향신료로 사용하며 위장약으로 쓰이기도 한다.

▲ 향신료로 쓰이는 생강

토란 Taro

천남성과에 딸린 여러해살이풀로 키는 80cm~1.2m이고, 땅 속에 살이 많은 덩이줄기가 있다.

잎은 뿌리에서 돋아나 높이 1m 정도 자라며 넓은 타원형이고 길이는 30~50cm로 코끼리 귀 같으며, 가장자리가 잔물결 모양이다.

꽃은 붓 모양의 꽃차례로 윗부분에 암꽃이, 아랫부분에 수꽃이 피고, 열매를 맺지 않는다. 열대 아시아가 원산지로, 4월에 줄기를 심어 7~9월에 수확한다. 우리가 먹는 것은 뿌리줄기인데, 이것을 토란이라고 한다. 토란에는 당질·인·염분·칼슘 등이 많으며, 잎자루도 함께 먹는다.

▲ 뿌리줄기를 먹는 토란

다섯째 가름

물가 · 바닷속 식물

연꽃 *Lotus Flower*

수련과에 딸린 여러해살이풀로 연못에서 자라며, 먹기 위해 재배하기도 한다. 뿌리줄기는 굵고 옆으로 뻗으며 마디가 많고, 가을철에는 특히 끝부분이 굵어진다. 이것을 연근이라고 하며 요리에 이용된다. 연꽃의 열매인 연밥은 먹기도 하고 한약재로 쓰기도 한다.

잎은 뿌리줄기에서 나와 1~2m로 자란 잎자루 끝에 달리는데, 둥근 원 모양을 하고 있다. 연꽃은 깨끗하지 못한 연못에서 자라지만 7~8월에 진분홍 또는 흰빛의 맑고 탐스러운 꽃을 피운다. 꽃말은 '순결'이다.

6 연꽃의 열매인 연밥

5 활짝 핀 꽃

4 거의 다 핀 꽃

1 꽃봉오리

2 피기 시작하는 꽃

3 반쯤 핀 꽃

● **전설**   백합이 크리스트교와 관련된 꽃이라고 한다면 연꽃은 불교와 깊은 인연이 있는 꽃이다. 그래서 전설도 연꽃을 타고 극락 세계를 간다거나 용왕이 심청이를 연꽃 속에 담아서 세상에 보내는 등 종교적인 전설이 많다. 우리 나라에는 사랑에 얽힌 전설이 있다.

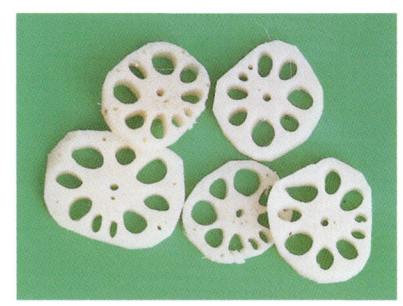

▲ 요리에 이용되는 연근

고려 충선왕이 원나라에 가 있을 때 한 아름다운 여인을 사랑하게 되었다. 충선왕이 고국으로 오던 날 그 여인에게 연꽃 한 송이를 주고 중국의 연경을 떠났다.

충선왕이 다시 돌아오기를 기다리던 여인은 고려로 가는 사람을 통해 시 한 수를 적어 보냈다.

"떠날 때 주신 맑고 붉은 연꽃이 얼마 안 가 떨어지고, 이제는 시드는 빛이 변하기 쉬운 사람 마음 같구나."

그러나 이 편지를 가지고 온 이익제라는 사람은 왕의 마음을 어지럽힐까 봐 전하지 않았고, 충선왕이 그 여인의 안부를 묻자 만나지 못했다고 거짓말을 하였다고 한다.

▲ 연꽃이 피어 있는 연못

▲ 겨울에 얼음 속에 묻힌 연꽃

수련 *Water Lily*

　수련과에 딸린 여러해살이풀로 연못이나 늪에 절로 자란다. 뿌리줄기는 물 밑바닥으로 뻗어나가며 많은 수염뿌리를 내린다.
　뿌리에서 나온 긴 잎자루를 가진 둥근 잎이 잎몸만 물 위에 떠 있다.
　7~8월에 붉은빛 또는 흰빛의 꽃이 피는데, 정오쯤 피었다가 저녁때 오므라들며 3일 만에 시든다.
　한자의 수련(睡蓮)은 '잠자는 연꽃'이라는 뜻이다.
　수련꽃은 민간에서 피를 멎게 하는 약이나 건강을 위한 보약의 한약재로 사용한다. 개량종으로 붉은꽃·푸른꽃·노란꽃 등 여러 가지가 있다.
　꽃말은 '결백·신비'이다.

▲ 낮에 피었다가 저녁에 오므라드는 수련꽃

● **전설** 옛날에 아름다운 세 딸을 둔 여신이 있었는데, 하루는 여신이 딸들의 희망을 물어 보았다.

큰딸은 바다를 지키겠다고 했고, 둘째 딸은 바다를 떠나지 않고 하느님의 섭리대로 살겠다고 말했으며, 셋째 딸은 어머니가 시키는 대로 하겠다고 말했다.

어머니 신은 큰딸을 바다를 지키는 신으로, 둘째 딸은 해협의 주인으로, 셋째 딸은 연못의 여신으로 만들었다. 연못의 여신이 된 셋째 딸은 여름이 되면 예쁘게 단장을 하고 수련꽃으로 피어난다는 것이다.

▲ 수련꽃으로 날아들고 있는 꿀벌

◀ 흰빛의 수련

노랑꽃창포 *Yellow Flag*

붓꽃과에 딸린 여러해살이풀로 주로 연못가에 자란다. 잎은 뿌리에서 모여나는데 긴 칼 모양으로 길이 50cm~1m 가량이며 너비는 2~3cm이다.

꽃은 5월에 노란색으로 피며, 열매가 익으면 3개로 갈라져서 갈색 씨가 나온다.

꽃말은 '우아한 마음' 이다.

● **전설** 옛날, 하늘의 신에게 아이리스라는 어여쁜 딸이 있었다. 그리스 최고의 여신 헤라는 아이리스를 사랑하여 자기의 시녀로 삼았다. 그런데 헤라의 남편인 제우스 신이 아이리스에게 마음이 끌려 그녀를 유혹하려고 하였다. 영리한 아이리스는 그 때마다 그럴 듯한 이유를 대어 자리를 피하곤 했다.

헤라는 아이리스가 더욱 사랑스러워 무지갯빛 목걸이를 주며 하늘에 다리를 놓고 건너 다닐 수 있도록 하고, 향수가 들어 있는 크리스털 잔에 입김을 불어 축복해 주었다. 이 때 향수 몇 방울이 땅에 떨어져 꽃창포가 되었다고 한다.

▲ 연못가에 피는 노랑꽃창포

벗풀 *Sagittaria*

택사과에 딸린 여러해살이풀로 연못과 같은 물속에서 자란다. 잎은 모여 나고 넓고 긴 잎자루가 있으며, 윗부분의 잎은 작은 칼 모양이다.

꽃줄기는 길이 20~80cm이며, 8~10월에 작은 흰꽃이 층층으로 핀다. 암꽃이 밑부분에 달리고 수꽃이 윗부분에 달리며 각각 꽃자루가 있다.

열매에는 양쪽에 넓은 날개가 있으며 길이는 3~5mm이다.

물속에서 자라는 벗풀 ▶

물옥잠 *Monochoria*

물옥잠과에 딸린 한해살이풀로서 키는 30~40cm이고 아래쪽의 잎은 잎자루가 길고 위로 올라갈수록 짧아지며 줄기와 더불어 스펀지처럼 구멍이 많고 밑부분이 넓어져서 줄기를 감싼다.

잎은 심장 모양이며 가장자리가 밋밋하며 끝이 뾰족하다. 9월에 줄기 끝에서 지름 2.5~3cm의 보랏빛 꽃이 원뿔 모양의 꽃차례로 모여핀다.

수술은 6개로서 5개는 작고 노란빛이지만 1개는 크고 자줏빛이며 수술대에는 갈고리 같은 돌기가 있다. 달걀 모양의 열매는 길이 1cm 정도로 익으면 저절로 벌어져 씨를 밖으로 내보낸다.

▲ 보랏빛 꽃이 피는 물옥잠

부레옥잠 *Eichhornia*

물옥잠과에 딸린 여러해살이풀로 밑에서 잔뿌리가 돋고 잎이 많이 달린다.

잎자루는 길이 10~20cm로서 중앙이 부풀어 마치 부레같이 되며 물위에 뜨기 때문에 부레옥잠이라고 한다.

잎은 원형에 가까운 타원 모양이며 밝은 녹색으로 윤기가 있다.

8~9월에 연한 자줏빛 꽃이 피는데, 아랫부분이 통같이 되고 윗부분은 깔때기처럼 퍼지며 6개로 갈라진다. 위쪽 정면의 1개는 특히 크며 노란색 점이 있다.

수술은 6개로서 그 중 3개는 길고 수술대에 털이 있으며 암술은 1개로서 긴 실 모양이다.

▲ 물 위에 떠 있는 부레옥잠

갈대 *Reed*

벼과에 딸린 여러해살이풀로 키는 1~3m이고 축축한 땅이나 물가에 숲을 이루어 저절로 자란다. 뿌리줄기는 길게 뻗으면서 마디에서 수염뿌리가 내리고 줄기는 속이 비어 있으며, 마디에 털이 있는 것도 있다.

잎은 2줄로 어긋나며 긴 칼 모양으로 끝이 뾰족하다. 9월에 검은 자줏빛의 작은 꽃이 원뿔 모양 꽃차례로 피는데 후에 갈색으로 변한다. 꽃이 삭은 아래쪽을 향한다.

줄기는 갈대발·갈삿갓·삿자리 등의 재료나 펄프의 원료로 쓰인다. 어린순은 먹으며, 뿌리줄기는 토하는 것을 멈추게 하는 약으로 사용한다. 꽃말은 '신의 믿음·지혜'이다.

▲ 갈대를 가까이 본 모양

▲ 검은 자줏빛 꽃이 핀 강가의 갈대숲

● **전설** 옛날 로마에 양치기의 신 미누스가 숲 속의 요정 시링거스를 사랑하여 언제나 그녀만을 생각하고 있었다.

그런데 어느 날 우연히 호숫가에서 시링거스를 만나게 되었다. 미누스는 어찌할 바를 몰라 하다가 갑자기 그녀를 껴안고 말았다. 그 순간 시링거스는 온데간데 없고 미누스는 갈대만 한 아름 안고 있었다.

미누스가 실망하여 한숨을 쉬자 속이 빈 갈대의 줄기를 통해 슬픈 숨소리가 흘러나왔다. 이 때부터 갈대로 피리를 만들어 불게 되었다고 한다.

▲ 꽃빛깔이 갈색으로 변한 갈대숲

▲ 아침 노을에 물든 겨울 갈대

피 *Deccan Grass*

벼과에 딸린 한해살이풀로 곧게 자라며 키는 1m에 이른다.

잎은 길이 30~50cm, 너비 2~3cm로 가장자리에는 잔톱니가 있으며 밑부분이 칼집 모양으로 줄기를 감싼다.

8~9월에 엷은 녹색 또는 붉은갈색의 꽃이 원뿔 모양의 꽃차례로 줄기 끝에 모여핀다. 꽃이삭은 길이 10~20cm이며, 작은이삭은 1개의 꽃으로 되고 까끄라기가 있거나 없으며 넓은 타원 모양이다. 단단한 씨는 얇은 껍질에 싸여 하나씩 들어 있고, 식량이 부족할 때는 사람이 먹거나 새의 먹이로 쓰인다.

▲ 새의 먹이로 사용되는 피

개구리밥 *Duckweed*

개구리밥과의 여러해살이풀로 논이나 연못의 물 위에 떠서 살며, 둥근 겨울눈이 물속에 가라앉았다가 이듬해 봄에 다시 물 위에 떠올라 번식한다.

개구리밥은 부평초라고도 하는데 물 위에서 떠돌아다니는 풀이라는 뜻으로, 노랫말에서 외로운 나그네를 나타낼 때 흔히 사용하는 말이다.

식물체는 잎처럼 생긴 넓은 타원 모양이고, 7~8월에 흰빛의 잔꽃이 피며 꽃은 2개의 수술과 1개의 암술로 이루어져 있다.

전체를 건강을 위한 보약이나 열을 내리게 하는 약으로 사용하고, 이뇨제 및 독을 없애는 한약재로 쓰기도 한다.

▲ 물 위를 떠돌아다니는 개구리밥

부들 *Cattail*

부들과에 딸린 여러해살이풀로 키는 1~1.5m이고 줄기는 가느다란 원기둥 모양이다. 뿌리줄기는 옆으로 뻗으면서 수염뿌리를 내린다.

잎은 가늘고 긴 칼 모양으로 밑부분이 줄기를 둘러싼다. 7월에 노란 꽃이 피는데 수꽃이삭은 윗부분에, 암꽃이삭은 바로 밑에 달린다.

꽃이 지면 핫도그와 같은 열매이삭이 생기는데 빛깔은 붉은갈색이다. 잎으로는 방석을 만들고 꽃가루는 피를 멎게 하는 약이나 방광염・월경 불순 등의 약재로 쓰인다.

▲ 부들의 잎과 열매

여뀌 *Persicaria*

들이나 개울가의 습기 찬 곳에 나는 마디풀과의 한해살이풀로 키는 40~60cm이고, 잎은 어긋나며 넓은 칼 모양이다.

6~9월에 가지 끝에서 많은 연한 자줏빛의 잔꽃이 모여피고 이삭 모양을 이루어 고개를 숙인다.

독이 있는 식물이기 때문에 잎과 줄기를 으깨어 개울물에 풀어 물고기를 잡고, 잎은 매운맛이 나므로 양념으로 쓰인다.

잎과 줄기는 피를 멎게 하는 지혈제나 혈압을 내리게 하는 약으로 쓰이고, 즙을 내어 벌레 물린 데 바르기도 한다.

◀ 여뀌 잎에 앉은 부처나비

▲ 습기찬 곳에서 자라는 여뀌

검정말 *Hydrilla*

자라풀과의 여러해살이풀로 연못·늪·개울 등의 물속에서 자라며 줄기는 길이 30~60cm이고 무더기로 모여난다.

잎은 3~8개씩 돌려나지만 마주나는 것도 있으며 작은 칼 모양이고 맥이 하나씩 있다.

암수딴그루로서 8~9월에 암꽃은 잎겨드랑이에 한 개씩 달리고 씨방이 길게 자라서 밖으로 나와 물 위에서 핀다. 수꽃은 꽃가루가 여물면 둥근 포가 옆으로 갈라져서 꽃이 떨어져 나온다.

수꽃은 물결을 따라 떠다니다가 암술머리를 만나면 가루받이를 하여 번식하고, 줄기가 떨어져 물속으로 가라앉아 뿌리를 내리고 무리를 늘려 간다.

▲ 검정말

나사말 *Vallisneria*

자라풀과의 여러해살이풀로 연못이나 흐름이 빠르지 않은 강가에서 자란다.

땅속줄기가 옆으로 뻗으며 마디에서 뿌리를 내리고, 잎은 뿌리에서 모여나며 길이 30~70cm, 너비 4~9mm이다.

암수 딴 그루로서 꽃은 8~9월에 피는데 암꽃이 달린 꽃줄기는 길게 자라 꽃이 물 위에서 피도록 한다.

수꽃이 피는 꽃줄기는 길이 2~3cm이며 포로 싸인 부분은 길이 1cm로서 많은 수꽃이 달리고 꽃이 떨어지면 물위에서 가루받이가 이루어진다.

암꽃의 꽃줄기는 꽃이 쓰러진 다음 꼬불꼬불 꼬여서 물속으로 가라앉는다.

▲ 나사말

마름 *Water Chestnut*

마름과에 딸린 한해살이풀로 뿌리를 진흙 속에 묻는다. 줄기는 물 위까지 자라며 끝에서 많은 잎이 사방으로 퍼져 수면을 덮고 물속의 마디에서는 깃 모양의 뿌리를 내린다.

잎은 삼각형이며 위쪽의 가장자리에 불규칙한 톱니가 있고 윤기가 있으며 뒷면에 털이 많이 나 있다.

7~8월에 지름 1cm 정도의 흰꽃이 잎겨드랑이에 달리며 열매는 딱딱하고 거꾸로 된 삼각형이다. 윗부분은 중앙부가 두드러지고 양끝은 꽃받침잎이 변하여 가시처럼 되며, 날로 먹거나 가루를 만들어 먹는다.

▲ 마름

물수세미 *Myriophyllum*

개미탑과의 여러해살이풀로서 줄기는 길이 50cm에 이른다.

물수세미의 밑부분은 땅 속으로 들어가서 땅속줄기가 되며 위쪽 끝부분은 물 위로 떠오른다.

잎은 4개씩 돌려나고 빗살 모양으로 깊고 가늘게 갈라져 있다.

8월에 물 위로 나온 잎겨드랑이에서 연한 노란꽃이 한 송이씩 피어, 전체가 잎이 달린 이삭처럼 되고 위쪽에 수꽃이, 아래쪽에 암꽃이 달린다.

열매는 달걀 모양이고 길이 2.5mm 가량으로 4개의 홈이 있으며, 꽃받침잎이 붙어 있다.

▲ 물수세미

이끼 Moss

　이끼라고 하면 선류·태류·지의류에 딸린 민꽃식물을 통틀어 일컫는 말로, 뿌리와 줄기와 잎의 구별이 뚜렷하지 않고 얇은 헝겊처럼 퍼져서 고목이나 바위 또는 습기가 많은 곳에서 자란다.

　이끼는 헛뿌리와 줄기와 잎이 어느 정도 모양을 갖춘 솔이끼와, 줄기가 없이 전체가 한 장의 잎처럼 된 우산이끼로 나눌 수 있으며 솔이끼 무리를 선류, 우산이끼 무리를 태류라고 한다.

▲ 물이끼

▲ 폭포 옆의 바위에서 자라고 있는 여러 가지 이끼

이끼는 꽃이 피지 않기 때문에 홀씨나 작은 이끼조각이 바람이나 물을 타고 멀리까지 퍼져 나간다. 또한 생명력이 매우 강해서 열대 지방과 한대 지방을 가리지 않고 동굴 속이나 메마른 곳에서도 잘 살아간다.

그리고 이끼가 자라는 곳은 땅이 기름지게 되어 주위의 다른 식물들이 살아가는 데 큰 도움을 준다.

◀ 솔이끼

▲ 우산을 편 모양을 하고 있는 우산이끼

방동사니 *Cyperus*

사초과에 딸린 한해살이풀로 키는 약 20~30cm 가량이다. 줄기는 세모졌으며 윤기가 있고 여러 줄기가 모여난다.

잎은 칼 모양으로 뿌리에서 가늘게 나고 끝이 차차 날카로워지며 잎 밑은 칼집처럼 생겼다.

여름에서 가을에 걸쳐 노란빛이 도는 갈색의 작은 꽃이 이삭 모양을 이루며 모여 핀다.

논밭과 들의 습기가 있는 곳에서 절로 자라는데 특이한 냄새가 나므로 동물들도 먹지 않으며, 번식력이 강하여 금세 무성해지며 농작물의 양분을 빼앗아 해를 주는 잡초이다.

▲ 방동사니

붕어마름 *Hornwort*

물속에서 자라는 붕어마름과의 여러해살이풀로 뿌리가 없고 가지가 변한 헛뿌리가 땅 속으로 들어간다.

줄기는 가늘고, 드문드문 가지가 갈라지며 길이는 40cm 가량이다. 솔잎 같은 잎은 줄기의 마디에서 빽빽하게 돌라붙어 난다.

암수 한 그루로 7~8월에 붉은빛의 자그마한 꽃이 잎겨드랑이에서 한 송이씩 핀다. 수꽃의 꽃가루가 여물면 꽃줄기가 떨어져 물결을 따라 돌아다니다가 암술머리에 닿으면 가루받이가 이루어진다.

얕은 물속에서 나는데 산소를 밖으로 내보내므로 흔히 어항에 넣어 둔다.

▲ 붕어마름

미역 Brown Seaweed

갈조류에 딸린 바닷말로 잎은 넓고 편평하며, 날개 모양으로 벌어져 있고 아랫부분은 기둥 모양의 자루로 되어 바위에 붙어 자란다.

빛깔은 흑갈색이나 황갈색이며, 전체 길이는 1~2m이며 너비 60cm 가량이다. 대개 가을에서 겨울 동안 자라고, 늦봄·첫여름에 홀씨로 번식한다.

깊이가 10m쯤 되는 바위에서 떼지어 붙어 사는데, 칼슘과 요오드가 많이 들어 있어 발육이 왕성한 어린이와 애기를 낳은 어머니의 건강에 매우 좋으므로 예부터 즐겨 먹는 바닷말이다. 뼈를 튼튼하게 해 주고 피를 맑게 해 주기 때문이다.

▲ 미역

다시마 Sea Tangle

갈조류에 딸린 2~3년생의 바닷말로 몸은 넓은 띠 모양이다.

바탕은 두껍고 거죽이 미끄러우며 조금 쭈글쭈글한 주름이 있고, 아래에 자루가 있어서 바위에 붙어서 산다.

전체의 길이는 2~4m이고 너비는 20~30cm 가량이며, 빛깔은 황갈색이거나 흑갈색이다.

깊이가 20m쯤 되는 곳에서 자라며, 거제도·제주도·흑산도에서 많이 난다.

다시마를 말려 두었다가 물에 넣고 끓여서 국물을 만들거나 기름에 튀겨 먹으며, 공업용으로는 요오드의 원료가 된다.

▲ 다시마

김 *Laver*

홍조류에 딸린 바닷말로 깊이가 10m쯤 되는 바다의 바위에 이끼처럼 붙어서 자란다. 몸길이는 30cm 가량이고 너비는 6cm 가량이며, 가장자리에는 물결 모양의 주름이 져 있다. 빛깔은 붉은 자줏빛이거나 검은 자줏빛이다.

10월경에 나타나기 시작하여 겨울부터 봄에 걸쳐 번식하고 그 후에는 차츰 줄어들어 여름철에는 보이지 않는다.

김을 따면 우선 잘게 썰어서 물에 푼 다음 발 위에 펴서 말리면 우리가 먹는 김이 된다. 오징어·한천과 함께 수출 수산물의 하나이다.

▲ 자연산 김　▲ 양식 김

우뭇가사리 *Agar-agar*

우뭇가사리과에 딸린 붉은말로 높이는 10~30cm이고, 줄기와 잔가지가 많아 나뭇가지 모양을 이루며, 자른 면은 물렛가락 모양이다.

가지는 깃 모양으로 갈라지고, 마주나거나 어긋나며 빛깔은 검붉은색이다.

깊이가 5~10m쯤 되는 바다 밑에서 떼지어 자라는데 바위에서 기르거나 바다에 돌을 넣어 번식하게 하고, 긴 쇠갈퀴 등으로 긁어 모은다.

우뭇가사리는 우무의 원료가 되며, 우무는 연양갱이나 젤리의 원료가 된다. 우리나라는 남해 앞바다에서 많이 자란다.

▲ 우뭇가사리

여섯째 가름

약용 식물

봄의 약초

쥐오줌풀 *Valeriana fauriei*

산지의 약간 습한 곳이나 그늘진 곳에서 자라는 다년초로서 높이는 40~80cm이고 뿌리에 강한 향기가 있으며 밑에서 뻗는 가지가 자라서 번식하고 마디 부근에 긴 백색 털이 있다. 근생엽은 꽃이 필 때가 되면 없어지며 경생엽은 대생하고 5~7개로 갈라지며 열편에 톱니가 있다.

꽃은 5~8월에 피고 붉은빛이 돌며 가지 끝과 원줄기 끝에 산방상으로 달리고 화관은 5개로 갈라지며 화통은 길이가 5~7mm로서 한쪽이 약간 부풀고 3개의 수술이 길게 꽃 밖으로 나온다.

열매는 피침형이며 길이는 4mm 정도로서 윗부분에 꽃받침이 관모상으로 달려서 바람에 날린다. 열매에 털이 있는 것을 광릉쥐오줌풀, 잎 열편에 톱니가 없는 것을 긴잎쥐오줌풀이라고 한다.

어린순을 나물로 하고 근경을 진정 및 진경제로 사용하거나 담배의 향료로 사용한다.

쥐오줌풀_ 마타리과

큰꽃으아리 *Clematis patens*

덩굴식물로서 5~6월경, 그 해 새로 벋은 가지 끝에 화경 10cm 정도의 아름다운 꽃을 피운다. 이 꽃에는 꽃잎은 없고 꽃받침 8장이 흰색과 연한 보라색으로 변해 꽃잎처럼 발달한다. 꽃이 아름답기 때문에 많이 재배되고 있으며 이 꽃의 뿌리는 토리텔펜의 오렌아놀산을 함유하고 있다.

백당나무_ 미나리아재비과

고삼 *Sophora flavescens*

햇볕이 잘 드는 곳에서 자라는 다년초로서 높이가 1m에 달하고 녹색이지만 어릴 때는 검은빛이 돈다. 잎은 호생하며 엽병이 길고 기수우상복엽으로서 길이는 15~25cm이다.

소엽은 15~40개이며 긴 타원형 또는 긴 난형이고 둔두 또는 예두이며 원저이고 길이는 2~4cm, 너비가 7~15mm로서 양면 또는 뒷면에만 복모가 있으며 가장자리가 밋밋하다.

꽃은 6~8월에 피고 길이는 15~18mm로서 연한 황색이며 원줄기 끝과 가지 끝의 총상꽃차례에 꽃이 달린다. 꽃받침은 통 같고 겉에 복모가 있으며 길이는 7~8mm로서 끝이 5개로 얕게 갈라지고 꼬투리는 선형이며 길이는 7~8cm, 지름은 7~8mm로서 짧은 대가 있다.

뿌리를 건위 및 구충제로 사용하거나 신경통에 사용한다. 아메바성 이질에 사용되는 고삼자는 고삼의 씨가 아니고 인도네시아에서 자라는 식물로부터 얻은 것이다. 손발이 화끈하끈해서 잠을 못 이룰때 사용한다.

고삼_ 콩과

약난초 *Cremastra appendiculata*

내장산 이남 계곡 숲 속에서 자라는 다년초로서 위린경은 땅 속으로 얕게 들어가며 옆으로 염주같이 연결되고 높이는 3cm이다.

잎은 1~2개가 인경 끝에서 나와 겨울이 지나면 마르며 긴 타원형이고 길이는 25~40cm, 너비는 4~5cm로서 3맥이 있으며 끝이 뾰족하고 밑부분이 좁아져서 엽병과 연결된다.

5~6월에 잎 옆에서 1개의 화경이 나와 높이 40cm 정도 곧추자라며 15~20개의 연한 자줏빛이 도는 갈색꽃이 한쪽으로 치우쳐서 밑을 향해 달린다.

엽신이 없이 소상엽이 있고 화서는 길이가 10~20cm이며 포는 길이가 7~10mm이다. 암술은 길이가 2~5cm로서 윗부분이 약간 굵으며 삭과는 대가 없고 길이는 2~2.5cm로서 밑을 향한다. 점액이 많은 구경을 접골제로 사용한다. 가슴이 쓰릴때 위장 카타르에 사용한다.

약난초_ 난초과

떡쑥 *Gnaphalium affine*

밭 근처에서 자라는 2년초로서 높이는 15~40cm이고, 전체가 백색 털로 덮여 있어 흰빛이 돈다. 근생엽은 꽃이 필 때 쓰러지며 경생엽은 자생한다. 꽃은 5~7월에 피고 원줄기 끝이 산방꽃차례에 달린다.

관모는 길이 2.5mm 정도로서 황백색이고 밑부분이 완전히 합쳐지지 않는다. 어린순을 나물로 먹고 성숙한 것은 기침약으로 사용한다.

떡쑥_ 국화과

왜현호색 *Corydalis ambigua*

충북 이북의 산지에서 자라는 다년초로서 땅속에 있는 지름이 1.5cm 정도의 괴경에서 1개의 줄기가 나와 높이 10~30cm 정도 자라며 윗부분에 2개의 잎이 달린다.

잎이 달린 밑부분에 1개의 포 같은 잎이 달리고 거기에서 가지가 갈라지기도 하며 잎은 엽병이 있고 3개씩 1~3회 갈라진다.

꽃은 4~5월에 피며 길이는 17~25mm로서 한쪽으로 넓게 입술처럼 퍼지고 자줏빛이 도는 하늘색이며 원줄기 끝에 총상으로 달리고 겉는 옆으로 곧추벋으며 끝이 약간 밑으로 굽는다. 속이 약간 누른빛이 도는 괴경을 복통 및 두통에 사용하거나 월경통에 사용한다.

왜현호색_ 양귀비과

금창초 *Ajuga decumbens*

경상도, 전남 및 제주도에서 자라는 다년초로서 원줄기가 옆으로 벋고 전체에 다세포의 털이 있다. 근생엽은 방사상으로 퍼지며 짙은 녹색이지만 흔히 자줏빛이 돌고 밑으로 점차 좁아지며 가장자리에 둔한 파상의 톱니가 있다.

꽃은 5~6월에 피며 짙은 자주색으로서 엽맥에 몇 개씩 달리고 꽃이 피는 줄기는 4~6개가 높이는 5~15cm 정도 곧추자라며 몇 쌍의 잎이 달리고 자줏빛이 돈다.

꽃받침은 5개로 갈라지며 털이 있고 화관은 길이 1cm 정도로서 윗부분의 것은 중앙부가 오그라들거나 갈라지고 밑부분의 것은 3개로 갈라지며 중앙부의 것이 가장 크고 끝이 얕게 갈라진다. 4개의 수술 중 2개는 길며 사분과는 길이가 2mm 정도로서 그물맥이 있다. 원줄기와 잎을 상처와 설사에 사용한다.

금창초_ 소엽, 차조기과

으름덩굴 *Akebia quinata*

황해도 이남의 산야에서 흔히 자라는 낙엽만경으로서 길이가 5m에 달하고 가지는 털이 없으며 갈색이다. 잎은 새 가지에서는 자생하고 늙은 가지에서는 총생하며 장상복엽이고 소엽은 5~6개이며 길이는 3~6cm로서 양면에 털이 없으며 가장자리가 밋밋하다.

꽃은 1가화로서 4~5월에 피고 잎과 더불어 짧은 가지의 잎 사이에서 나오는 짧은 총상꽃차례에 달리며 수꽃은 작고 많이 달리며 6개의 수술과 암꽃의 흔적이 있다. 암꽃은 크고 적게 달리며 지름 2.5~3cm로서 자갈색이고 꽃잎은 없으며 3개의 꽃받침 잎이 있다.

장과는 길이가 6~10cm로서 10월에 자갈색으로 익고 복봉선으로 터지며 과육은 먹을 수 있다. 줄기를 약용으로 하거나 바구니 등을 만드는 데 사용한다. 소엽이 6~9개인 것을 여덟잎으름이라고 하며 속리산·장산곶 및 안면도에서 자란다. 신장염·요도염·방광이 부울때 사용한다.

으름덩굴_으름과

물레나물 *Hypericum ascyron*

물레나물_ 고추나물과

양지와 바닷가에서 흔히 자라는 다년초로서 높이가 0.5~1m이고 원줄기는 네모가 지며 윗부분이 녹색이고 밑부분이 목질로 되며 연한 갈색이고 가지가 갈라진다. 잎은 대생하며 엽병이 없이 원줄기를 마주싸고 끝이 뾰족한 피침형이며 길이는 5~10cm, 너비가 1~2cm로서 투명한 점이 있다.

꽃은 6~8월에 피고 지름은 4~6cm로서 황색 바탕에 붉은 빛이 돌며 가지 끝에 큰 꽃이 달린다. 꽃받침잎은 5개이고 길이 1cm 정도로서 맥이 많으며 꽃잎은 낫같이 굽은 넓은 난형이며 길이는 2.5~3.5cm이고 암술대는 암술머리와 더불어 길이는 6~8mm이며 중앙까지 5개로 갈라진다.

삭과는 난형이고 길이는 12~18mm이며 종자에 작은 그물맥이 있고 한쪽에 능선이 있으며 길이는 1mm이다. 암술대의 길이는 1cm이고 윗부분에서 1/3 정도 갈라지는 것을 큰물레나물이라고 한다. 어린순을 나물로 하고 한방에서는 연주창·부스럼 및 구충에 사용한다.

고추냉이 *Cardamine koreana*

고추냉이_ 유채과

울릉도의 샘물이 나오는 곳에서 자라는 다년초로서 지하경에 많은 엽흔이 남아 있다. 지하경에서 나온 잎은 길이 30cm 정도의 엽병이 있고 길이와 나비가 각각 8~10cm로서 가장자리에 불규칙한 잔톱니가 있고 엽병 밑부분이 넓어져서 서로 얼싸안는다.

경생엽은 엽병이 있으며 길이는 2~4cm이다. 화경의 높이는 20~40cm로서 비스듬히 자라고 잎이 달리며 꽃은 5~6월에 피고 백색이며 줄기 끝부분의 엽액이나 끝에 짧은 총상으로 달린다. 꽃받침은 길이 4mm 정도로서 가장자리가 백색이고 꽃잎은 길이 6mm 정도이다. 4강웅예와 1개의 암술이 있으며 소화경은 길이는 1~3cm이고 열매는 길이가 17mm정도로 약간 굽으며 끝에 부리가 있고 종자가 들어 있는 곳이 두드러진다. 지하경을 신미료로 사용한다.

창포 *Acorus calamus*

창포_ 토란과

연못가와 도랑가에서 자라는 다년초로서 근경은 굵고 옆으로 벋으며 마디가 많고 밑부분에서 수염뿌리가 돋는다. 잎은 근경 끝에서 총생하며 길이는 70cm, 너비가 1~2cm로서 중근이 있고 대검 같으나 밑부분이 서로 얼싸안으며 2줄로 나열된다.

화경은 잎과 같으나 약간 짧고 중앙부에 길이 5cm 정도의 수상화서가 6~7월경에 비스듬히 옆으로 달린다.

화축면에서 연한 황록색의 많은 꽃이 밀생하며 꽃은 양성이고 6개씩의 화피와 수술이 있다. 암술은 1개이며 자방은 둥근 타원형으로 둥근 암술머리가 있다. 근경을 방향성 건위제로 사용하고 목욕탕에서도 사용한다.

양매자나무 *Berberis koreana* _ 벨베리스

양매자나무_ 매자과

경기도 이북의 산록에서 자라는 낙엽관목으로서 높이가 2m에 달하며 가지가 많이 갈라지고 소지에 구가 있으며 2년 가지는 적색 또는 암갈색으로 되고 가시는 길이가 5~10mm이다.

꽃은 양성으로서 5월에 피며 잎보다 짧은 총상꽃차례에 달리고 화경은 길이가 2~4cm이며 소화경은 길이가 4~6mm이다.

열매는 지름은 6mm 정도로서 9월에 적색으로 익으며 잎이 가을철에 적색으로 된다. 잎이 도피침형인 것을 좁은잎매자, 열매가 긴 타원형인 것을 연밥매자라고 한다. 눈꼽이 나오는 결막염등에 사용한다.

조름나물 *Menyanthes trifoliata*

울진 및 대관령 이북의 연못에서 자라는 다년초로서 근경은 길게 옆으로 자라며 지름은 7~10mm이고 녹색이며 끝에서 옆병이 긴 3출옆이 5~6개씩 나온다. 꽃은 7~8월에 피며 지름은 1~1.5cm로서 백색이고 화경의 길이는 20~40cm로서 잎 사이에서 나오며 끝부분에 꽃이 총으로 달린다.

꽃받침은 짧고 5개로 갈라지며 화관은 깔때기 모양으로서 5개로 중앙까지 갈라지며 열편 안쪽에 긴 털이 밀생한다. 5개의 수술은 화통에 붙어 있고 1개의 암술이 있으나 포기에 따라 긴 수술에 짧은 암술의 꽃과 긴 암술에 짧은 수술의 꽃이 있다.

삭과는 긴 암술대가 있는 포기에 달리며 지름은 5~7mm이고 종자는 둥글며 지름은 2.5~3mm이다. 잎을 건위 및 구충제로 사용한다.

조름나물_ 조름나물과

카밀레 *Matricaria chamomilla*

유럽이 원산지이며 일 년 내지 2년초로서 과거에 재배하던 것이 퍼졌으며 높이는 30~60cm이고 능선이 있으며 능금 같은 향기가 있고 밑에서 가지가 많이 갈라진다. 잎은 호생하며 2~3회 우상으로 갈라지고 엽병이 없으며 밑부분이 원줄기를 감싸고 열편은 선형이며 긴 털이 다소 있거나 없고 가장자리가 밋밋하다.

꽃은 6~9월에 피며 지름은 13~20mm로서 산방상으로 엉성하게 배열되고 총포는 반구형이며 포편은 4줄로 배열되고 외편은 긴 타원형이며 겉에 백색 연모가 있고 끝이 둥글며 가장자리가 막질이다. 설상화는 백색이고 암꽃으로서 1줄로 달리며 꽃이 핀 다음 밑으로 젖혀지고 관상화는 양성으로서 황색이다.

수과는 타원형이며 다소 굽고 끝이 편평하며 몇 줄의 능선이 있고 관모가 없다. 감기에 좋은 약용 식물로 재배하였으며 카밀레는 네덜란드에서 온 것이다.

카밀레_ 국화과

진황정 *Polygonatum falcatum*

산지의 숲 가장자리에서 자라는 다년초로서 근경은 둥글레처럼 굵고 마디가 있으며 옆으로 벋고 원줄기의 단면이 둥글며 높이가 50~80cm로서 끝이 옆으로 비스듬히 자란다.

잎은 호생하고 2줄로 배열되며 피침형 또는 좁은 피침형이고 길이는 8~13cm, 너비는 10~25mm서 밑부분이 좁아져 원줄기에 달리며 끝이 점차 좁아지고 표면은 녹색, 뒷면은 분백색이며 맥 위에 돌기가 약간 있다.

꽃은 5월에 피고 3~5개 때로는 1개가 엽액에 다소 산형 또는 산방형으로 달리며 푸른빛이 도는 백색이고 길이는 2cm로서 통형이다. 수술은 9개이며 수술대에 털이 없고 꽃밥은 길이가 3mm로서 수술대보다 짧다. 열매는 둥글며 흑녹색으로 익고 밑으로 처진다. 연한 순을 나물로 하고 근경은 자양·강장의 약용 또는 식용으로 한다.

진황정_ 백합과

하얀꽃 연령초

하얀꽃 연령초_ 백합과

　한국뿐만 아니라 일본·중국·사할린 등에도 분포한다. 뿌리줄기는 두텁고 짧으며 여러 개가 있다. 3cm 정도의 꽃자루 끝에 4~5월쯤, 약간 옆을 향해서 꽃이 하나 핀다. 외화피 3쪽은 녹색이고 피침형이며, 내화피 3쪽은 하얀색의 넓은 피침형으로 외화피보다 조금 길다. 액과는 둥근 모양으로 익어서 흑자색이 된다. 자양·강장에 좋은 성분이 함유되어 있다.

산마늘 *Allium victorialis*

산마늘_ 백합과

　지리산·설악산 및 울릉도의 숲 속이나 북부지방에서 자라는 다년초로서 외피는 그물 같은 섬유로 덮여 있으며 갈색이 돈다. 잎은 넓고 2~3개씩 달리며 길이는 20~30cm, 너비는 3~10cm로서 양끝이 좁으며 가장자리가 밋밋하고 약간 흰빛을 띤 녹색이며 윤기가 없다.

　꽃은 백색 또는 황색으로서 5~7월에 피며 높이 40~70cm의 화경이 나와 그 끝에 산형꽃차례가 달리고 포는 난형이며 2개로 갈라지고 소화경은 길이가 1.5~3cm이다. 수술 및 암술대는 화피보다 길며 꽃밥은 황록색이다.

　삭과는 3개의 심피로 되었고 끝이 오그라들며 종자는 흑색이다. 인경과 더불어 연한 부분을 식용으로 한다. 울릉도에서는 멩[命]이라고도 한다. 자양·강장에 좋다.

산자고 *Tulipa edulis*

산자고_ 백합과

양지쪽 풀밭에서 자라는 다년초로서 인경은 길이가 3~4cm이고 인편 안쪽에 갈색털이 밀생한다. 근생엽은 2개이며 길이는 15~25cm, 너비는 5~10mm로서 백록색이며 털이 없다.

꽃은 4~5월에 피고 길이는 2~2.5cm이며 화경은 높이가 15~30cm이고 포는 길이가 2~3cm로서 2~3개이며 소화경은 길이가 2~4cm이다. 화피열편은 6개이고 끝이 둔하고 길이는 2~2.4cm로서 백색 바탕에 자주색 맥이 있다.

수술은 6개로서 화피 길이의 1/2정도이며 3개는 길고 3개는 짧다. 자방은 녹색이며 거의 둥글고 세모가 지며 끝에 길이가 6mm 정도의 암술대가 달린다. 목이 아플때 사용한다.

쥐엽나무 *Gleditsia japonica*

콩깍지와 종자에는 글레디시아, 사포닌을 20% 함유하고 있다. 가시는 페놀성 물질과 아미노산을 함유하고 있으며 사포닌은 없다. 거담(가래제거에 사용한다.)

쥐엽나무_ 콩과

무청

뿌리를 보면 무의 중간쯤 되는 것처럼 보이지만 그렇지 않고 유채꽃 계통에 속한다. 무꽃이 필 때쯤 무청도 꽃을 피우는데 4장의 노란색의 십자형 꽃을 피운다. 원산지는 무와 마찬가지로 지중해 연안 지방으로 보여지며 일본, 중국 등에도 넓게 분포한다.

무청에는 여러 종류가 있지만 거의 같은 것을 함유하고 있어서 아미노산·포도당·펙틴·비타민 C가 함유되어 있고 잎에는 비타민 C 외에 A, B_1, B_2가 뿌리보다 조금 많다. 동상·주근깨에 사용한다.

무청_ 유채과

두루미냉이 *Stachys sieboldii.*

중국 원산의 다년초로서 덩이줄기를 식용하기 위해 재배되고 있다.

뿌리는 직립해서 60cm 정도의 크기이고 4개의 능이 붙어 있으며, 아래쪽으로 향한 가시가 있어서 까칠까칠하다. 잎은 대생하고 난상피침형으로 밑부분은 심형, 맨끝은 뾰족하여 가장자리에 톱니가 있다.

7~9월 상순에 연한 홍자색의 꽃을 피운다. 9~10월에 땅속뿌리의 끝이 점차 부풀어 가느다란 염주알처럼 가늘어진 덩이줄기가 생긴다.

당질의 스타키오스가 덩이줄기에 특히 다량 함유되어 있어 체내에서 포도당으로 분해된다. 단백질도 2.5% 함유되어 있다. 타박상에 사용한다.

두루미냉이_ 소엽, 차조기과

산뽕나무　Morus bombycis Koidz

　　낙엽소교목으로서 높이는 7~8m, 지름은 1m이고 수피는 회갈색이며 소지는 잔털이 있거나 없고 점차 흑갈색으로 된다.
　　잎은 가장자리에 불규칙한 톱니가 있고 뒷면은 주맥 위에 털이 약간 있으며 탁엽은 일찍 떨어지고 엽병은 길이가 5~25mm로서 잔털이 있다.
　　꽃은 이가화 또는 잡성화로서 5월에 피며 웅화서는 새 가지 밑에서 밑으로 처지고 수꽃은 화피열편과 수술이 각각 4개이다. 열매는 6월에 익으며 육질로 되는 화피가 합쳐져서 1개의 열매처럼 된다.
　　잎 끝이 길게 발달하는 것은 꼬리뽕, 잎이 우상으로 갈라지는 것은 좁은 잎뽕, 잎이 5개 정도로 크게 갈라지는 것을 가새뽕, 잎이 두껍고 윤기가 있으며 바닷가에서 자라는 것은 섬뽕, 1년생의 줄기가 붉은 것은 붉은대산뽕이라고 한다. 고혈압과 변비예방에 사용한다.

산뽕나무_ 뽕나무과

굴거리나무　Daphniphyllum macropodum

　　바닷가로는 안면도, 육지로는 전북의 내장산까지 올라오는 상록소교목으로서 높이가 10m에 달하고 소지는 굵으며 녹색이지만 어린것은 붉은빛이 돌고 털이 없다.
　　꽃은 일가화로서 녹색이 돌고 화피가 없으며 길이가 2.5cm의 액생하는 총상꽃차례에 달리고 수꽃은 8~10개의 수술이 있으며 암꽃은 약간 둥근 자방에 2개의 암술대가 있고 자방 밑에 퇴화된 수술이 있다.
　　열매는 긴 타원형이며 지름은 1cm로서 10~11월에 암벽색으로 익는다. 잎과 수피를 구충제로 사용하고 나무껍질은 종기 부스럼을 다스린다.

굴거리나무_ 굴거리나무과

애기닥나무 *Broussonetia kazinoki*

낙엽수목으로서 높이가 3m에 달하고 소지에 짧은 털이 있으나 곧 없어진다. 잎은 길이가 5~20cm로서 가장자리에 톱니와 더불어 2~3개의 결각이 있고 표면은 거칠고 뒷면은 처음에 털이 있다.

엽병은 길이가 1~2cm로서 꼬부라진 털이 있으나 점차 없어진다. 꽃은 일가화로서 잎과 더불어 피고 웅화서는 새 가지 밑부분에 달리며 길이는 1.5cm로서 타원형이고, 자화서는 윗부분의 엽액에서 나오며 둥글고 화경은 엽병과 길이가 거의 같다.

열매는 둥글고 외과피는 과경과 더불어 굵어지며 육질로 되어 적색으로 익으므로 딸기와 비슷하고 내과피에 입상의 돌기가 있다. 수피로 창호지를 만들기 때문에 흔히 재배한다.

가지잎은 몸이 붓는 경우의 이뇨에 사용한다.

애기닥나무_ 뽕나무과

석곡 *Dendrobium moniliforme*

남부지방의 바위 겉이나 노출된 고목수간에 붙어서 자라는 상록다년초로서 근경에서 굵은 뿌리가 많이 돋고 여러 가지의 대가 나와 높이 20cm 정도 곧추자라고 오래된 것은 잎이 없으며 속새처럼 마디만 있고 녹갈색이다. 잎은 2~3년생이고, 길이는 4~7cm, 너비가 7~15mm로서 겉은 녹색이고 끝이 둔하며 밑부분이 엽소와 연결된다.

꽃은 5~6월에 피고 지름은 3cm로서 백색 또는 연한 적색이며 향기가 있고 2년 전의 원줄기 끝에 1~2개가 달리며 밑부분에 비늘 같은 것이 약간 달린다.

중앙부의 꽃받침잎은 길이가 22~25mm, 나비가 5~7mm이고 측열편은 옆으로 퍼지며 꽃잎은 중앙부의 꽃받침과 길이가 비슷하거나 약간 짧다. 순판은 약간 짧고 뒤에 짧은 거가 있으며 밑부분으로는 암술을 양쪽에서 감싼다.

전초를 건위 및 강장제로 사용한다.

석곡_ 난초과

명자나무 *Chaenomeles japonica*

명자나무_ 장미과

중국산의 낙엽관목으로서 관상용으로 심고 있으며 높이가 1~2m에 달하고 가지 끝이 가시로 변한 것도 있다. 잎은 호생하며 타원형 또는 긴 타원형이고 예두예저이며 길이는 4~8cm, 너비가 1.5~5cm로서 가장자리에 잔톱니가 있고 엽병이 짧으며 탁엽은 난형 또는 피침형으로서 일찍 떨어진다.

꽃은 단성으로서 지름은 2.5~3.5cm이고 짧은 가지에 1개 또는 여러 개가 달리며 웅성화의 자방은 여위고 자성화의 자방은 살이 찌며 크게 자라고 소화경이 짧다.

꽃받침은 짧으며 종형 또는 통형이고 5개로 갈라지며 열편은 원두이고 꽃잎은 원형·도란형 또는 타원형이며 밑부분이 뾰족하다.

수술은 30~50개이고 수술대는 털이 없으며 암술대는 5개이고 밑부분에 잔털이 있으며 열매는 타원형으로서 길이는 10cm 정도이다. 열매는 피로회복·더위 먹은 데에 따른 관절 경련 등에 사용한다.

두릅나무 *Aralia elata*

두릅나무_ 오갈피나무과

전석지에서 자라는 낙엽관목으로서 높이 3~4m이고 원줄기는 그리 갈라지지 않으며 굳센 가시가 많다. 잎은 호생하고 길이는 40~100cm로서 기수는 2회 우상 복엽이며 엽축과 소엽에 가시가 있고 소엽은 넓은 난형, 또는 타원상 난형이며 점첨이고 넓은 예저 또는 원저이며 표면은 짙은 녹색이며 뒷면은 회색으로서 맥 위에 털이 있다.

가지 끝에서 나오는 화서는 기부에서 산형으로 벌어지고 다시 복총상화서로 되어 길이는 30~45cm 정도 자라며 소산경 끝에 산형화서가 달리고 화서에 짧은 갈색 털이 있다.

꽃은 양성이거나 수꽃이 섞여 있으며 8~9월에 피고 지름은 3mm 정도로서 백색이며 꽃잎, 수술 및 암술대는 각각 5개이다. 자방은 하립이고 열매는 둥글며 지름은 3mm 정도로서 10월에 흑색으로 익고 종자는 뒷면에 입상의 돌기가 약간 있다. 잎뒷면에 회색 또는 황색 밀모가 있는 것을 애기두릅나무, 잎이 작고 둥글며 엽축의 가시가 큰 것을 둥근 잎 두릅나무라고 하고 당뇨병에 사용한다.

상산 *Orixa japonica*

상산_ 굴나무과

해안을 따라서 경기도에까지 자라는 낙엽수목으로서 높이가 2m에 달한다. 꽃은 이가화로서 4~5월에 피고 잎이 아직 어릴 때 황록색 꽃이 엽액에 달리며 수꽃은 총상화서에 달리고 4개씩의 꽃받침잎, 꽃잎 및 수술과 1개의 퇴화된 암술이 있다.

암꽃은 1개씩 달리며 1개의 암술과 퇴화된 4개씩의 꽃받침잎, 꽃잎 및 수술이 있고 암술머리가 4개로 갈라진다. 열매는 4개로 갈라지는 갈색 삭과로서 굳은 내과피가 반전함에 따라 흑색 종자가 멀리 퍼진다.

대황 *Eisenia bicyclis.*

산골짜기 습지 또는 냇가의 밭에서 재배하는 다년초로서 굵은 황색 뿌리가 있으며 원줄기는 높이가 1m에 달하고 속은 비어 있다. 근생엽은 자줏빛이 도는 긴 엽병이 있다. 근생엽은 위로 올라갈수록 작고 엽병이 없으며 밑부분의 원줄기를 반 정도 감싸지만 깊은 심장저로서 5~7맥이 있다.

꽃은 7~8월에 피고 복총상화서는 가지와 원줄기 끝에서 원추화서를 형성하며 화경이 있는 황백색꽃이 화서에서 윤생한다. 화피열편은 6개로서 2줄로 배열되고 꽃잎은 없으며 수술은 9개, 암술대는 3개이다.

수과는 안쪽에 있는 3개의 화피열편으로 싸여 있다. 뿌리는 건위제로 사용하고 민간에서는 화상에 사용한다.

대황_ 여뀌과

후피향나무 *Ternstroemia gymnanthera*

제주도에서 자라는 상록교목으로서 작은 가지에 털이 없다. 잎은 호생하지만 가지 끝에서는 총생하며 길이는 3~7cm, 너비는 1.5~2.5cm로서 양면에 털이 없고 표면은 짙은 녹색이며 윤기가 있고 뒷면은 황록색이며 가장자리에 톱니가 없고 엽병은 길이가 2~8mm로서 붉은빛이 돈다.

꽃은 양성으로서 7월에 피며 지름은 2cm 정도이고 황백색이며 엽액에서 밑으로 처지고 꽃받침잎은 길이가 3~4mm이고 꽃잎은 길이가 5~8mm이다.

수술은 많으며 자방은 털이 없고 2실이며 2개의 암술머리가 있다. 열매는 둥글고 길이는 1.2~1.5cm로서 10월에 익으며 과피는 적색이고 상반부가 불규칙하게 갈라지며 홍색 종자가 5개씩 들어 있다. 수피는 다갈색 염료로 사용하고 목재는 가구재로 사용하며 나무는 정원수로 심는다.

후피향나무_ 동백나무과

상수리나무 *Quercus acutissima*

평안도 및 함남 이남에서 자라는 낙엽교목으로서 높이가 20~25m, 지름은 1m이며 수피는 흑암색이고 갈라지며 작은 가지에 잔털이 있으나 없어진다.

잎은 길이가 10~20cm로서 예리한 톱니와 12~16쌍의 측맥이 있으며 표면은 털이 없고 윤기가 있으며 뒷면은 다세포의 단모가 있고 엽병은 길이가 1~3cm로서 털이 없다. 잎이 밤나무의 잎과 비슷하지만 톱니 끝에 엽록체가 없는 것이 다르다.

꽃은 일가화로서 5월에 피며 웅화서는 새 가지 밑부분의 엽액에서 처지고 자화서는 윗부분의 엽액에서 곧추나와 1~3개의 암꽃이 달린다. 수꽃은 5개로 갈라진 화피열편과 8개 정도의 수술로 되며 암꽃은 총포로 싸이고 3개의 암술대가 있다.

상수리나무_ 너도밤나무과

열매는 다음해 10월에 익으며 포린은 젖혀진다. 견과는 둥글고 지름은 2cm 정도로서 식용 및 약용으로 하거나 사료로 이용하며 좋은 목재를 생산하고 탄재로도 좋다.

소엽맥문동 *Ophiopogon japonicus*

산지의 나무 그늘에서 자라는 다년초로서 근경이 옆으로 뻗으면서 새순이 나오고 수염뿌리 끝이 땅콩처럼 굵어지는 것도 있다. 잎은 밑부분에서 총생하며 길이는 10~30cm, 너비는 2~4mm로서 끝이 둔하다.

화서는 길이가 1~3cm로서 10개 정도의 꽃이 달리고 소화경은 길이가 2~6mm로서 중앙 또는 꽃 밑에 관절이 있다.

꽃잎과 수술은 각각 6개이고 자방은 중위로서 3개로 갈라진 암술대가 있고, 노출된 열매는 겉은 하늘색이며 둥글다. 괴근을 맥문동과 더불어 약용으로 쓰인다.

맥문동_ 백합과

백작약 *Paeonia japonica*

백작약_ 모란과

산지에서 자라는 다년초로서 높이가 40~50cm이고 밑부분이 비늘 같은 잎으로 싸여 있으며 뿌리는 육질이고 굵다. 잎은 3~4개가 호생하고 엽병이 길고 3개씩 2회 갈라지며 소엽은 양끝이 좁으며 길이는 5~12cm, 너비가 3~7cm로서 가장자리가 밋밋하고 뒷면은 흰빛이 돌며 털이 없다.

꽃은 6월에 피고 지름은 4~5cm로서 백색이며 꽃잎은 5~7개로서 도란형이고 수술은 많으며 꽃밥은 길이가 5~7mm이다. 자방은 3~4개이고 암술대는 뒤로 젖혀지며 골돌은 벌어지면 안쪽이 붉어지고 가장자리에 자라지 못한 적색 종자와 익은 흑색 종자가 달린다.

뿌리를 진통·진경 및 부인병에 사용한다. 잎 뒷면에 털이 있는 것을 털백작약, 잎 뒷면에 털이 있고 암술대가 길게 자라서 뒤로 말리며 꽃이 적색인 것을 산작약이라고 하며, 이중에서 잎 뒷면에 털이 없는 것을 민산작약이라고 한다. 진통·복통에 사용한다.

뱀딸기 *Duchesnea chrysantha*

뱀딸기_ 장미과

햇볕이 잘 쬐는 곳에서 자라는 다년초로서 줄기는 긴 털이 있고 꽃이 필 때는 작으나 열매가 익을 무렵에는 마디에서 뿌리가 내려 길게 벋는다. 잎은 호생하며 3출엽이고 길이는 2~3.5cm, 너비는 1~3cm로서 표면은 털이 그리 없으나 뒷면은 잎맥을 따라 긴 털이 있다.

탁엽은 길이가 7mm 정도로서 가장자리가 밋밋하다. 꽃은 4~5월에 피고 황색이다. 꽃잎은 끝이 약간 파진 도이각형으로서 길이는 5~10mm이며 열매는 둥글고 지름은 10mm 정도로서 연한 홍백색 바탕에 붉은 빛이 도는 수과가 점처럼 흩어져 있다. 열매를 어린이들이 먹는다. 해열 지혈에 사용한다.

좀현호색 *Corydalis decumbens*

좀현호색_ 양귀비과

제주도의 산골에서 자라는 다년초로서 괴경은 묵은 괴경 위에서 새로 생기며 지름은 1cm 정도이고 5~6개의 원줄기와 잎이 나와 비스듬히 자라다가 곧추서서 높이가 10cm에 달하지만 전체는 길이는 10~30cm이다. 괴경에서 나오는 잎은 3개씩 2~3회 갈라지고 엽병이 길다. 소엽은 보통 2~3개로 깊게 갈라지며 열편은 길이가 1~2cm, 너비가 3~7mm로서 분백색이 도는 녹색이며 원줄기에 잎이 2개씩 달리고 엽병이 짧으며 3개씩 2회 갈라진다. 꽃은 5월에 피고 길이는 15~22mm로서 홍자색이며 원줄기 끝에 총상으로 달리고 한쪽이 넓은 순형으로 벌어지며 다른 한쪽에 거가 있다. 포는 뾰족하며 갈라지지 않고 소화경은 길이가 5~10mm이며 수술은 6개가 양체로 갈라진다. 삭과는 길이가 15~22mm, 지름은 1.5mm 정도로서 약간 염주형이며 종자는 흑갈색이고 지름은 1.2mm 정도로서 겉에 잔돌기가 있다. 괴경을 복통·두통·월경통에 사용한다.

연령초 *Trillium kamtschaticum.*

연령초_ 백합과

연령초과의 다년생풀. 산골, 축축한 응달에 남. 3개의 광란형 잎이 줄기 끝에 윤생한다. 자줏빛 꽃이 핀다. 뿌리줄기는 통통하고 줄기는 직립해서 약 30cm의 크기이다.

개화기는 4~5월. 3cm 정도의 꽃자루 끝에 약간 옆으로 향한 자갈색의 꽃 하나를 피운다. 열매는 동그란 모양의 액과로서 자흑색으로 익는다. 아직 정확히 조사 발표된 것은 없지만 하얀꽃 연령꽃과 함께 뿌리줄기에 엑디스테론이 함유되어 있다고 한다. 위장양에 사용한다.

여름의 약초

약모밀 *Houttuynia cordata*

줄기의 지하부는 하얗고, 왕성하게 가지가 갈라져 벋어나가, 줄기는 20~50cm, 잎은 넓은 난심형으로서 털은 없다.

잎이 달린 뿌리에 탁엽이 있다. 4장의 하얀 꽃잎처럼 보이는 것은 잎에 가까운 성질의 포이고, 중앙에 막대처럼 뻗은 화경의 주위에 꽃잎도 꽃받침도 없다. 화농성 종기 부스럼에 사용한다.

약모밀_ 양모밀과

거지덩굴 *Cayratia japonica*

남쪽 섬에서 자라는 덩굴성 다년초로서 잎에 다세포의 백색털이 약간 있을 뿐이고 털이 거의 없으며 뿌리가 옆으로 길게 벋고 새싹이 군데군데에서 나오며 원줄기는 녹자색으로서 능선이 있고 마디에 긴 털이 있으며 다른 식물체로 뻗어서 왕성하게 퍼진다.

잎은 호생하고 소엽은 5개이고 가장자리에 톱니가 있으며 중앙부의 소엽은 소엽병과 더불어 길이는 4~8cm, 너비는 2~3cm이며 표면의 맥 위에 털이 있다. 꽃은 7~8월에 피며 연한 녹색이고 꽃받침은 작으며 꽃잎과 수술은 각각 4개이고 1개의 암술이 있으며 화판이 적색이다.

거지덩굴_ 포도과

장과는 둥글고 흑색으로 익으며 지름은 6~8mm로서 상반부에 옆으로 달린 1개의 줄이 있고 종자는 길이가 4mm 정도이다. 뿌리는 오감묘라고 하며 초석이 들어 있고 민간에서 진통제 및 이뇨제로 사용한다.

천마 *Gastrodia elata*

부식질이 많은 계곡의 숲 속에서 자라는 다년초로서 높이가 60~100cm이며 잎이 없고 감자 같은 괴경이 있다.

괴경은 길이는 10~18cm, 지름은 3.5cm로서 옆으로 뚜렷하지 않은 데가 있다. 소상엽은 막질이고 길이가 1~2cm로서 세맥이 있으며 밑부분은 원줄기로 둘러싼다.

꽃은 6~7월에 피고 황갈색이며 화서는 길이가 10~30cm로서 많은 꽃이 달리고 포는 길이가 7~12mm, 너비가 2mm로서 막질이며 잔맥이 있다. 외화피 3개는 합쳐져서 표면이 부풀기 때문에 찌그러진 단지처럼 보이고 윗부분이 3개로 갈라지며 안쪽에 2개의 내화피가 달리므로 윗부분이 5개로 갈라진 것같이 보인다.

순판은 밑부분의 돌기로 화통부의 앞쪽 내부에 달리므로 화피열편 가장자리에 약간 나타난 것을 볼 수 있다. 암술은 2개의 날개가 있으며 밑부분 앞쪽에 암술머리가 있고 화분경에는 대가 없다.

삭과는 길이가 12~15mm로서 끝에 화피가 있다. 전초를 강장제로 사용하거나 신경쇠약·현기증 및 두통에 사용한다.

천마_박과

향부자 *Cyperus rotundus*

바닷가와 냇가의 양지쪽에서 자라는 다년초로서 밑부분에 낡은 괴경이 있어 굵어지고 근경은 옆으로 벋으며 끝부분에 괴경이 생기고 수염뿌리가 내린다. 괴경의 살은 백색이며 향기가 있다. 잎은 대생하고 너비가 2~6mm로서 밑부분이 엽소로 되어 있어 화경을 둘러싼다.

7~8월에 잎 사이에서 높이 20~30cm의 화경이 나와 꽃이 피고 포는 2~2개이며 화서의 가지는 1~7개로서 길이가 서로 같지 않다.

소수는 길이가 1.5~3cm, 너비가 1.5~2mm로서 20~40개의 꽃이 2줄로 달리며 적색이다.

수과는 긴 타원형이고 흑갈색이며 암술대는 3개로 갈라진다. 괴경을 부인병의 통경 및 진경에 사용하고 민간에서 폐결핵 진해제로도 사용한다.

향부자_ 금방동사니과

술패랭이꽃 *Dianthus longicalyx*

비교적 깊은 산골짜기 냇가에서 자라는 다년초로서 밑부분이 비스듬히 자라면서 가지를 치며 윗부분은 곧추자라고 여러 대가 한 포기에서 나오며 높이가 30~100cm이고 전체에 분백색이 돈다.

잎은 대생하며 양끝이 좁으며 가장자리가 밋밋하고 길이는 4~10cm, 너비가 2~10mm로서 밑부분이 서로 합쳐져서 마디를 둘러싼다. 꽃은 7~8월에 피며 가지 끝과 원줄기 끝에 달리고 연한 홍색이다. 포는 3~4쌍이며 밑부분의 것일수록 보다 길고 뾰족하며 꽃받침통은 길이가 2.5~4cm로서 포보다 3~4배 길다.

꽃잎은 5개로서 밑부분이 가늘고 길며 끝이 깊이 잘게 갈라지고 그 밑에 털이 있다. 수술은 10개, 암술대는 2개이며 삭과는 끝이 4개로 갈라지고 꽃받침통 안에 들어 있다. 꽃이나 열매가 달린 식물체를 그늘에서 말려 이뇨제 및 통경제로 사용한다.

술패랭이꽃_ 패랭이꽃과

반하 *Pinellia ternata*

원포에서 자라는 다년초로서 땅 속에 지름 1cm 구경이 있고 1~2개의 잎이 나온다. 엽병은 길이가 10~20cm로서 밑부분 안쪽에 1개의 육아가 달리며 위 끝에 달리는 수도 있다. 소엽은 3개이고 엽병이 거의 없으며 가장자리가 밋밋하고 길이는 3~12cm, 너비는 1~5cm로서 여러 가지 형태가 있으며 털이 없다.

화경은 높이가 20~40cm로서 구경에서 나오고 포는 녹색이며 길이는 6~7cm이고 통부는 길이가 1.5~2cm이며 현부는 겉엔 털이 없으나 안쪽에는 잔털이 있다. 화서는 밑부분에 암꽃이 달리며 포와 완전히 붙지만 약간 떨어진 윗부분에서는 수꽃이 1cm 정도의 길이에 밀착하고 그 윗부분은 길이가 6~10cm로서 길게 연장되어 비스듬히 선다. 수꽃은 대가 없는 꽃밥만으로 되어 있으며 연한 황백색이고 장과는 녹색이며 작다.

구경을 구토·진정·강심·거담제및 이뇨제로 사용한다. 독성이 있다.

반하_ 토란과

댕댕이 덩굴 *Cocculus trilobus*

각지의 들판이나 숲 가장자리에서 비교적 흔히 자라는 낙엽 만경으로서 길이가 3m에 달하고 줄기와 잎에 털이 있다. 잎은 호생하며 길이는 3~12cm, 너비는 2~10cm로서 3~5 출맥이 있다.

꽃은 이가화로서 5~6월에 피며 황백색이고 원추화서는 액생하며 꽃받침열편과 꽃잎은 각각 6개, 수술은 6개이고 암꽃은 6개의 가웅예와 3개의 심피가 있다.

암술대는 원주형으로 갈라지지 않으며 핵과는 10월에 흑색으로 익으며 지름은 5~8mm로서 백분으로 덮여 있고 종자는 편평하며 원형에 가깝고 지름은 4mm 정도로서 많은 환상선이 있다. 줄기는 바구니 등을 엮는 데 사용하고 뿌리는 신경통에 사용한다.

댕댕이 덩굴_ 댕댕이 덩굴과

털여퀴 *Persicaria orientalis*

집 근처에서 자라는 1년초로서 높이가 1~2m이고 전체에 털이 밀생한다. 잎은 호생하며 엽병이 길고 길이가 10~20cm, 너비는 7~15cm로서 끝이 뾰족하다.

소상의 탁엽은 통 같으며 털이 있고 길이는 7~30mm로서 소엽 같은 것이 달리기도 한다.

꽃은 8~9월에 피며 적색이고 화서는 길이가 5~12cm로서 많은 꽃이 달리고 원줄기 윗부분에서 나오는 가지에서 밑으로 처진다. 꽃받침은 길이가 3~4mm로서 5개로 갈라지며 8개의 수술은 꽃받침보다 길다.

암술대는 2개이며 수과는 원판 같고 흑갈색이며 길이가 3mm로서 꽃받침으로 싸여 있다. 경엽과 종자를 약용으로 한다.

털여퀴_ 여뀌과

참으아리 *Clematis terniflora*

중부 이남의 산록 이하에서 흔히 자라는 만경식물로서 길이가 5m에 달하고 잎은 대생하며 3~7개의 소엽으로 구성된 우상 복엽이다.

꽃은 7~9월에 피고 지름은 3cm로서 백색이며 액생 또는 정생하는 원추화서 또는 취산화서에 달리고 향기가 있다. 꽃받침잎은 4개이며 길이 12mm로서 겉에 털이 거의 없으며 수술대가 꽃밥보다 길다.

수과는 잔털이 있고 털이 돋아서 우상으로 된 긴 암술대가 달려 있다. 소엽에 톱니가 있는 것을 국화으아리라고 하며 여수 및 거문도에서 자란다.

생잎은 편도선에 사용한다.

참으아리_ 미나리아재비과

닭의장풀 *Commelina communis*

흔히 자라는 1년생 잡초로서 높이가 15~50cm이고 밑부분이 옆으로 비스듬히 자란다.

잎은 호생하며 마디가 굵고 밑부분의 마디에서 뿌리가 내리며 밑부분이 막질의 엽초로 되며 길이는 5~7cm, 너비는 1~2.5cm로서 털이 없거나 뒷면에 약간 있다. 엽초는 입구에 긴 털이 있고 약간 두꺼우며 질이 연하다.

꽃은 7~8월에 피고 엽액에서 나온 화경 끝의 포로 싸여 하늘색 꽃이 핀다. 포는 안으로 접히고 끝이 갑자기 뾰족해지며 길이는 2cm로서 겉에 털이 없거나 있다.

외화피 3개는 무색이고 막질이며 안쪽 3개 중 위쪽의 2개는 둥글고 하늘색이며 지름은 6mm이지만 다른 1개는 작고 무색이다. 2개의 수술과 꽃밥이 없는 4개의 수술이 있으며 삭과는 육질이지만 마르면 3개로 갈라진다.

어린순을 나물로 하고 전초를 약용으로 한다.

닭의 장풀_ 닭의 장풀과

호프 hops.

유럽이 원산지인 덩굴성 다년초로서 오른쪽으로 감으면서 올라간다. 잎은 대생하며 둥글고 3~5개로 갈라지지만 7개까지 갈라지는 것도 있다. 열편은 끝이 뾰족하며 가장자리에 뾰족한 톱니가 있고 갈라진 사이가 있고 양면과 더불어 덩굴에 갈고리 같은 잔가시가 있고 뒷면에 향기가 나는 황색 선점이 있다. 엽병은 엽신보다 짧지만 거의 같은 길이인 것도 있다.

꽃은 이가화이지만 간혹 일가화인 것도 있으며 웅화는 길이가 5~15cm이고 자화서는 거의 둥글거나 난형이며 포로 덮여 있다. 포는 잎 같고 거의 둥글며 끝이 뾰족하고 각 포액에 4개의 꽃이 들어 있으며 각각 소포로 싸여 있다.

호프_ 뽕나무과

처음에는 소포가 작고 긴 암술머리가 나와 있으나 수분이 끝나면 암술머리가 떨어지며 소포가 자라고 포와 소포에 밝은 황록색의 선립이 있으며 루풀린이 들어 있어 좋은 향기가 나고 이것이 맥주의 쓴맛을 낸다. 번식은 종자와 지하경으로 하지만 보통 지하경으로 하며 어린 순을 식용으로 한다.

달래 Allium monanthum MAX.

들에서 자라는 다년초로서 높이가 5~12cm이다. 인경은 길이가 6~10mm로서 외피가 두껍고 파상으로 꾸불꾸불해지는 횡세포로 된다.

잎은 1~2개이며 선형 또는 넓은 선형이고 길이는 10~20cm, 너비는 3~8mm로서 단면이 초승달 모양이며 9~13맥이 있다. 꽃은 4월에 피고 1~2개가 달리며 짧은 화경이 있고 길이는 4~5mm로서 백색이거나 붉은빛이 돈다.

포는 얇은 막질이며 길이는 6~7mm로서 갈라지지 않는다. 꽃잎은 6개이고 암술머리는 3

달래_ 백합과

개이다. 열매는 삭과로서 둥글다. 인경과 더불어 연한 부분을 식용으로 한다.

청사조 *Berchemia racemosa*

안면도의 솔밭 근처에서 자라는 만경식물로서 옆으로 비스듬히 엉키고, 가지는 먹칠을 한 듯이 검은 자록색이 돌며 털이 없다.

잎은 호생하고 길이는 8~13cm, 너비는 4.5~7cm로서 표면은 짙은 녹색이고 뒷면은 흰빛이 돌며 맥 위에 갈색털이 있고 끝이 다소 뾰족하며 가장자리가 밋밋하고 밑부분이 둥글며 윤기가 있고 엽병은 길이가 1~2cm이다.

원추화서는 가지 끝에 달리며 여름철에 많은 녹백색 꽃이 피고 꽃받침 열편은 5개이며 꽃잎도 5개이며 작고 수술은 5개로서 꽃잎보다 길며 암술대는 1개이다.

핵과는 녹색바탕에 붉은 빛이 돌며 흑색으로 익는다. 해열·이뇨 해독 류머티즘의 요통 등에 사용한다.

청사조_ 검은 낙상홍과

파초 *Musa basjoo*

중국이 원산지인 관엽식물로서 남부지방에서는 뜰에서도 월동이 된다. 근경은 크고 옆에서 작은 괴경이 생겨 번식하며 근경 끝에서 돋은 잎은 서로 감싸면서 원줄기처럼 자라고 높이가 5m, 지름은 20cm이다. 잎은 처음에는 말려서 나와 사방으로 퍼지며 길이는 2m로서 밝은 녹색이고 측맥이 평행하다.

꽃은 길이가 6~7cm이며 여름철에 잎 속에서 화경이 자라고 잎 같은 포 안에 15개 정도의 꽃이 2줄로 달리며 꽃이 피면 포

파초_ 파초

가 떨어진다. 화서는 점점 자라면서 밑부분에 암꽃과 수꽃이 같이 피고 윗부분에는 수꽃만 달린다. 자방은 하위이며 녹색이고 화피는 황백색이며 상하 2쪽으로 되고 윗부분은 외화피 3개와 내화피 2개가 합쳐져서 5개의 돌기로 되며 밑부분의 것은 내화피 1개가 주머니처럼 되고 그 속에 꿀이 들어 있다.

이뇨·해열·상처의 지혈에 사용한다.

황금 *Scutellaria baicalensis*

황금_ 소엽, 차조기과

　흔히 재배하고 있는 다년초로서 높이가 60cm에 달하며 전체에 털이 있고 원줄기는 네모가 지며 한 군데에서 여러 대가 나오고 가지가 많이 갈라진다.
　잎은 대생하며 양끝이 좁고 가장자리가 밋밋하며 엽병은 길이가 2mm 정도이고 밑부분의 잎은 길이가 4.5cm, 너비는 8mm이지만 위로 올라갈수록 작아진다. 꽃은 7~8월에 피며 자줏빛이 돌고 원줄기 끝과 가지 끝에 달리며 화서에 잎이 있고 각 엽액에 꽃이 1개씩 달린다.
　꽃받침은 가장자리가 밋밋하고 2개로 갈라지며 뒤쪽에 돌기가 있고 꽃이 진 다음 젖혀지며 화통은 길이가 2.5cm 정도로서 밑부분이 굽고 윗부분이 2개로 갈라지며 뒤의 열편은 투구형이고 겉에 잔털이 있으며 측열편과 거의 합쳐지고 첫째 열편은 퍼지며 자주색이다. 열매는 꽃받침 안에 들어 있고 둥글다. 어린순을 나물로 하고 뿌리는 소염성 해열제 및 지사제로 사용한다.

흰털냉초 *Veronicastrum sibiricum*

산지의 약간 습기가 있는 곳에서 자라는 다년초로서 높이가 50~90cm이고 총생한다. 잎은 3~8개씩 여러 층으로 윤생하며 엽병이 없고 끝이 뾰족하고 길이가 6~17cm, 너비는 2~4cm로서 가장자리에 잔 톱니가 있다.

꽃은 7~8월에 피며 총상화서는 원줄기 끝에 달리고 밑에서부터 꽃이 피어 올라간다. 꽃받침은 5개로 깊게 갈라지며 열편 끝이 뾰족하고 화관은 통형이며 길이가 7~8mm로서 끝이 얕게 4개로 갈라지고 홍자색이며 화통 안쪽에 털이 밀생한다.

수술은 2개로서 길게 밖으로 나오고 수술대는 자주색이며 밑부분에 털이 있고 자방은 2실로서 중축 태좌에 많은 배주가 달리며 암술대는 수술대와 길이가 거의 같고 밖으로 길게 나오며 백색이며 털이 없다. 삭과는 끝이 뾰족하고 넓은 난형이며 밑부분에 꽃받침이 달려 있다.

전체에 털이 많고 잎의 너비가 보다 넓은 것을 털냉초, 백색꽃이 피는 것을 흰털냉초라고 한다. 어린순을 나물로 하고 뿌리는 약용으로 한다.

흰털냉초_ 현삼과

개꽈리

전 세계 온대와 습대에 분포한다.

8~9월에 뿌리부터 잘 파내어 잘 씻어놓고 통풍이 잘 되는 곳에서 건조한다. 해열작용이 있는 알카로이드의 조라닌, 조라말딘이 함유되어 있다. 알카로이드는 열매 안에 사포닌은 전초(全草)에 함유되어 있다. 종기·해열·이뇨 피로해복에 사용한다.

개꽈리_ 가지과

순채 · 순나물 *Brasenia schreberi*

연못에서 자라는 다년초로서 근경이 옆으로 가지를 치면서 자라고 원줄기는 수면을 향해 길게 자라며 드문드문 가지를 친다. 잎은 호생하고 잎이 피려고 할 때 어린 줄기와 더불어 우무 같은 점질의 투명체로 덮이며 완전히 자란 잎은 수면에 뜨고 가장자리가 밋밋하며 길이는 6~10cm, 지름은 4~6cm로서 중앙부에 엽병이 달리며 뒷면은 자줏빛이 돈다.

순채, 순나물_ 수련

꽃은 엽액에서 나오는 긴 화편 끝에 1개씩 달리고 검은 홍자색이며 지름은 2cm 정도로서 물에 약간 잠긴 채로 핀다. 꽃받침잎은 3개이며 길이는 10mm이고 꽃잎도 3개이며 길이가 15mm 정도로서 둔두이다.

수술은 6~18개로서 많으며 각각 떨어지고 꽃밥은 길이가 4mm이며 암술은 유두상의 돌기가 있고 암술대는 길이가 8mm 정도이다. 열매는 물 속에서 익고 꽃받침과 암술대가 달려 있다. 우무 같은 것으로 싸여 있는 어린 잎을 식용으로 하며 원줄기와 잎은 이뇨제로 사용한다.

돌가시나무 *Quercus gilva*

돌가시나무_ 장미과

남쪽 해안지대에서 자라는 반상록 포도성 관목으로서 가시가 많고 털이 없다.

잎은 호생하며 7~9개의 소엽으로 구성된 우상복엽이고 소엽은 길이가 1~2.5cm로서 양면에 털이 없으며 윤기가 있고 가장자리에 굵은 톱니가 있다.

열매가 타원형인 것을 긴돌가시나무, 적색 꽃이 피는 것을 홍돌가시나무라고 하여 구별하는 사람도 있다. 이뇨·하리·종기 여드름에 사용한다.

뱀무 *Geum japonicum*

산야에서 자라는 다년초로서 높이가 25~100cm이고 전체에 털이 있다. 근생엽은 엽병이 길며 측소엽은 작으며 1~2쌍으로서 소엽 같은 부속체가 있고 정소엽은 크고 길이와 너비가 각각 3~6cm로서 흔히 3개로 갈라지고 앙면에 짧은 털이 있으며 가장자리에 톱니가 있다.

뱀무_ 장미과

경생엽은 엽병이 짧고 약간 또는 깊게 3개로 갈라지며 탁엽은 잎 같고 톱니가 있다.

꽃은 6월에 피며 황색으로서 가지 끝에 1개씩 달리고 소화편에 비로드 같은 털이 있다. 꽃받침잎은 5개로서 겉에 융모가 밀생하고 꽃이 핀 다음 뒤로 젖혀지며 꽃잎도 5개로서 원형이고 꽃받침잎과 길이가 비슷하거나 약간 짧다. 암술과 수술은 많으며 암술대는 끝까지 남아 있고 끝이 갈고리처럼 굽으며 과탁은 길이가 2~3mm의 털이 있고 수과에도 털이 있다. 어린순을 나물로 한다. 이뇨제로 사용한다.

오수유 *Evodia officinalis*

중국산의 낙엽소교목으로서 경주 지방에서 심고 있으며 높이는 5m에 달하고 어린 가지에 털이 있다. 잎은 대생하며 소엽은 7~15개이며 소엽병이 짧고 길이는 7~8cm로서 표면은 어릴 때 털이 있지만 중근 이외의 것은 점차 없어지고 뒷면에 털이 있다.

산방화서는 정생 또는 측생하며 지름은 6~11cm로서 털이 있고 삭과는 붉은빛이 돌며 길이는 5~6mm로서 거칠며 종자는 거의 둥글고 윤채가 있으며 길이가 4mm 정도로서 하늘색이 돈다.

개쉬땅나무와 비슷하지만 소엽이 많고 뒷면에 털이 있으며 열매 끝이 둥근 것이 다르다. 한방에서 열매를 오수유라고 하며 건위·미구풍·해독 및 이뇨제로 사용하고 욕탕료로도 사용한다.

오수유_ 귤나무과

삼백초 *Saururus chinensis*

제주도 해협 근처의 습지에서 자라는 다년초로서 높이는 50~100cm이며 근경은 백색이고 진흙 속을 옆으로 벋어간다. 잎은 호생하며 길이는 5~15cm, 너비는 3~8cm로서 5~7맥이 있으며 끝이 뾰족하고 가장자리가 밋밋하며 표면은 연한 녹색, 뒷면은 연한 백색이지만 윗부분의 2~3개의 잎은 표면이 백색이다.

엽병은 길이가 1~5cm로서 밑부분이 다소 넓어져서 원줄기를 안는다. 꽃은 양성으로서 6~8월에 피며 백색이고 수상화서는 잎과 대생하며 길이는 10~15cm로서 꼬불꼬불한 털이 있고 밑으로 처지다가 곧추선다. 수술은 6~7개이고 심피는 3~5개로서 털이 없으며 열매는 둥글고 종자는 각 실에 대개 1개씩 들어 있다.

잎, 꽃 및 뿌리가 백색이기 때문에 윗부분에 달린 2~3개의 잎이 희어지기 때문에 삼백초라고 한다.

삼백초_ 양모밀과

범부채 *Belamcanda chinensis*

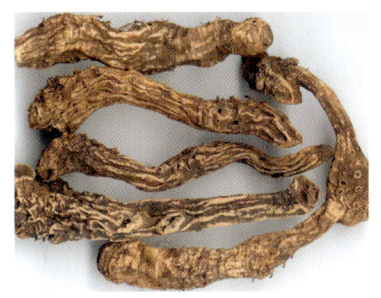

산지에서 자라는 다년초로서 관상용으로 심기도 하고 높이는 50~100cm이며 근경이 옆으로 벋고 있어 호생한다. 잎은 좌우로 편평하며 2줄로 부챗살처럼 배열되고 녹색 바탕에 다소 흰빛이 돌며 길이는 30~50cm, 너비가 2~4cm로서 끝이 뾰족하고 밑부분이 서로 얼싸안는다.

꽃은 7~8월에 피며 지름은 5~6cm로서 수평으로 퍼지고 황적색 바탕에 짙은 반점이 있으며 원줄기 끝과 가지 끝이 1~2회 갈라져서 한 군데에 몇 개의 꽃이 달리고 밑부분에 4~5개의 포가 있다. 포는 길이가 1cm 정도로서 막질이며 소화편은 길이가 1~4cm이다. 꽃밥은 길이가 1cm 정도이다. 삭과는 길이가 3cm 정도이고 종자는 흑색으로서 윤채가 있다. 근경을 편도선염에 사용하거나 완화제로 사용한다.

범부채_ 붓꽃과

자리공 *Phytolacca esculenta*

민가 근처에서 자라는 다년초로서 전체에 털이 없고 높이는 1m에 달하며 뿌리가 크게 비대해진다.

잎은 호생하고 양끝이 좁으며 길이는 10~20cm, 너비는 5~12cm로서 가장자리가 밋밋하며 엽병은 길이가 1.5~2.5cm이다. 꽃은 5~6월에 피고 백색이며 화서는 잎과 대생하며 길이는 5~12cm로서 곧추서거나 비스듬히 위를 향한다.

소화편은 길이가 10~12mm이고 꽃받침열편은 5개이고 꽃잎이 없다. 수술은 8개이고 꽃밥은 연한 홍색이며 자방은 8개로서, 윤생하고 1개씩의 암술대가 밖으로 젖혀진다.

과수는 곧추서며 8개의 분과가 서로 인접하며 윤상으로 나열되고 자주색의 즙액이 있으며 흑색 종자가 1개씩 들어 있다. 유독 식물이지만 잎을 데쳐서 먹기도 하고 뿌리를 이뇨제로 사용한다.

자리공_ 산우엉과

으름난초 *Galeola septentrionalis*

제주도의 숲 속에서 자라고 썩은 균사에 기생하는 식물로서 녹색인 것이 없으며 뿌리가 옆으로 길게 벋고 비늘 같은 잎이 달리며 길게 벋는 뿌리 속에 Armillaria라는 버섯의 균사가 들어 있고 높이가 50~100cm로서 윗부분에서 가지가 갈라지며 갈색털이 밀생한다.

잎은 뒷면이 부풀고 마르면 가죽같이 된다. 꽃은 6~7월에 피며 황갈색이고 자방과 꽃받침 뒷면에 갈색털이 있으며 꽃받침 잎은 길이는 15~20mm, 너비는 4~6mm로서 긴 타원형이고 꽃잎은 꽃받침잎과 비슷하며 다소 짧고 털이 없다.

순판은 황색이며 육질이고 끝이 둥글거나 둔하며 안쪽에 돌기가 있는 줄이 있고 가장자리가 잘게 갈라진다. 열매는 길이가 6~8cm로서 적색으로 익고 종자에 날개가 있다. 으름 같은 열매가 달리기 때문에 으름난초라고 한다.

으름난초_ 난초과

아주까리 *Ricinus communis*

　북부 아프리카가 원산지로 세계 각지에서 재배되고 있다.

　대극과의 1년초로서 줄기는 2m 가량 되고 잎은 손바닥 모양으로 깊이 갈라져 있으며, 8~9월에 원줄기 끝에 꽃이, 길이가 20cm 정도로 모여 핀다.

　피마자 기름 40~60%, 하리(이질)에 효과가 있는 리티노렌・올레인・리틴(독성 단백질)・리티닌 등을 함유하고 있다.

아주까리_ 등대풀과

남가새 *Tribulus terrestris*

　남쪽 해안 모래땅에서 자라는 1년초로서 밑에서 가지가 많이 갈라져 옆으로 길이가 1m 정도 자라고 원줄기, 엽축 및 화편에 꼬부라진 짧은 털과 퍼진 긴 털이 있다.

　탁엽은 길이가 3mm로서 서로 떨어져 있고 피침상 삼각형이다. 7월에 황색 꽃이 엽액에서 1개씩 피며 화경은 길이가 1~2cm이고 꽃받침잎은 5개로서 뒷면에 복모가 밀생하며 길이는 4~5mm이고 꽃이 핀 다음 떨어진다.

　꽃잎은 꽃받침보다 약간 길며 5개이고 수술은 10개이며 자방은 1개이고 털이 많다. 열매는 5개로 갈라지며 각 조각에는 2개의 뾰족한 돌기가 있다. 열매를 강장제・정혈제 및 최유제로 사용한다.

남가새_ 납가새과

콩(대두콩) *Glycine max*

중국이 원산지인 1년초로서 높이는 60cm에 달하고 잎과 더불어 갈색털이 있다.

잎은 호생하며 엽병이 길고 3개의 소엽으로 구성된 복엽이며 소엽은 가장자리가 밋밋하고 소탁엽은 선형이다. 꽃은 7~8월에 피며 자줏빛이 도는 붉은색 또는 백색이고 엽액에서 자라는 총상화서에 달린다.

꽃받침은 5개로 갈라지고 열편 중에서 밑의 것이 가장 길며 기판은 넓고 끝이 파지며 익판은 기판보다 짧고 용골판이 가장 짧다.

콩은 황백색·검은색·연한 갈색·녹색 등 여러 가지가 있으며 주요 작물의 하나이다.

감기 기침과 열이 있을때 사용한다.

콩(대두콩)_ 콩과

개맨드라미 *Celosia argentea L.*

열대지방에 널리 퍼져 있는 1년초로서 관상용으로 심고 있으며 원줄기는 높이가 40~80cm로서 곧추자라고 털이 없다. 잎은 호생하며 끝이 뾰족하며 길이는 5~5cm, 너비는 1~2.5cm로서 밑부분이 밑으로 흘러 엽병이 없거나 있다. 꽃은 양성으로서 7~8월에 피고 연한 붉은색이며 수상화서는 가지 끝과 원줄기 끝에 달리고 길이는 5~5cm 지름이 1~2.5cm로서 피침형 또는 원주형이다.

포와 소포는 넓은 피침형이며 백색이고 건막질이며 길이가 4mm 정도로서 끝이 뾰족하고 꽃받침잎은 꽃이 진 다음 백색으로 되고 길이는 8~10mm로서 끝이 뾰족하며 1맥이 있고 밑부분에 가는 맥이 있다. 수술은 5개이며 수술대 밑부분이 합생하고 열매는 꽃받침보다 짧으며 수평으로 갈라져서 윗부분이 떨어지고 끝에 길이가 3mm 정도의 암술대가 남아 있다. 건조한 종자는 눈의 충혈에 사용한다.

개맨드라미_ 비름과

산나리 *Lilium auratum.*

백합과의 다년생 풀로. 산에 난다. 길이는 1~1.5m이며 인경은 구편형, 담황색 밑부분에서부터 많은 가지를 낸다.

꽃은 대형, 6화개편, 백색, 대적색의 반점이 있고 향기가 좋다. 삭과는 긴 타원형이다.

7~8월에 줄기 끝에 1~5개, 가끔 20개 이상의 꽃을 피운다. 잎은 짙은 녹색으로 피침형이고 끝은 뾰족하여 짧은 자루에 따라 호생한다.

기침·해열에 사용한다.

산나리_ 백합과

소철 *Cycas revoluta*

제주도에서는 뜰에서도 자라지만 기타 지역에서는 온실이나 집 안에서 기르는 관상수로서 가지가 없고 줄기가 하나로 자라거나 밑부분에서 작은 것이 돋으며 높이는 1~4m이고 잎은 1회 우상복엽이고 우편은 호생하며 선형이고 가장자리가 다소 뒤로 말린다.

꽃은 이가화로서 웅화수는 원줄기 끝에 달리고 길이가 50~60cm, 나비가 10~13cm로서 많은 실편으로 되었다. 암꽃은 원줄기 끝에 둥글게 모여 달리고 원줄기에 가까운 양쪽에 3~5개의 배주가 달리며 윗부분에서 황갈색의 털 같은 것이 밀생한다.

종자는 길이가 4cm로서 편평하고 외종피는 적색이다. 종자를 식용으로 하며 원줄기에서 전분이 채취되지만 독성이 있으므로 물에 우려야 한다.

기침·통경·찰과상에 사용한다.

소철_ 상록교목과, 소철과

갯기름나물 *Peucedanum japonicum*

중국·일본·필리핀의 바닷가에 자생하는 상록다년초.

어린 줄기는 청록색, 커지면 붉은색으로 변한다.

잎은 청록색으로 두텁고 2~3번 3갈래로 갈라진 우상복엽. 꽃은 7~9월에 피고, 백색 5개의 꽃잎의 작은 꽃을 큰 산형화서에 다수 피운다.

화서의 작은 꽃자루는 20~30개로 화서의 지름은 약 5~10cm. 총포편이 없고 피침형의 소총포편이 몇 개 있다. 열매는 타원형이고 표면에 짧은 털이 있으며, 익으면 두 쪽으로 갈라져서 떨어진다. 감기·기침·자양·강장에 사용한다.

갯기름나물_ 미나리과

지모 *Anemarrhena asphodeloides*

황해도 서흥에서 자라는 다년초로서 근경은 굵고 옆으로 벋으며 끝에서 잎이 총생한다. 잎은 길이가 20~70cm로서 끝이 실처럼 가늘며 밑부분이 서로 안기어 원줄기를 감싼다.

꽃은 6~7월에 피고 2~3개씩 수상으로 모여 달리며 통 같고 길이는 7~8mm로서 윗부분이 6개로 갈라진다. 화경은 잎 속에서 나와 60~90cm 정도 자라며 포는 길게 뾰족해진다.

수술은 3개이며 안쪽 화피열편의 중앙에 붙어 있고 삭과는 길이가 12mm 정도로서 양끝이 좁고 3실이다. 각 실에는 검은색 종자가 1개씩 들어 있으며 종자에 3개의 날개가 있다. 근경을 약용으로 한다.

지모_ 백합과

여름밀감 *citrus natsudaidai.*

　여름밀감의 백색꽃은 5월경에 피고, 열매는 그 해 가을에 익는데, 그대로 해를 넘겨 그 다음해 4~6월에 완전히 익는 것을 기다려 그 때 출하된다.

　산뜻한 신맛 때문에 널리 식용되고 있지만 요즘에는 주스나 마멀레이의 원료로서 수요도 점차 늘어가고 있다. 껍질은 건조시켜서 생약으로 쓰고 쓴맛과 방향 성분을 이용해서 건위약으로 사용한다.

　또, 수증기를 통한 증류 방법에 따라 껍질로부터 정유를 얻어 밀감유라는 이름으로 향료로 쓴다. 그 외에, 다 익기 전에 자연적으로 떨어진 미숙과는 구연산 제조의 원료가 된다.

　과육에는 구연산, 유기산 외에 비타민 C와 B, 껍질에는 피부를 자극해서 혈액 순환을 좋게 하는 정유를 함유하고 있고 이 안에 리모넨과 디실알데히드 등이 들어 있다.

여름밀감_ 귤나무과

돌외 *Gynostemma pentaphyllum*

울릉도 및 남쪽 섬의 숲 가장자리에서 자라는 다년생 덩굴식물로서 마디에 백색털이 있고 이리저리 엉겨서 자라지만 덩굴손으로 기어 올라가기도 한다.

잎은 호생하며 양면에 다세포로 된 백색털이 있으나 곧 없어지고 소엽은 보통 5개이지만 3~7개인 것도 있으며 정소엽은 소엽병과 더불어 끝이 뾰족하며 포면 맥 위에 잔털이 있고 가장자리에 톱니가 있다.

꽃은 8~9월에 피며 황록색이고 화서는 길이가 8~15cm이며 꽃받침열편이 극히 작고 화관은 5개로 갈라지며 열편은 길이가 3mm 정도로서 끝이 길게 뾰족해진다. 장과는 둥글며 지름은 6~8mm로서 검은 녹색으로 익고 상반부에 1개의 황선이 있으며 종자는 길이가 4mm 정도이다. 감기·기침에 사용한다.

돌외_ 박과

딱총나무 *Sambucus sieboldiana*

산골짜기 어느 정도 습기가 있는 곳에서 자라는 낙엽수목으로서 높이가 3m에 달하고 잎은 대생하며 2~3쌍의 소엽으로 구성되었고 소엽은 길이가 5~14cm로서 양면에 털이 없고 가장자리에 톱니가 뾰족하며 안으로 굽지 않는다.

화서는 짧은 원추화서로서 입상에 돌기가 있고 털이 없으며 꽃은 5월에 피고 화관은 황록색이 돌며 털이 없고 꽃밥은 황색이다. 열매는 둥글며 7월에 암홍색으로 익는다. 기본종은 화서에 입상의 돌기가 없으며 청딱총나무라고 한다. 발한·해열 부종·이뇨·신경통에 사용한다.

딱총나무_ 인동과

당아욱 *Malva sylvestris*

관상용으로 심었던 것 같으나 울릉도 바닷가에서 자라는 2년초로서 높이가 60~90cm이다. 잎은 호생하며 엽병이 길고 5~9개로 얕게 갈라지고 열편은 끝이 둔하며 가장자리에 잔 톱니가 있다.

5~6월경에 소화편이 있는 꽃이 엽액에 모여 달리며 밑에서부터 피어 올라가고 소포엽은 3개이며 각각 달린다. 꽃받침은 녹색이고 5개로 갈라지며 꽃잎도 5개로서 수평으로 퍼지고 연한 자주색 바탕에 자줏빛이 도는 맥이 있다.

품종에 따라서 가지각색의 꽃이 피고 단체웅예는 꽃이 중앙부에서 서며 암술대는 실처럼 가늘고 많다. 심피는 윤상으로 배열되며 꽃받침으로 싸여 있다. 학명은 금규이다. 목이 아플때 사용한다.

당아욱_ 아욱과

율무 *Coix lacrymajobi*

중국이 원산지이며 때로 재배하는 1년초로서 높이는 1~1.5m이고 곧추자라며 여러 대로 갈라진다. 잎은 호생하고 너비가 2.5cm로서 가장자리가 거칠고 녹색이며 밑부분이 엽초로 된다.

꽃은 7월에 피고 엽액에서 길고 짧은 몇 개의 화수가 나오며 밑부분의 자화수는 딱딱한 엽초로 싸여 있고 3개의 암꽃이 들어 있으나 그중 1개만이 익는다. 2개의 암술대는 길게 포 밖으로 나오며 포는 딱딱하고 길이는 1.2cm로서 흑갈색으로 익고 그 속에 1개의 영과가 들어 있다.

웅화수는 자화수를 뚫고 위로 나와 3cm 정도 자라며 1마디에 1~3개의 소수가 달린다. 각 소수에 꽃이 2개씩 달리지만 그중 1개는 대가 없고 수술은 각각 3개씩이다. 열매는 식용으로 하거나 이뇨·건위·진통 및 소염제로 사용하고 폐결핵에도 사용한다.

율무_ 벼과

울금

 인도·인도차이나가 원산지로서 열대아시아·말레이시아·중국 남부에 재배되고 있는 새앙과의 다년생풀이다.
 뿌리줄기는 두텁고 크며 원뿌리 줄기에서 사이사이 뿌리줄기를 많이 내며, 노란색이다. 꽃잎은 백색, 가장자리는 담홍색으로 약간 물들어져 있다.
 뿌리줄기의 노란색의 색소는 클쿠민으로서 약 0.3%가 함유되어 있고 여기에 이담 작용이 있어서 담즙의 분비를 촉진시켜, 황달 증상에 이용되고 있다.

울금_ 생강과

개요등 *Paederia scandens.*

개요등_ 꼭두서니과

꼭두서니과의 다년생 덩굴풀. 해가 잘 비추는 산지의 기슭 등에서 다른 식물들과 달리 눈에 잘 띄지 않는 곳에서 번식한다. 꽃은 통상으로 가장자리 바깥쪽으로 말려 겉부분은 회백색, 안쪽은 홍자색으로 털이 많이 나 있고 합판화이다. 잎은 끝이 뾰족한 긴 난형이고 대생한다.

열매에서 지방산과 알데히드, 알부틴이 검출되었다. 줄기와 잎에서 나는 즙액은 악취가 나고 뿌리는 약재로 사용한다.

천궁이 *cnidii rhizome.*

천궁이_ 미나리과

중국산이 원산지인 다년초로서 흔히 재배하고 있으며 높이가 30~60cm이고 곧추자라며 가지가 갈라진다.

잎은 호생하고 2회 우상복엽이며 근생엽은 엽병이 길고 경생엽은 위로 올라갈수록 점차 작아지며 밑부분이 엽초로 되어 원줄기를 감싸고 소엽은 결각상의 톱니와 더불어 예리한 톱니가 있다.

꽃은 8월에 피며 가지 끝과 원줄기 끝에서 큰 산형화서가 발달하고 꽃잎은 5개이며 안으로 꼬부라지고 백색이며 5개의 수술과 1개의 암술이 있다.

산경은 10개 정도이고 소산경은 15개 정도이며 총포와 소총포는 각각 5~6개로서 선형이고, 열매가 익지 않는다.

어린 순을 나물로 하고 뿌리를 진정·진통 및 강장제로 사용한다.

가을·겨울의 약초

쓴풀 Swertia japonica.

1년 내지 2년초로서 원줄기는 약간 네모가 지고 자줏빛이 돌며 자주쓴풀과 비슷하지만 전체에 털이 없고 선체 주위의 털이 밋밋한 것이 다르다.

잎은 대생하며 엽병이 없고 길이는 1.5~3.5cm, 너비가 1~3mm로서 가장자리가 약간 뒤로 말린다. 꽃은 9~10월에 피고 자주색으로서 화편이 없으며 5수이고 원줄기 끝에 모여 달려 전체가 원추형으로 된다. 꽃받침잎은 꽃잎 길이의 1/2~2/3이며 꽃잎은 자주색 맥이 있으며 길이가 12~17mm로서 기부에 털로 덮여 있는 2개의 선체가 있다.

삭과는 화관보다 약간 길고 종자는 둥글고 밋밋하다. 줄기와 잎을 자주쓴풀처럼 약용으로 한다.

쓴풀_ 국화과

천문동 *Asparagus cochinchinensis*

바닷가 근처에서 자라는 다년초로서 근경은 짧고 많은 뿌리가 사방으로 퍼지며 원줄기는 길이가 1~2m로서 덩굴성이고 가지가 가늘며 평활하다.

잎처럼 생긴 가지는 1~3개씩 총생하고 선형이며 끝이 뾰족하고 길이는 1~1.2cm, 너비가 1~1.2mm로서 활처럼 굽으며 윤기가 있다.

꽃은 5~6월에 피고 엽액에 1~3개씩 달리며 길이는 3mm 정도로서 연한 황색이고 소화편은 길이가 2~5mm로서 중앙부에 관절이 있으며 꽃잎과 길이가 거의 같다.

꽃잎은 6개이고 옆으로 퍼지며 6개의 수술은 꽃잎보다 짧다. 암술대는 3개로 갈라지며 열매는 백색이고 지름은 6mm정도로서 흑색 종자가 1개 들어 있다. 뿌리를 진해, 이뇨 및 강장제로 사용하고 연한 줄기는 식용으로 한다.

천문동_ 백합과

털머위 *Farfugium japonicum*

전남·경남 및 울릉도의 바닷가, 숲 속에서 자라는 상록다년초로서 긴 엽병이 있는 잎이 뿌리에서 총생한다. 잎은 길이가 4~15cm, 너비는 6~30cm로서 두껍고 윤기가 있으며 가장자리에 톱니가 있거나 밋밋하다. 꽃은 9~10월에 피고 화편은 길이가 30~75cm로서 곧추자라며 포가 있고 두화는 가지 끝에 1개씩 달려서 전체가 산방상으로 되며 지름은 4~6cm이고 황색이다.

포편은 길이가 12~15mm로서 1줄로 배열되며 연한 녹색이고 설상화는 길이 3~4cm, 너비가 6mm이다. 수과는 길이가 5~6.5mm이며 관모는 길이가 8~11mm로서 흑갈색이다. 엽병을 식용으로 하고 민간에서 잎을 생선 중독 또는 부스럼에 사용한다.

털머위_ 국화과

오이풀 *Sanguisorba officinalis*

산야에서 흔히 자라는 다년초로서 높이가 30~150cm 이고 근경이 옆으로 갈라져서 자라며 방추형으로 굵어지고 원줄기는 곧추자라며 윗부분에서 갈라지고 전체에 털이 없다. 잎은 엽병이 길며 소엽은 5~11개이며 길이는 2.5~5cm, 너비가 1~3.5cm로서 삼각형의 톱니가 있으며 소엽병은 길이가 6~30mm이고 밑부분에 흔히 소엽편이 있다. 근생엽은 호생하며 엽병은 짧고 작다.

꽃은 7~9월에 피며 검은 혈적색이고 수상화서는 긴 대가 있으며 길이는 1~2.5cm, 지름은 6~8mm로서 곧추서고 포는 넓은 타원형이며 소포는 피침형이고 가장자리에 털이 있다. 꽃받침잎은 4개이며 넓은 타원형이고 수술도 4개로서 꽃받침보다 짧으며 꽃밥은 흑갈색이다.

심피는 1개이고 수과는 사각형으로서 꽃받침으로 싸여 있다. 뿌리를 지혈제로서 객혈 및 월경과다에 사용한다.

오이풀_ 장미과

자소·차즈기 *perilla.*

중국 남부지방이 원산으로서 오래전에 중국으로부터 들어온 1년초의 재배식물이다.

잎은 6~9월에 채취해서 반날 정도 햇빛에 말린 다음 통풍이 좋은 곳에서 음지에 말린다. 종자는 10월쯤, 열매에 구멍을 내고 종자를 빼내어 음지에 말린다.

특히 틸리멘딘 잎보다 안트시안 색소의 시아니단, 안트시안 배당체 패리라닌이 유출된다. 향기 성분은 차조기유로서 페리라 알데히드 55%를 함유하고 있기 때문에 방부작용이 강하다. 또 페리라 알데히드로부터는 감미료의 차조기당이 생겨서 시판되지만 열과 침이 잘 분해되는 단점이 있어서 시장에서 사라졌다.

자소·차즈기_ 자소과

하늘타리 *Trichosanthes cucumeroides*

우리 나라·중국·일본 등에 분포되어 있다. 꽃은 한여름 밤에 피기 때문에 사람들 눈에 잘 띄지 않는다. 암수 다른 꽃으로서 암꽃은 잎이 달린 뿌리에서 나와 백색 5개 잎의 꽃을 피운다. 꽃잎의 가장자리는 섬세한 실처럼 갈라져 있다.

가을이 되면 타원형의 빨간 열매를 맺는데 이것이 큰 수목을 감싸고 있기 때문에 사람 눈에 잘 띈다. 열매가 완전히 익는 초겨울이 되면 지나가던 사람들이 다 따 먹고 만다.

하늘타리의 종자는 변형된 모습으로 갈색이고, 길이는 8mm, 너비는 6.5mm 정도인데 중앙에 이것을 감싸는 듯한 띠가 돌기해 있다. 동상·황달·모유가 나오지 않을때 사용한다.

하늘타리_ 박과

잡싸리 *Lespedeza xschindleri*

싸리와 풀싸리의 잡종이라고 생각되는 낙엽아수목으로서 높이가 1~2m이고 가지에 능선과 더불어 복모가 있으며 겨울 동안 지상부가 거의 말라 죽는다.

잎은 3출엽이고 소엽은 길이가 2~6cm로서 엽맥의 연장인 짧은 침상의 돌기가 있으며 표면은 녹색이며 뒷면은 연한 암록색으로서 복모가 약간 있다. 총상화서는 액생 또는 정생하고 가지 끝에 원추화서를 형성하기도 하며 소화편은 길이가 1.5~2.5cm이다.

꽃받침통은 긴 털로 덮여 있고 중앙 이하까지 깊게 4개로 갈라지며 윗부분의 것이 다시 2개로 갈라지고 밑부분의 것이 가장 길다. 건조한 뿌리는 부인의 현기증에 사용한다.

잡싸리_ 콩과

향유 *Elsholtzia ciliata*

향유_ 자소과

산야에서 비교적 흔히 자라는 1년초로서 높이는 30~60cm이고 원줄기는 사각형이며 털이 있고 곧추자라며 강한 향기가 있다.

잎은 대생하고 끝이 뾰족하고 길이는 3~10cm, 너비는 1~5cm로서 양면에 털이 있으며 가장자리에 톱니가 있고 엽병으로 흐르며 엽병은 길이가 0.5~2mm이다. 꽃은 8~9월에 피고 길이는 5~10cm, 지름은 7mm로서 홍자색이며 화수는 원줄기 끝과 가지 끝에 달리고 꽃이 한쪽으로 치우쳐서 빽빽하게 달리며 포는 둥근 부채 같고 꽃받침보다 길거나 같으며 때로는 자줏빛이 돈다.

꽃받침은 5개로 갈라지고 열편은 끝이 뾰족하며 털이 있고 화관은 길이가 5mm로서 4개로 갈라지며 털이 있다. 분과는 좁은 도란상으로 편평해지고 길이는 1mm 정도로서 물에 젖으면 점성이 있다. 해열 및 지혈제로 사용한다. 백색꽃이 피는 것을 흰 향유라고 한다.

며느리배꼽 *Persicaria perfoliata*

며느리배꼽_ 여뀌과

빈터에서 흔히 자라는 1년생 덩굴식물로서 길이가 2m 정도 벋으며 엽병과 더불어 밑으로 향한 가시가 있어 다른 물체에 잘 붙는다. 잎은 호생하고 긴 엽병이 잎 밑에서 약간 올라붙어 있어 배꼽이라는 이름이 생겼으며 삼각형이고 끝이 뾰족하며 밑부분이 절저 또는 얕은 심장저이고 가장자리가 파상이며 표면은 녹색이고 뒷면은 흰빛이 돌며 맥 위에 밑을 향한 잔 가시가 있다. 탁엽은 잎 같고 나팔 끝처럼 퍼진다. 꽃은 7~9월에 피며 가지 끝의 수상화서에 달리고 화서는 길이가 1~2cm로서 밑부분을 접시같이 생긴 엽상포가 받치고 있다.

꽃받침은 연한 녹색이 돌며 길이는 3~4mm로서 5개로 갈라지고 꽃잎은 없으며 수술은 8개로서 꽃받침보다 짧다. 자방은 둥글고 3개의 암술대가 있다. 수과는 난상구형이며 약간 세모지고 흑색이며 꽃받침으로 싸여 있어 장과처럼 보인다. 신맛이 있는 어린 잎을 생식하고 성숙한 잎은 약용으로 한다.

수선 *Narcissus tazetta*

지중해 연안이 원산지이고 관상용으로 재배하는 다년초로서 인경은 넓은 난형이며 껍질이 흑색이다. 잎은 늦가을에 자라기 시작하고 선형이며 길이는 20~40cm, 너비가 8~15mm로서 끝이 둔하고 녹백색이다. 꽃은 12~3월에 피며 통부의 길이는 18~20mm, 화경은 높이가 20~40cm이고 포는 막질이며 길이는 5~6.5cm이고 꽃봉오리를 감싸며 화경 끝에 5~6개의 꽃이 옆을 향해 달린다.

소화경은 길이가 4~8cm이고 화피열편은 6개로서 둥글지만 끝이 뾰족하며 길이는 14~15mm이고 백색이며 부화관은 높이가 4mm로서 황색이다. 수술은 6개가 부화관 밑에 붙어 있고 수술대는 길이가 1mm이며 꽃밥은 길이가 3mm로서 자형으로 붙어 있다. 생비늘 줄기는 종기와 어깨결린 데 사용한다.

수선_ 석산과

바디나물 *Angelica decursiva*

습지 근처에서 자라는 다년초로서 높이가 80~150cm이고 세로로 조선이 발달하며 근경이 짧고 뿌리가 굵다. 근생엽과 밑부분의 잎은 엽병이 길며 길이는 10~30cm로서 엽병 윗부분과 마디에 퍼진 털이 있다.

소엽은 3~5개이지만 다시 3~5개로 깊게 또는 전부 갈라져서 엽신이 흘러 날개 모양으로 되고 난형 또는 피침형이며 길이는 5~10cm, 너비는 2~4cm로서 결각상의 톱니와 예리한 톱니가 있고 엽병 밑부분이 엽초로 되어 원줄기를 둘러싼다. 윗부분의 잎은 작지만 엽병은 이에 비해 작지 않으며 도란형의 엽초로 되고 흔히 자줏빛이 돈다. 발한·해열·진해·건담에 사용한다.

바디나물_ 미나리과

배풍등 *Solanum lyratum Thunb. ex Murray.*

줄기의 기부만 월동하는 다년초로서 길이가 3m에 달하고 끝이 덩굴 같으며 줄기와 잎에 선상의 털이 있다. 잎은 호생하고 난형 또는 긴 타원형이며 첨두 심장저이고 길이는 3~8cm, 너비가 2~4cm로서 보통 기부에서 1~2쌍의 열편이 갈라진다.

화서는 잎과 대생하며 가지가 갈라져서 백색꽃이 피고 화경은 길이가 1~4cm이며 꽃받침에 둔한 톱니가 있고 화관은 수레바퀴 모양이며 5개로 깊게 갈라지고 열편은 피침형으로서 뒤로 젖혀진다. 꽃밥은 길이가 3mm 정도로서 구멍으로 터지며 열매는 둥글고 지름은 8mm로서 붉은색으로 익는다.

줄기에 털이 없고 잎에 연모가 있으며 전혀 갈라지지 않은 것을 왕배풍등이라고 하며 제주도에서 자란다. 열매째 전초를 대상포진에 사용한다.

배풍등_ 가지과

개산초 *Zanthoxylum planispinum*

전남 및 경상도에서 자라는 상록관목으로서 높이가 4m에 달하고 작은 가지에 털이 없으며 탁엽이 변한 편평한 가시가 있다.

잎은 호생하고 소엽은 3~7개이며 난형 또는 난상피침형이고 점첨두 예저이며 길이는 3~12cm, 너비는 1~2.5cm로서 정소엽이 가장 크고 표면에 털이 없으며 뒷면 기부에 융모가 있거나 털이 없고 가장자리에 투명한 선점과 더불어 잔톱니가 있다.

엽병과 엽축에 넓은 날개가 있으며 엽병은 길이가 1~3cm이다. 화서는 총상 또는 복총상 화서이고 액생하며 길이는 3~4cm로서 연한 황색의 소화가 달리고 꽃은 이가화로서 6월에 핀다. 심피는 붉은빛이 돌며 길이는 5mm 정도로서 선점이 있고 열매는 9월에 익으며 종자는 검은색이다.

개산초_ 귤나무과

광나무 *Ligustrum japonicum*

전남 및 경남 이남에서 자라는 상록수목으로서 높이는 3~5m이며 가지는 회색이고 피목이 뚜렷하다. 잎은 대생하며 혁질이고 길이는 3~10cm, 너비는 2.5~4.5cm로서 뒷면에 뚜렷하지 않은 잔 점이 있고 가장자리가 밋밋하며 엽병은 길이가 5~12mm로서 엽맥과 더불어 적갈색이 돈다.

꽃은 7~8월에 피고 꽃받침잎은 가장자리가 밋밋하거나 피상이고 화관은 길이가 5~5mm이며 통부는 열편보다 약간 길거나 같고 뒤로 젖혀진다.

수술은 2개이며 열매는 길이가 7~10mm로서 10월에 자흑색으로 익으며 겨울에도 남아 있다. 가지에 잔털이 있고 잎이 촘촘하게 달리며 엽병이 짧고 화서는 중축에 짧은 털이 있으며 길이가 3~6cm인 것을 둥근잎광나무라고 한다.

광나무_ 무서과

영지 *Ganoderma lucidum*

북반구 온대지방에 넓게 분포한다. 매실·상수리나무·졸참나무 등의 활엽수가 마른 것 또는 살아 있는 나무의 줄기와 뿌리에 난다.

산은 신장형으로 적갈색에서 자갈색까지 다양하고 윤기가 있다. 산의 표면은 황백색으로 무수히 많은 작은 구멍이 있고 이 구멍의 내벽에 다수의 단자포자가 생긴다. 포자는 갈색의 난형으로 너무 작아서 육안으로는 보이지 않는다.

성분은 당질 톨루하로이스를 함유한다. 이것은 균류 공통 성분으로서 알려져 있고 비환성의 이당류이다. 스테로이드의 에르고스테롤도 함유한 균류 공통 성분으로 자외선에 따라 비타민 D_2로 변화한다.

영지_ 말굽버섯과

먹구슬나무

건조시킨 껍질은 촌충구제에 이용된다. 열매는 가을에 노랗게 익은 것을 채취해서 과육 부분을 생것 그대로 이용한다. 점질에는 탄닌과 쓴맛의 말고신, 아스카롤 등을 포함해서 구연산과 사과산도 함유하고 있다.

열매는 지방유·탄닌·쓴맛의 말고신·포도당 등을 함유한다

먹구슬나무_ 전단과

들깨 *Perilla frutescens*

　동북 아시아가 원산지로 1년초로서 흔히 재배하고 있으며 높이가 60~90cm이고 사각이 지며 곧추자라고 긴 털이 있다. 잎은 대생하며 난상 원형이고 끝이 뾰족하며 밑부분이 원저 또는 넓은 예저이고 길이가 7~12cm, 너비는 5~8cm로서 가장자리에 둔한 톱니가 있으며 녹색이지만 때로는 뒷면에 자줏빛이 돈다.

　꽃은 6~9월에 피고 백색이며 가지 끝과 원줄기 끝의 총상화서에 달리고 꽃받침은 길이가 3~4mm로서 위쪽 것이 3개로 갈라지며 아래쪽 것은 보다 길고 2개로 갈라지며 긴 털이 있고 화관은 길이가 4~5mm로서 하순이 약간 길다. 4개의 수술 중 2개가 길며 분과는 꽃받침 안에 들어 있고 둥글며 지름은 2mm 정도로서 겉에 그물 무늬가 있다. 잎은 식용으로 하고 종자는 기름을 짜서 약용 또는 식용으로 하며 옻의 해독제로 사용하기도 한다.

들깨_ 소엽, 차조기과

고욤나무 *Diospyros lotus*

경기도 이남에서 심고 있으나 야생에도 흔히 있으며 낙엽교목으로서 높이는 10mm에 달하고 소지에 회색털이 있으나 없어진다.

잎은 호생하며 타원형 또는 긴 타원형이고 급한 첨두이며 원저 또는 넓은 예저이고 길이는 6~12cm, 너비는 5~7cm로서 표면은 녹색이며 어릴 때는 털이 있으나 성숙함에 따라 엽액 이외의 것은 없어지고 뒷면은 회록색이며 맥 위에 굽은 털이 있고 가장자리에 톱니가 없으며 엽병은 길이가 8~12mm이다.

꽃은 이가화로서 6월에 피고 연한 녹색이며 새 가지 밑부분의 엽액에 달리고 수꽃은 2~3개씩 한 군데에 달리며 길이 5mm로서 16개의 수술이 있고 암꽃은 꽃밥이 없는 8개의 수술과 1개의 암술로 되며 길이는 8~10mm이다.

꽃받침잎은 삼각형이고 어릴 때 짧은 털이 있으며 화관은 종형이고 열매는 둥글며 지름은 1.5cm로서 10월에 황색에서 흑색으로 익는다. 열매의 외형에 따라 여러 가지 품종으로 나뉜다.

고욤나무_ 감나무과

차나무 *Camellia sinensis*

전라도 및 경상도에서 심고 있는 상록관목으로서 가지가 많이 갈라지고 일 년 가지는 갈색이며 잔털이 있고 이 년 가지는 회갈색이며 털이 없다.

잎은 호생하고 피침형 긴 타원형 또는 긴 타원형이며 둔두 예저이고 약간 내곡하는 둔한 톱니가 있으며 길이는 2~15cm, 너비는 2~5cm로서 양면에 털이 없고 표면은 녹색이며 엽맥이 들어가고 뒷면은 회록색으로서 맥이 튀어나오며 엽병은 길이가 2~7mm이다.

꽃은 10~11월에 피고 지름은 3~5cm로서 백색이며 향기가 있고 1~3개가 액생하거나 또는 가지 끝에 달리며 화경은 길이가 15mm로서 밑으로 꼬부라지고 위 끝이 비대해진다. 많은 수술은 밑부분이 합쳐져서 통같이 되며 수술대는 길이가 5~10mm로서 백색이고 꽃밥은 황색이며 자방은 상위이고 3실이며 3개의 암술대가 있고 백색털이 밀생한다.

열매는 편구형이며 지름은 2cm로서 3~4개의 둔한 능각이 있고 다음해 가을에 차갈색으로 익으며 목질화되어 포배개열되고 종자는 둥글며 외피가 굳다. 어린 잎은 차로 이용한다.

차나무_ 동백나무과

참마 _Dioscorea japonica_

산지에서 자라는 다년성 덩굴식물로 육질의 뿌리가 있다. 잎은 대생하지만 간혹 호생하는 것도 있으며 엽병이 길고 길이는 5~10cm, 너비가 2~5cm로서 끝이 뾰족하고 녹색이며 털이 없고 엽액에서 주아가 발달한다.

꽃은 이가화로서 6~7월에 피며 엽액에서 나오는 1~3개의 수상화서에 달린다.

웅화서는 곧추자라고 자화서는 밑으로 처지며 백색꽃이 달리고 수꽃에는 6개씩의 수술과 화피열편 및 1개의 암술 흔적이 있으며 암꽃에는 6개의 화피열편과 1개의 3실 자방이 있다. 삭과는 3개의 날개가 있고 종자도 막질의 날개가 있다. 뿌리를 식용으로 하거나 강장제 및 지사제로 사용한다.

참마_ 참마과

알꽈리 _Tubocapsicum anomalum_

중부 이남의 나무 그늘에서 자라는 다년초로서 높이는 60~90cm이고 다소 우상으로 갈라지며 털이 거의 없다.

잎은 호생하고 긴 타원형 또는 타원형이며 양 끝이 좁고 밑부분이 갑자기 좁아져서 짧은 엽병의 날개로 되며 길이는 8~18cm, 너비는 4~10cm로서 가장자리가 밋밋하거나 희미한 파상의 톱니가 있다. 꽃은 7~8월에 피고 연한 황색이며 엽액에 1~5개씩 달리고 소화경은 열매가 익을 때쯤 되면 윗부분이 굵어지며 밑으로 굽고 길이는 1.5~2.5cm이다.

알꽈리_ 가지과

꽃받침잎은 위의 가장자리가 수평적이며 털이 없고 낮으며 화관은 지름이 8mm 정도로서 5개로 말게 갈라지고 열편은 피침상 삼각형이며 끝이 뾰족하고 젖혀진다. 열매는 둥글며 지름은 7~10mm로서 나출되고 적색으로 익는다.

들깨풀 *Mosla punctulata* J.

들에서 흔히 자라는 1년초로서 높이가 20~60cm이고 둔한 사각형이며 흔히 자줏빛이 돈다.

잎은 대생하고 난상피침형 또는 긴 타원형이며 둔두이고 예저 또는 원저이며 길이는 2~4cm, 너비는 1~2.5cm로서 표면에 잔털이 있고 뒷면 맥 위에 짧은 털이 있으며 가장자리에 낮은 톱니가 있고 엽병은 길이가 1~2cm이다.

꽃은 8~9월에 피며 연한 자주색이고 가지 끝에 수상으로 달리며 포는 길이는 2.5~3mm로서 피침형이고 소화경과 길이가 비슷하다.

꽃받침은 꽃이 필 때는 길이가 2~3mm이지만 열매가 익을 때쯤 되면 길이가 4mm에 달하며 위쪽은 3개, 아래쪽은 2개로 갈라지고 열편 끝이 뾰족하다. 화관은 길이가 3~4mm로서 2개로 갈라지며 상순은 중앙부가 약간 파지고 하순이 3개로 갈라지며 중앙 열편이 가장 크고 수술은 4개로서 그중 2개가 길다. 분과는 4개가 꽃받침으로 싸여 있으며 도란형이고 지름은 1mm 이내로서 그물 같은 무늬가 있다. 민간에서 전초를 삶거나 찧어 습종에 사용한다.

들깨풀_ 소엽 · 차조기과

줄 *Zizania latifolia*

　연못이나 냇가에서 군락을 형성하는 다년초로서 진흙 속에서 굵고 짧은 근경과 벋는 줄기가 옆으로 벋으면서 총생한다. 잎은 길이가 50~100cm, 너비는 2~3cm로서 밑부분이 엽초로 되며 엽초는 둥글과 부들 같으며 엽설은 백색이고 긴 삼각형으로서 끝이 뾰족하다.
　화경은 높이가 1~2m로서 8~9월에 길이가 30~50cm의 큰 원추화서가 발달하며 가지는 반윤생하고 갈라지는 곳에 털이 있다. 자소수는 윗부분에 달리며 선상 피침형이고 1개의 암꽃으로 되며 연한 황록색으로서 끝에 긴 까끄라기가 있고 호영과 내영의 2개로 되며 까끄라기는 길이가 2~3cm이다.
　웅소수는 밑부분에 달리고 연한 자줏빛이 돌며 6mm 정도로서 좁은 피침형이고 끝이 뾰족하지만 까끄라기가 없으며 호영, 내영 및 6개의 수술로 된다.

줄_ 벼과

식나무 *Aucuba japonica*

　울릉도와 외연도 이남에서 자라는 상록관목으로서 높이가 3m에 달하고 작은 가지는 녹색이며 굵고 털이 없으며 윤기가 있다.
　잎은 호생하고 타원상 난형 또는 타원상 피침형이며 예두 또는 점첨두이고 넓은 예저이며 길이는 5~20cm, 너비는 2~10cm로서 양면에 털이 없고 표면은 윤기가 있으며 가장자리에 치아상의 톱니가 있고 엽병은 길이가 2~5cm로서 표면에 얕은 홈이 있다.
　원추화서는 가지 끝에 달리며 꽃은 이가화로서 3~4월에 피고 지름은 8mm이며 4개이다. 수꽃은 길이가 5~10cm의 원추화서에 달리며 화축에 털이 있으며 암꽃은 길이가 5~5cm의 화서에 달리고 꽃잎은 난형이며 길이는 2mm이고 자방은 타원형으로서 털이 있다. 열매는 타원형이며 길이는 1.5~2cm로서 10월에 붉은색으로 익고 겨울 동안에 가지에 달려 있다.

식나무_ 층층나무과

털진득찰 *Sigesbeckia pubescens*

진득찰과 같이 자라지만 남부지방과 바닷가에서 보다 왕성하게 자라고 높이가 1m에 달하며 원줄기와 잎에 털이 많고 가지는 진득찰과 같이 갈라진다.

잎은 대생하며 중앙부의 잎은 난형 또는 난상 삼각형이고 끝이 뾰족하며 밑부분이 절저, 원저 또는 예저이고 길이는 7.5~19cm, 너비는 6.5~18cm로서 양면 특히 뒷면 맥 위에 털이 밀생하며 기부에 3개의 큰 맥이 있고 가장자리에 불규칙한 톱니가 있으며 엽병은 길이가 6~12cm로서 윗부분이 엽신으로 흘러 날개처럼 된다.

꽃은 8~9월에 피고 가지 끝과 원줄기 끝에 달려서 전체가 산방상으로 되며 화경은 길이가 15~35mm로서 대가 있는 선모가 밀생한다.

총포편은 5개이고 길이는 10~12mm로서 길이가 거의 같으며, 선형이고 윗부분 이외에는 선모가 있다. 설상화는 1줄이며 암꽃이고 길이가 3.5mm로서 끝이 2~3개로 갈라지며 통상화는 양성으로서 모두 열매를 맺는다.

수과는 도란형이고 약간 굽으며 4개의 능각이 있고 길이는 2.5~3.5mm로서 털이 없다. 한방에서 전초를 진득찰과 더불어 약용으로 한다.

털진득찰_ 국화과

탱자나무 *Poncirus trifoliata*

경기도 이남에서 자라는 낙엽수목으로서 높이는 3m에 달하고 가지는 약간 편평하며 녹색이고 길이가 3~5cm의 굳센 가시가 호생 한다. 잎은 호생하며 3출엽으로서 엽병에 날개가 약간 있고 소엽은 혁질이며 길이는 3~6cm로서 가장자리에 둔한 톱니가 있으며 엽병은 길이가 25mm이다.

꽃은 5월에 피고 백색이며 정생 또는 액생하고 1개 또는 2개씩 달리며 꽃받침잎과 꽃잎은 5개가 이생하고 수술은 많으며 자방에 밀모가 있다. 열매는 둥글고 지름은 3cm로서 향기가 좋으나 먹을 수 없으며 9월에 익고 종자는 긴 타원형으로 길이는 1~1.3cm이다. 열매를 약용으로 하며 묘목은 귤나무의 대목으로 사용하고 성목은 남부지방에서 산울타리로 환영받고 있다.

탱자나무_ 귤나무과

물대 *Arundo donax*

남쪽 바닷가 근처에서 심고 있는 다년초로서 높이가 2~4m이고 털이 없다. 잎은 길이가 50~70cm, 너비는 2~5cm로서 백록색이며 엽설은 절두이고 길이가 1~2mm로서 가장자리에 털이 있다. 화수는 원추형이며 곧추서고 길이는 30~70cm로서 다소 적자색이 돌며 가지가 깔깔하고 소수는 3~5개의 꽃으로 피며 길이는 8~12mm이다.

포영은 길이가 같다. 3맥이 있으며 중근은 없고 호영은 피침형이며 길이는 7~10mm로서 3~5맥 이외에 짧은 소맥이 있고 뒷면 밑부분에 긴 털이 있으며 2개로 갈라진 사이에서 길이 1~3mm의 까끄라기가 곧추서고 기반의 양쪽 윗부분에 털이 있다. 내영은 호영 길이의 1/2~2/3이다. 원산지에서는 바닷가 모래땅에서 자란다.

물대_ 벼과

뚜깔 *Patrinia villosa*

　양지에서 자라는 다년초로서 높이는 1m에 달하고 백색털이 많으며 밑에서 벋는 가지가 지하 또는 지상으로 자라면서 번식한다.

　잎은 호생하고 단순하거나 우상으로 갈라지며 길이는 3~15cm로서 양면에 백색별이 드문드문 있고 표면은 짙은 녹색이며 뒷면은 흰빛이 돌고 가장자리에 톱니가 있으며 밑부분의 것은 엽병이 있으나 위로 올라가면서 없어진다.

　꽃은 7~8월에 피고 백색이며 가지 끝과 원줄기 끝에 산방상으로 달리고 화서분지에는 원줄기의 하반부와 더불어 퍼진 또는 밑을 향한 백색털이 있다.

　화관은 지름이 4mm로서 5개로 갈라지며 통부가 짧고 4개의 수술과 1개의 암술이 있으며 자방은 하위이고 3실로서 그중 1실만이 열매를 맺는다. 열매는 도란형이며 길이는 2~3mm로서 뒷면이 둥글고 날개는 원심형이며 길이와 너비는 각각 5~6mm이다. 어린 순은 나물로 한다.

뚜깔_ 마타리과

부록

찾아 보기

식물용어 찾아보기 · 항목별 찾아보기 · 꽃전설 찾아보기 · 교과서 찾아보기

식물 용어 찾아보기

ㄱ

가도관(헛물관) 쌍떡잎식물 중 일부와 겉씨식물, 양치식물에서 물이 드나드는 길 구실을 도맡는 조직

가엽 식물의 잎꼭지가 변하여 잎처럼 평평하게 되며 잎의 작용을 하는 부분이고 잎의 변태의 한 가지

각과 견과보다 덜 단단한 열매껍질과 깍정이에 싸여 있는 열매. 다 익어도 갈라지지 않는다

감과 장과의 한 가지로 속열매껍질의 일부가 주머니처럼 생겼으며 속에 액즙이 있고 겉열매껍질과 가운데 열매껍질이 갯솜 모양인 과실

거(꿀주머니) 화관이나 꽃받침이 시작되는 곳 가까이에 툭 튀어나온 부분. 속이 비어 있거나 꿀샘이 들어 있다

거치(톱니) 잎가장자리가 톱니 모양으로 들쭉날쭉함

결각 잎의 가장자리가 깊이 패어 들어간 모양

결각연 결각으로 되어 있는 식물의 잎의 가장자리

개과 열매가 익은 뒤에 열매의 껍질이 저절로 벌어져서 속의 씨를 흩어지게 하는 열매

강모 식물의 각부 표면에 나는 돌기물 중에서 표피세포가 변화하여 생긴 털의 한 가지이며 끝이 뾰족하며 몹시 빳빳하고 거센 털

견과 각과보다 더 단단한 열매껍질과 깍정이에 싸여 있는 열매. 다 익어도 갈라지지 않는다

거치연 잎의 가장자리가 톱니로 된 모양

겹꽃 수술, 암술 등이 꽃잎 모양으로 바뀌어 꽃잎이 여러 겹으로 겹친 꽃

경생엽 줄기에서 나는 잎. 근생엽의 상대어

곡과(영과) 벼과 식물의 열매. 내영과 호영 속에 암술과 수술이 들어 있는데, 암술이 열매로 익어도 보통 이 껍질이 그대로 남아 열매를 감싸므로 '영과'라고 한다. 껍질 속에 씨앗이 1개 있으며, 씨앗의 배젖은 크고 녹말로 채워져 있다

골돌과 단단한 열매껍질이 봉합선 1줄을 따라 벌어지는 열매. 씨방 1개에 씨앗이 1개 또는 여러 개 들어 있다

과수(열매이삭) 열매가 여러 개 모여 달린 것

과육 주로 과일의 살이 되는 부분

관모(깃털) 씨방 위쪽에 달리는 털 모양의 돌기. 꽃받침 조각이 변해서 된 기관으로 보며, 식물의 속(屬)을 구별하는 중요한 기준

관목 키가 2m 안팎의 목본식물로서 원줄기가 분명하지 않고 밑동에서 가지가 많이 나는 나무

관상화(대롱꽃) 화관이 가늘고 긴 대롱 모양인 꽃. 통꽃의 일종이며, 국화과 식물의 두상꽃차례에서 중심에 모여 있는 꽃이다

광합성 녹색식물이 태양의 복사에너지를 이용하여 이산화탄소와 물을 산소와 탄수화물로 바꾸어 저장하는 현상

괴경(덩이줄기) 뿌리줄기에서 갈라져 나온 가지의 끝이 양분을 갈무리하면서 크게 덩어리진 것. 감자나 튤립 등에서 볼 수 있다

괴근(덩이뿌리) 양분을 갈무리하여 덩이진 뿌리. 여기서 많은 눈이 생겨 번식한다. 고구마, 다알리아 따위에서 볼 수 있다

괴목 콩과에 딸린 갈잎큰키나무이며 키는 7~10m이고 잎은 깃골겹잎으로 작은 잎은 달걀 모양이며 가장자리에 톱니가 없다

교목 줄기가 곧고 굵으며, 높이 자라고 대부분 위쪽에서 가지가 퍼지는 나무

구경(알줄기) 땅 속에서 녹말 같은 양분을 갈무리하여 공이나 달걀 모양, 타원꼴로 크게 살찐 줄기. 비늘줄기와 비슷하지만, 비늘줄기는 잎에 양분을 저장하여 커진 것이고 알줄기는 줄기가 커진 것이다. 토란, 글라디올러스 등에서 볼 수 있다

구과 소나무과 식물의 열매로 목질로 된 비늘 조각

이 여러 겹으로 포개져서 둥글거나 원추와 같은 모양을 이루고 각 비늘 조각 안에 씨가 붙어 있다

구근 공이나 덩이 모양으로 된 땅속줄기나 뿌리를 일컬으며 알뿌리를 말한다

권산화서 유한 꽃차례 가운데 취산화서의 하나로 꽃 줄기의 꼭대기에 한 개의 꽃이 피고 바로 아래에서 한 개의 꽃 꼭지가 나와 꽃이 붙고 또다시 그 꽃 아래에서 먼저의 꽃 꼭지가 생기어 꽃이 붙는 것을 여러 번 되풀이하여 나중에는 꽃줄기가 꼬부라지는 꽃차례

권수 다른 물체에 감기어서 줄기를 지탱하는 덩굴

귀화식물 다른 곳에서 저절로 자라다가 이런저런 이유로 어떤 곳으로 옮아와, 그곳에서 본래 자라던 식물과 어울려 자라고 저절로 번식하면서 터를 잡은 식물

근경(뿌리줄기) 뿌리처럼 땅 속으로 뻗는 줄기. 마디에서 새싹과 뿌리를 내보냄으로써 포기를 늘리며, 녹말 같은 양분을 저장하기도 한다. 연꽃, 매꽃 등에서 볼 수 있다.

근류(뿌리혹) 뿌리에서 군데군데 혹처럼 크게 부푼 부분. 콩과 식물에서 볼 수 있는데, 뿌리에 침입하여 기생하는 뿌리혹박테리아가 양분을 빼앗아 먹고 내놓는 물질이 뿌리 군데군데를 크게 키워서 생긴다

기근(헛뿌리) 민꽃식물에서 뿌리처럼 생긴 부분. 보통 가느다란 실 모양이며 단세포나 세로 1줄로 되어 있다. 식물체를 받치는 구실을 하고 이따금 물이나 양분을 빨아들이기도 한다

근상엽 잎이 변태되어 뿌리 모양으로 된 것

근생엽 뿌리나 땅속줄기에서 땅 위에 나온 잎

급첨두 잎맥만 자라서 잎 끝이 뾰족한 것

기산화서 유한 꽃차례 중 취산화서의 한 가지로 꽃대의 꼭대기에 한 개의 꽃이 있고 그 꽃의 아래에 두 개의 꽃꼭지가 생겨 그 꼭대기마다 꽃이 달리고 또 그 꽃 아래에 두 개의 꽃꼭지가 생겨 여러 층으로 된 것

기생식물 어떤 생물에 달라붙어 같이 살면서 양분을 빼앗는 식물. 광합성을 하여 스스로 양분을 만들면서 다른 생물의 양분도 빼앗는 반기생식물, 스스로 양분을 만들지 못해 다른 생물에 완전히 기대어 양분을 빼앗는 전기생식물 등 2종류로 나뉜다

기수우상복엽 소엽의 수가 홀수인 것

기판 콩과 식물의 접형화관의 한가운데 있는 큰 꽃잎

길이생장 생장점의 세포가 분열하여 위나 아래로 늘어나면서 뿌리와 줄기가 길어지는 활동

까끄라기 벼과 식물의 호영 끝에 난 털 모양의 돌기

꼬투리 협과 식물에서 씨앗을 싸고 있는 열매껍질

꽃받침통 꽃받침이 서로 붙어서 통 모양이 된 부분

ㄴ

나자식물 밑씨가 씨방 안에 있지 않고 벗어져 드러나는데 가루받이할 때 꽃가루가 곧장 밑씨 위에 붙고 꽃잎은 없으며, 줄기에 부름켜가 발달하였으나 물관을 없고 헛물관을 가진다.

나화 꽃받침도 꽃부리도 없는 불완전한 꽃

난상 달걀 꼴

난자 암컷의 생식세포

난형 달걀처럼 생겼으며 아랫부분이 넓은 잎의 모양

내영 벼과 식물의 낱꽃을 밑에서 2겹으로 둘러싸는 것 중에서 속에 있는 것.

ㄷ

다년초(여러해살이풀) 잇따라 여러 해를 사는 풀. 겨울에 땅 위의 기관은 죽어도 땅 속의 기관(뿌리, 뿌리줄기, 비늘줄기, 덩이줄기 등)은 살아서 이듬해 봄에 다시 새싹이 돋는다.

다육근 육질로 된 굵은 뿌리

다육식물 메마른 곳에서 잘 자라도록 땅 위의 줄기나 잎 속에 물을 많이 저장하는 식물. 국화과·닭의장풀과·돌나물과·선인장과 식물 등이 여기에 속한다

단각과 열과의 한 가지로 장각과와 같으나 넓이가 넓으며 작고 짧다

단맥 잎의 주맥이 한 개만 발달한 것

단산화서 유한 꽃차례의 하나로 취산꽃차례의 한 변태이며 꽃의 꼭지가 없는 작은 꽃이 많이 모여나는 꽃차례

단엽(홑잎) 잎몸이 작은 잎으로 쪼개지지 않고 온전하게 하나로 된 잎. 대체로 잎가장자리가 깊이 갈라지거나 톱니가 있다

대생(마주나기) 줄기나 가지의 한 마디에 잎 1쌍이 서로 마주붙어 달리는 모양 덩굴손이 덩굴지면서 자라는 식물이 다른 식물에 잘 얽히고 감기도록 몸 일부의 형태를 바꾸어서 된 기관. 줄기나 잎이 변한 것, 겹잎에서 맨 꼭대기에 있는 작은 잎이 변한 것. 턱잎이 변한 것 따위가 있다

단일성식물 꽃이나 과실을 형성하기 위하여, 하루의 일조 시간이 일정한 시간 이하로 되지 않으면 꽃이 피지 않는 식물

도관(물관) 속씨식물의 물관부 중에서 물이 드나드는 길 구실을 도맡는 조직. 모가 여러 개 진 기둥꼴이나 원기둥꼴인 물관세포가 몇 개씩 잇닿아 있다. 이따금 헛물관이 덧붙기도 하며, 함께 나무처럼 단단해져서 줄기를 지탱한다

도란형 거꾸로 선 달걀 모양

도롱이 비옷 대용으로 사용하는 것

도심장형 거꾸로 된 심장 모양

도장 농작물이 무르고 부드럽게 키만 크는 것

두상꽃차례(두상화서) 줄기 끝에서 나와 아주 짧아져서 원반 모양이 된 꽃줄기에 꽃자루 없는 작은 꽃이 여러 송이 달린 꽃차례. 꽃줄기 끝에 꽃 1송이가 달린 것처럼 보인다.

둔거치 둔한 톱니 같은 잎 가장자리

둔두 둔한 잎 끝

등본 덩굴이 지고, 줄기가 다른 물체에 감기거나 또는 덩굴손 따위로 다른 물체에 붙어 올라가는 식물

ㅁ

막질 막으로 된 성질이나 성분

만경(덩굴줄기) 끝이 곧게 자라지 않고 좌우로 돌아가면서 다른 물체를 감아 올라가는 줄기. 종에 따라 왼쪽으로 감기도 하고 오른쪽으로 감기도 한다. 나팔꽃이나 칡, 더덕 등에서 볼 수 있다

만경식물(덩굴식물) 줄기가 곧게 자라지 않고 땅바닥을 기든지, 다른 물체를 감거나 타고 오르는 식물

만성 식물의 줄기가 덩굴로 뻗는 것

망상맥(그물맥) 잎의 중심맥에서 갈라져 나와 그물 모양으로 퍼지는 맥. 양치식물과 쌍떡잎식물의 잎에 생긴다

목질부 식물의 유관속 안에 도관·가도관·목부 유조직·목질 섬유로 이루어진 부분

무성아 어미 식물체에서 떨어져 나가 내부 구조를 나누어 기능을 달리 하면서 새로운 개체가 되려고 하는 새끼 식물체. 홀씨로 번식하는 선태식물에서 흔히 볼 수 있다.

미상 잎 끝이 갑자기 좁아져서 꼬리처럼 길게 자란 모양

밀면모 꼬불꼬불하고 엉긴 털

밀선(꿀샘) 꽃에서 꿀을 내보내는 기관

ㅂ

반구형 동그라미를 절반으로 나눈 모양

반기생식물 엽록소가 있어서 광합성을 하여 스스로 양분을 만들면서도 다른 생물에 달라붙어 그것의 양분도 빼앗는 기생식물

반연성 식물이 반연하는 성질

방사상 중앙의 한 점에서 사방으로 거미줄이나 바퀴살처럼 뻗어 나간 모양

배·배아(씨눈) 씨앗에 들어 있는 생명체. 식물이 만들어지는 처음 단계에 생긴다. 여기에서 어린 뿌리와 떡잎이 나오며, 떡잎 사이에서 나온 싹은 자라서 줄기가 된다

배우체 양치식물에서 난자, 정자 같은 유성생식세포를 만드는 기관. 난자를 만드는 배우체를 '암배우체', 정자를 만드는 배우체를 '수배우체'라고 한다

배유(배젖) 씨앗 속에서 씨눈을 둘러싼 조직. 나중에

식물의 여러 조직이 될 씨눈이 잘 자라도록 영양을 공급한다

배주 꽃의 암꽃술에 있는 중요한 기관

배주(밑씨) 암술의 씨방 속에 들어 있는 기관. 꽃가루를 만나 수정하면 자라서 씨앗이 된다. 속씨식물은 밑씨가 씨방 속에 있지만 겉씨식물은 씨방이 없어서 밑씨가 겉으로 드러난다

변이 각 개체가 환경에 따라 생리적, 형태적으로 그 일부가 서로 조금씩 달라지는 현상

복산형화서(겹산형꽃차례) 산형꽃차례가 여러 개 우산살처럼 모인 꽃차례.

복수상화서(겹수상꽃차례) 수상꽃차례가 여러 개 이삭 모양으로 모인 꽃차례. 벼과 식물에서 볼 수 있으며, 겹수상꽃차례를 이루는 수상꽃차례 1개를 '작은 이삭'이라고 한다.

복엽(겹잎) 잎이 여러 장 달린 것처럼 보이지만, 잎몸 하나가 갈라져서 작은 잎이 여러 장으로 나뉜 잎이다. 작은 잎 여러 장이 깃털처럼 줄지어 붙는 깃꼴겹잎, 작은 잎 3장이 붙는 삼출잎, 작은 잎 5~7장이 손가락 벌린 모양으로 붙는 손꼴겹잎 등이 있다

부피생장 부름켜의 세포가 분열하면서 뿌리나 줄기가 살찌고 굵어지는 활동

부화관 화관의 일부나 꽃밥이 화관 모양으로 바뀌어서 된 기관. 수선화속 식물에서 볼 수 있다.

분과 분열과를 이루는 열매

분리과(분열과) 씨방 여러 개가 한 묶음이 되어 자라다가 각각 열매가 되어 익으면 떨어져 나가는 열매

분열과 중축 좌우가 두 개로 갈라진 열매

불임성 식물이 열매를 맺지 않는 성질

비음수 차양의 그늘을 만들기 위하여 심는 나무

ㅅ

사강웅예 이생 웅예의 하나. 한송이의 꽃 속에 수술이 여섯 개 있는데 그 중 넷은 길고 둘은 짧은 수꽃술이다. 냉이의 수술, 배추의 수술, 무의 수술 따위가 있다

사계성 해가 길고 짧음에 관계 없이, 다른 조건이 유리하게 되면 수시로 꽃이 피는 성질

사관(체관) 속씨식물의 체관부에서 양분이 드나드는 길 구실을 도맡는 조직. 관다발의 맨 바깥쪽에 있고 원기둥꼴 체관세포가 잇닿아 통 모양을 이룬다. 세포 사이사이는 작은 구멍이 숭숭 뚫린 체 모양의 판이 가로막고 있다

사상체(원사체) 1줄로 줄지어 붙은 세포로 된 실 모양의 배우체. 양치식물과 선태식물에서 볼 수 있으며, 홀씨가 싹튼 뒤 정단세포와 나란히 있는 분열면에서만 세포가 늘어나면서 생긴다

삭과 익으면 과피(果皮)가 말라 쪼개지면서 씨를 퍼뜨리는 여러 개의 씨방으로 된 열매. 백합, 붓꽃 따위

산방화서(산방꽃차례) 긴 꽃줄기에 꽃자루 있는 꽃이 여러 송이 달리는데, 꽃줄기 위로 갈수록 꽃자루가 짧아져서 평평한 꽃차례

산포 흩어져 퍼지거나 흩어 퍼뜨림

산형화서(산형꽃차례) 꽃줄기 끝에서 나온 많은 꽃자루가 우산살처럼 퍼지고 꽃자루마다 꽃이 1송이씩 달린 꽃차례.

삼출맥 주맥이 세 개로 발달한 것

상과 짧은 꽃대에 많은 꽃이 한 덩어리로 엉기어 피고 거기에 열매가 다닥다닥 붙어 열어 겉으로 보기에는 한 개의 열매와 같이 보인다

생식잎 생식 기능을 하는 기관이 달리는 잎. 고사리류에서 홀씨가 달리는 잎 등을 말한다

생장점 뿌리와 줄기의 끝에서 왕성하게 분열하는 세포가 모여 있는 부분. 식물은 생장점의 세포가 분열함으로써 자란다. 뿌리의 끝에서는 뿌리골무가, 줄기의 끝에서는 어린 잎이 생장점을 보호한다.

선형 길이가 넓이보다 몇 배 길고 양쪽 가장자리가 평행하면서 좁은 모양

설상화(혀꽃) 꽃잎 여러 장이 합쳐져서 꽃잎이 1장처럼 된 꽃. 국화과 식물의 두상꽃차례에서 가장자리에 있다

섬유 식물체 속에 들어 있는 세포. 아주 가늘고 길며 양쪽 끝이 뾰족하면서 벽이 두껍다. 그러한 세포들이 포여 이룬 조직을 뜻하기도 하며 피층·체관부·물관부·잎살 등의 속에 있다

성모 여러 갈래로 갈라진 별 모양으로 된 털

세대교번 생물 한 종이 세대에 따라 다른 방법을 번갈아 쓰면서 생식하는 현상

소견과 크기가 작은 견과

소수화서 꽃가루가 없는 꽃이 화축에 달려 있는 꽃차례

소우편 한편의 작은 깃털

소지 작은 나뭇가지

속생 식물이 더부룩하게 모여나는 것

수 식물체에서 줄기의 중심부를 차지하고 있는 관다발에 둘러싸인 부분

수과 얇은 종이처럼 반투명한 열매껍질이 마르면서 나무줄기처럼 딱딱해지거나 가죽처럼 질겨지고, 익어도 열리지 않는 열매. 속에 들어 있는 씨앗 1개가 열매껍질과 달라붙어 있어서 열매가 씨앗처럼 보인다

수관 많은 가지와 잎이 달려 마치 갓 모양을 이루는 나무줄기의 윗부분

수근(수염뿌리) 원뿌리와 곁뿌리의 구분 없이 같은 굵기로 수염처럼 나오는 뿌리. 외떡잎식물에서 볼 수 있다

수매화 물이 도와서 꽃가루받이를 하는 꽃

수상화서(수상꽃차례) 가늘고 긴 꽃줄기 1개에 꽃자루 없는 작은 꽃이 여러 송이 다닥다닥 붙어서 이삭 모양이 된 꽃차례

수정 암술머리에 닿은 꽃가루가 자라 암술대를 타고 씨방 속의 밑씨와 만나는 현상

수정란 정자를 만나 결합한 난자

시과 열매껍질이 자라서 날개처럼 되어 흩어지기에 편리하게 된 열매

식충식물(벌레잡이식물) 곤충 같은 작은 동물을 잡아서 소화하여 양분을 빨아들이는 식물

신미료 매운 맛을 내는 양념거리

심피 속씨식물에서 암꽃술이 되는 잎

ㅇ

아(芽)눈 줄기 끝에 생기는 어린 구조. 나중에 잎, 꽃 등으로 자란다.

아린 겨울눈을 싸고, 뒤에 꽃이나 잎 따위가 될 연한 부분을 보호하는 질이 단단한 비늘 조각 모양의 잎

아종 생물 분류상의 한 단위로 종을 다시 세분한 가장 작은 단위의 하나

악(꽃받침) 내화피와 뚜렷하게 구분되는 외화피, 꽃잎·암술·수술을 바깥쪽에서 싸면서 떠받친다. 보통 녹색이지만, 이따금 여러 색깔을 띠면서 꽃잎 모양으로 바뀌기도 한다. 대체로 꽃잎과 함께 지지만, 꽃잎보다 먼저 지거나 열매를 맺어 익기까지 남기도 한다.

악편(꽃받침조각) 여러 조각으로 떨어진 꽃받침의 한 조각. 보통 녹색이지만, 색소를 지녀 꽃잎처럼 보이는 것도 있다

약(꽃밥) 수술의 끝에 달려 꽃가루를 만들어 담는 기관. 종에 따라 크기나 모양이 다르며, 익으면 터지거나 뚫리면서 꽃가루가 나온다

양전화 한 개의 꽃 속에 수술과 암술이 모두 갖춘 꽃

열편 찢어진 낱낱의 조각

엽록립 식물체 중 잎. 그 밖의 녹색 조직 세포 안에 있는 색소체의 한 가지

엽록소 녹색식물의 잎살 속에 들어 있는 녹색 화합물질. 태양의 빛에너지를 받아 이산화탄소와 물을 산소와 탄수화물로 바꾸어 저장한다

엽록체 엽록소를 담고 있는 조직. 둥글거나 타원꼴이며, 엽록소가 녹색이므로 녹색으로 보인다

엽맥(잎맥) 잎의 뼈대를 이루는 조직. 뿌리에서 줄기를 통해 온 물과 양분을 잎을 구성하는 세포로 나르고, 잎에서 광합성으로 만든 물질을 다는 기관에 나른다. 외떡식물에서는 나란하고, 쌍떡잎식물에서는 그물 모양이다

엽면시비 식물 영양제의 용액을 잎에 뿌려 숨구멍을 통해서 직접 흡수시키는 일

엽병(잎자루) 잎과 줄기를 연결하는 부분. 잎자루 없이 잎몸이 바로 붙은 식물도 있으며, 잎자루가 있더

라도 줄기의 위치에 따라 길이나 모양이 다르다

엽상체 뿌리, 줄기, 잎의 구조와 기능이 나뉘지 않은 식물체. 관다발은 없지만 엽록소가 있으므로 온몸이 광합성을 하여 잎 구실을 하고, 물과 양분을 빨아들인다. 양치식물 중 양치류와 속새류의 전엽체는 보통 심장 모양의 엽상체다

엽서(잎차례) 잎이 달리는 모양, 마주나기, 어긋나기, 모여나기·돌려나기 등이 있다

엽설(잎혀) 잎집과 잎몸이 맞닿는 곳의 안쪽에 생기는 작은 돌기. 헛바닥 모양으로 얇은 종이처럼 반투명하며, 잎집 속으로 빗물이 들어가는 것을 막는다. 주로 벼과 식물에서 볼 수 있다

엽신(잎몸) 잎에서 잎자를 뺀 넓은 부분

엽심 잎의 중심

엽액(잎겨드랑이) 줄기에서 잎이 나오는 겨드랑이 같은 부분

엽이(잎귀) 잎몸의 양쪽 밑과 잎집이 잇닿는 부분에서 속으로 굽어 귓불처럼 보이는 돌기. 잎집 속으로 빗물이 들어가는 것을 막는다

엽초(잎집) 잎이 시작되는 곳에서 줄기를 집처럼 감싸는 부분. 외떡잎식물에서 볼 수 있으며, 쌍떡잎식물 중에서는 마디풀과나 미나리과 식물에서 볼 수 있다

엽총 잎이 한 군데에 무더기로 나 있는 것

엽침 잎이 붙은 곳, 또는 잎 밑동이 볼록한 부분

엽탁 턱잎

영과 견과의 한 가지

외영(호영) 벼과 식물의 낱꽃을 밑에서 2겹으로 둘러싸는 것 중에서 바깥에 있는 것.

외종피 씨를 싸고 있는 맨 바깥쪽의 껍질

요두 끝이 원형이고 잎맥 끝이 오목하게 팬 잎 끝

우상 날개 모양

우상복엽(깃꼴겹잎) 작은 잎 여러 장이 잎자루의 양쪽으로 나란히 줄지어 붙어서 새의 깃털처럼 보이는 겹잎과 작은 잎의 개수가 짝수이면 짝수깃꼴·겹잎, 홀수이면 홀수깃꼴겹잎이다

우상맥 깃 모양으로 갈라진 잎맥

원추화서(원추꽃차례) 긴 꽃줄기가 원뿔꼴로 가지를 친 꽃차례. 가지마다 총상꽃차례나 수상꽃차례가 있다

월년초 두해살이풀

유관속(관다발) 물과 양분이 드나드는 길 구실을 하는 조직. 물관부와 체관부로 되어 있는데 물관부에서는 물이 드나들고 체관부에서는 양분이 드나든다. 뿌리·줄기·잎 등에 있다. 씨앗식물과 양치식물은 관다발이 있으므로 둘을 모아 '관다발식물'이라고 부르며, 선태식물이나 그것보다 더 하등한 식물은 관다발이 없으므로 통틀어 '비관다발식물'이라고도 부른다

유성생식 암수가 나뉘어 있어 저마다 생식세포를 만들며, 성이 다른 두 생식세포가 만나(수정) 새로운 개체를 만드는 방법

유성세대 세대교번을 하는 생물이 유성생식을 하는 세대. 이 때에는 전엽체 상태로 생식을 하며, 암수가 구별되는 기관이 전엽체에 생겨서 정자와 난자 같은 유성생식세포를 만든다

유세포 희거나 누르스름한 젖 같은 즙액을 가진 세포

육수화서(육수꽃차례) 굵고 살과 즙이 많은 꽃줄기에 꽃자루 없는 작은 꽃이 빽빽이 달리 꽃차례

윤산화서(윤산꽃차례) 잎이 마주 붙는 줄기의 잎겨드랑이마다 취산꽃차례가 있는 꽃차례

윤생(돌려나기) 줄기나 가지의 한 마디에 잎 3장 이상이 바퀏살처럼 달리는 모양

웅예(수술) 꽃가루를 만드는 기관. 꽃밥과 수술대로 되어 있으며, 한 송이에 2개 이상 무리지어 있는 꽃도 있고 1개만 있는 꽃도 있다

은두화서 유한 꽃차례의 한 가지

은화과 복과의 하나로 씨방이 커다란 꽃받기 속에 이루어지고 살이 많다

이년초(두해살이풀) 싹이 튼 이듬해에 자라 꽃피고 열매 맺은 뒤에 말라 죽는 풀

이층 나뭇잎이 떨어질 무렵 잎꼭지가 가지와 붙은 곳에 생기는 특수한 세포층

이판화(갈래꽃) 꽃잎이 한 장 한 장 떨어진 꽃.

인 식물의 씨에서 껍질을 벗긴 배아

인경(비늘줄기) 살과 즙이 많은 잎이 땅 속의 짧은 줄기 둘레를 겹겹이 빽빽하게 덮으면서 둥글게 덩어리진 것. 알줄기와 비슷하게 생겼지만, 알줄기는 줄기가 양분을 저장하면서 크게 자란 것이고 비늘줄기는 양분을 저장한 잎 여러 장이 줄기를 두껍게 덮은 것이다. 흔히 '알뿌리'라고 부르며 백합·파·튤립·수선화 등에서 볼 수 있다

인모 식물의 줄기나 잎 따위의 겉면을 덮어 이를 보호하는 잔털의 한 가지

인엽 자연 변태로 비늘같이 된 잎

일년초(한해살이풀) 싹트고 꽃이 피며 열매 맺어 말라 죽는 과정이 1년 안에 끝나는 풀

잎깍지 잎의 엽편은 펼쳐져 있고 잎대에 해당한 부분만이 줄기를 싸서 깍지 모양으로 되어 있는 것

ㅈ

자방(씨방) 암술 밑의 볼록한 기관. 밑씨를 담고 있고 장차 열매가 된다. 씨방의 위치는 씨앗식물을 분류하는 중요한 기준이다

자엽(떡잎) 씨앗 속에 있는 씨눈에서 처음에 나오는 잎. 쌍떡잎식물에서는 2장, 외떡잎식물에서는 1장 나온다

자예(암술) 열매를 만드는 기관, 암술머리·암술대·씨방으로 되어 있다. 보통 한 송이에 1개씩 있지만 2개 이상 있는 종도 있다.

자웅동주(암 수 한그루) 암꽃과 수꽃이 같은 그루에 달리는 것을 말한다.

자웅이주 (암수딴그루) 암꽃과 수꽃이 각각 다른 그루에 달리는 것을 말한다.

장각과 건조과 중의 열과의 한 가지

장과 씨방이 크게 자라서 된 열매로, 조직이 무르고 과육에 살과 즙이 많다. 익어도 벌어지지 않고 속에 단단한 씨앗이 들어 있다.

장상맥 잎 꼭지의 끝에서 여러 개의 주맥이 뻗어나와 손바닥 모양으로 된 잎맥

장상복엽 소엽이 총엽병 끝에서 방사형으로 퍼져 있는 복엽

장상심렬 잎이 손바닥 모양으로 깊게 째진 모양

장일성 식물 하루의 일조 시간이 12시간 이상이면 꽃봉오리를 맺는 식물

전분 엽록소가 있는 식물의 영양 저장 물질

전연 잎의 가장자리의 생긴 모양의 하나

전엽체 양치식물의 유성세대를 사는 개체. 홀씨가 싹터 자라서 되는 배우체로, 여기에 난자와 정자를 만드는 기관이 있다

전초 식물의 천체 즉 그 식물의 뿌리·줄기·잎 꽃 할것없이 전체를 말한다

정생 줄기의 맨 끝이나 꼭대기에 나는 것

정자 수컷의 생식세포

조엽 광택이 나는 아름다운 잎

조직배양 다세포생물 개체의 조직 한 조각을 떼어내 유리로 된 그릇에 담고 환경을 조절하고 영양분을 주면서 키워 똑같은 개체를 많이 만드는 일.

종유체 표피나 기본유조직의 세포 중에 생긴 탄산칼슘의 결정

종피(씨앗껍질) 씨앗의 겉을 둘러싼 껍질. 씨눈과 배젖을 보호하고 싹이 틀 때 물을 빨아들이는 구실을 한다

주근(원뿌리) 뿌리에서 중심이 되는 굵은 뿌리. 여기에서 곁뿌리와 뿌리털이 나온다. 쌍떡잎식물에서 볼 수 있다

주두(암술머리) 속씨식물의 암술 끝에 있는 기관. 수술의 꽃가루를 받고, 보통 겉에 뾰족한 것이 돋거나 끈끈한 진을 내보냄으로써 꽃가루가 잘 붙도록 한다

주맥(중심맥) 주된 잎맥으로, 보통 가장 굵은 맥을 말한다

주아(살눈) 잎이 발달하지 않고 줄기가 아주 커져 구슬 모양이 되거나 줄기가 자라지 않은 채 잎에 살과 즙이 많아지면서 구슬 모양이 된 것. 양분을 저장하는 기관으로, 식물체에서 쉽게 떨어져 나가 새로운 식물체로 자란다

직근 줄기에서 땅 속으로 뻗어가는 곧은 뿌리

ㅊ

차상맥 한 가닥의 유관속이 두 가닥으로 동등하게 갈라짐이 계속되는 잎맥

총상화서(총상꽃차례) 꽃자루 있는 꽃이 긴 꽃줄기에 여러 송이 어긋나게 달린 꽃차례. 꽃줄기 아래에서 위로 가면서 피며, 꽃자루의 길이가 거의 같다

총생 여러 개의 잎이 짤막한 등걸에서 무더기로 나는 것

총포 포가 한데 모인 것. 꽃이 여러 송이로 된 꽃차례에서, 꽃마다 달린 꽃자루가 짧아짐에 따라 꽃자루에 달린 포가 다닥다닥 붙어서 된 부분이다

총포 조각 총포를 이루는 한 조각

최유제 젖이 잘 나오게 하는 것

최종열편 마지막으로 찢어진 낱낱의 조각

추형 아랫부분이 넓고 윗부분이 송곳처럼 갑자기 뾰족한 모양

충영 식물의 잎이나 가지에 일부 곤충의 기생으로 이상발육을 하여 혹처럼 된 것

취산화서(취산꽃차례) 꽃줄기의 맨 끝에 달린 꽃 밑에서 꽃자루가 1쌍 나와 끝에 꽃이 1송이씩 달리고, 그 꽃 밑에서 또 꽃자루가 1쌍 나와 끝에 꽃이 1송이씩 달리는 식으로 피라미드 모양을 이루는 꽃차례. 꽃은 맨 위에서 아래로 가면서 핀다

취합과 열매가 여러 개 빽빽이 모여 있는 것

측근(곁뿌리) 원뿌리에서 갈라져 나온 뿌리. 식물체를 더 잘 떠받치고 땅 속의 양분을 더 잘 흡수하게 한다

측아 잎겨드랑이에 생기는 싹

ㅋ

코르크 부피생장을 하는 식물의 줄기나 뿌리의 주변부에서 만들어지는 보호조직

ㅌ

탁엽(턱잎) 잎겨드랑이에서 잎자루 양쪽에 달리는 잎. 비늘 모양

탄사 홀씨주머니 무리에서 홀씨를 튀어나오게 하는 실 모양의 기관

태좌 암꽃술의 한 부분으로 자방 안에 배주가 붙는 부분

통도조직 식물체 내에서 물이나 양분 따위가 드나드는 길 구실을 하는 조직을 통틀어 일컫는 말

통형 둥글고 길며 속은 비고 양 끝이 열린 통 모양

ㅍ

파상 잎 가장자리가 물결 모양인 것

평행맥(나란히맥) 잎의 중심맥에서 갈라져 나와 나란하게 퍼지는 맥. 외떡잎식물의 잎에 생긴다

평활 편편하고 미끄러운 것

포 잎이 양을 바꾸어서 된 기관. 꽃차례나 눈을 보호하고, 본래 잎에서 크기가 줄어들어서 된 것, 모양이나 질이 달라진 것. 비늘 조각 모양이 된 것, 꽃받침 바로 밑에 붙는 것, 꽃자루가 시작되는 곳에 붙는 것 등이 있다

포과 주머니 모양으로 바뀐 포에 싸여 있는 열매. 얇은 종이처럼 반투명한 열매껍질 속에 씨앗이 들어 있다

포린 소나무 같은 겉씨식물의 암꽃의 밑씨를 받치고 있는 종린의 아래쪽에 생기는 작은 돌기

포막 양치식물에서 홀씨주머니 무리를 싸는 보호기관. 얇은 종이처럼 반투명하다

포복경(가는줄기) 땅바닥을 기면서 옆으로 뻗는 줄기. 마디에서 눈을 내보내고 뿌리를 내리면서 새 포기를 만든다

포복지 기는 가지

포엽 잎의 변태로 꽃의 바로 아래나 그 가까이에서 봉오리를 싸 보호하는 작은 잎

포영 벼과 식물의 작은 이삭을 밑에서 받치는 기관. 보통 2겹으로 되어 있어 제1포영, 제2포영으로 나눈다

포자(홀씨) 홀씨 주머니에서 홀씨어미세포가 분열해서 된 무성생식세포. 다른 것과 결합하지 않고도 혼자 싹터 새로운 개체로 자란다. 스스로 배우체를 만들며, 배우체 속에서 난자와 정자가 생긴다. 민꽃식물에서 볼 수 있다

포자낭(홀씨 주머니) 홀씨를 만드는 주머니 모양의 기관. 홀씨가 다 익으면 터지면서 홀씨를 바깥으로 내보낸다

포자낭수(홀씨주머니이삭) 홀씨를 달고 있는 잎 여러 장이 이삭 모양으로 모여 있는 것. 속새류에서 볼 수 있다

표피 식물체 표면을 덮는 세포층

피침형 창처럼 생겼으며 길이가 폭의 몇 배가 되고, 밑에서 ⅓정도 되는 부분이 가장 넓으며, 끝이 뾰족한 모양

ㅎ

핵과 씨가 내과피가 굳어서 된 단단한 핵으로 싸여 있는 열매

혁질 질감이 가죽과 같이 두꺼운 것

합판화(통꽃) 꽃잎의 일부나 전부가 붙은 꽃

협과 콩과 식물의 열매. 속이 몇 칸으로 나뉘어 있고 칸마다 씨앗이 들어 있으며, 익은 뒤 마르면 열매껍질이 2줄로 갈라지면서 씨앗이 드러난다

형성층(부름켜) 관다발의 체관부와 물관부 사이에서 세포 1층으로 만들어지는 얇은 조직. 뿌리나 줄기가 굵어지도록 세포를 불리는 구실을 한다. 겉씨식물과 쌍떡잎식물에서 발달하여 외떡잎식물과 양치식물에서는 발달하지 않는다

호생(어긋나기) 줄기나 가지의 마디마디 잎이 방향을 바꾸면서 어긋나게 달리는 모양

호접화 나비 모양의 꽃

혼합아 꽃이 될 눈과 잎이 될 눈이 함께 있는 눈

홍백반입 한 송이의 꽃의 꽃잎이 뚜렷하게 빨강, 흰빛 등의 무늬로 되어 있는 꽃

화경(花莖꽃줄기) 꽃자루를 여러 개 달고 있는 줄기

화관 내화피나 꽃잎이 모여 나팔 모양, 접시 모양, 방울 모양 따위로 일정한 모습을 이룬 것

화분(꽃가루) 수술의 꽃밥 속에 생기는 가루 같은 생식세포

화사(수술대) 수술에서 꽃밥을 받치는 기관. 보통 가늘고 길지만 종에 따라 크기, 모양이 다르고 수술대가 없기도 하다

화서(꽃차례) 꽃이 달리는 모양. 꽃이 피는 순서에 따라 무한꽃차례와 유한꽃차례로 나누는데 꽃이 아래에서 위로 가면서 피면 무한꽃차례, 위에서 아래로 가면서 피면 유한꽃차례다

화주(암술대) 암술머리와 씨방 사이에서 암술머리를 받치는 기관. 모양과 개수가 종에 따라 달라서 식물을 분류하는 기준으로 중요하다. 암술대가 없는 종도 있다

화탁(꽃턱) 꽃자루 맨 끝의 불룩한 부분. 꽃잎·꽃받침·수술·암술 등 꽃의 모든 기관이 붙어 있다. 접시나 사발 모양이다

화판(꽃잎) 크고 색깔이 화려하여 외화피와 뚜렷하게 구분되는 내화피. 꽃받침 위에서 암술과 수술을 싸며, 예쁜 색깔과 모양, 향기로 곤충을 끌어들여 꽃가루받이를 돕는다

화피 수술과 암술을 바깥에서 보호하는 기관. 종에 따라 1겹이기도 하고 2겹이기도 하다. 2겹일 때는 속에 있는 것을 내화피, 바깥에 있는 것을 외화피라고 한다

화피열편(화피 조각) 화피를 이루는 낱낱의 조각

환문 고리 무늬

항목 찾아보기

가
가지 257
각시붓꽃 116
갈대 290
감나무 244
감자 258
강낭콩 269
강아지풀 216
개구리밥 292
개꽈리 332
개나리 70
개맨드라미 338
개맥문동 110
개망초 168
개산초 354
개요등 139, 345
갯기름나물 340
갯버들 224
거베라 56
거지덩굴 322
검정말 294
겨우살이 139
고구마 267
고데티아 80
고들빼기 170
고마리 208
고사리 145
고삼 303
고욤나무 357
고추 256
고추냉이 307

곰취 164
과꽃 48
광나무 354
광대나물 187
광대수염 187
광릉란 125
괭이눈 230
괭이밥 184
구기자나무 149
구상나무 220
국화 46
군자란 29
굴거리나무 314
금불초 166
궁궁이 201
극락조화 97
글라디올러스 24
금강초롱 142
금꿩의다리 172
금낭화 202
금붓꽃 116
금어초 92
금창초 305
기생초 59
김 300
까마중 83
까치수영 148
꼬리조팝나무 121
꽃다지 196
꽃무릇 29

꽃범의꼬리 44
꽃향유 188
꽈리 83
꿀풀 186
꿩의바람꽃 174
꿩의비름 138

나
도샤프란 32
나리 112
나사말 294
나팔꽃 34
낙엽송 219
난초 86
남가새 337
냉이 195
노랑꽃창포 288
노랑매미꽃 155
노랑원추리 108
노루귀 172
노박덩굴 145
녹두 270
느티나무 99
능소화 95

다
시마 299
단풍나무 209
달개비 204
달래 328
다알리아 49
달맞이꽃 156

닭의장풀 327
담쟁이덩굴 85
당근 279
당아욱 343
대추나무 242
대황 318
댕댕이덩굴 325
더덕 144
데이지 56
덴파라 90
도깨비바늘 169
도꼬마리 169
도라지 140
돌가시나무 333
돌나물 138
돌단풍 136
돌외 342
동백나무 193
동의나물 173
동자꽃 197
두루미냉이 313
두릅나무 317
둥굴레 110
들깨 356
들깨풀 360
들양귀비 153
등나무 36
디기탈리스 93
딸기 237
딱총나무 342

375

떡쑥 304
땅콩 270
뚜깔 364

라
라넌큘러스 65
라일락 69
리시언서스 74

마
마름 295
마타리 200
만병초 228
매발톱꽃 176
매화 40
맨드라미 76
명자나무 316
머위 165
먹구슬나무 355
메꽃 135
메밀 266
멜론 249
며느리밥풀꽃 190
명자꽃 41
모과나무 241
모란 60
모싯대 143
목련 66
목화 14
무 272
무궁화 10
무릇 113
무스카리 23
무청 313
무화과 242
물대 363
물레나물 307
물봉선 150

물수세미 295
물억새 215
물옥잠 289
미나리 279
미나리아재비 175
며느리배꼽 351
미류나무 225
미모사 135
미선나무 211
미역 299
민들레 162
밀 264

바
바나나 253
바디나물 352
바람꽃 174
바랭이 217
바위취 137
바이올렛 78
박 97
물망초 229
박새 111
박하 186
반하 325
밤나무 243
방동사니 298
배나무 236
배롱나무 207
배초향 188
배추 271
배풍등 353
백송 219
백일홍 52
백작약 320
백합 17
뱀무 333

뱀딸기 320
버드나무 225
버섯 280
벌깨덩굴 189
범부채 335
벚나무 118
베고니아 65
벼 260
별꽃 200
병꽃나무 130
보리 259
복수초 171
복숭아나무 238
복주머니난 126
봄구슬붕이 147
봉선화 45
부들 293
부레옥잠 289
부용 16
부처꽃 206
부추 278
분꽃 79
불두화 71
붓꽃 114
붕어마름 298
비로용담 232

사
사과나무 234
사철나무 226
산괴불주머니 203
산국 165
산나리 339
산딸기 123
산마늘 311
산부추 113
산뽕나무 314

산수국 137
산수유 206
산옥잠화 23
산용담 231
산자고 312
산철쭉 182
살구나무 241
삼백초 334
삼잎국화 57
삽주 167
상사화 32
상산 317
상수리나무 319
상추 274
새우난초 126
사루비아 67
생강 282
석곡 315
석류나무 254
선인장 100
센토레아 58
소나무 218
소엽맥문동 319
소철 339
솜다리 160
솜방망이 170
쇠뜨기 184
쇠비름 211
수국 37
수련 286
수박 248
수선 352
수선화 30
수세미 98
수수 266
순채·순나물 332

수크령 217
술패랭이꽃 324
시금치 278
시네라리아 57
시클라멘 27
식나무 361
심비디움 88
싸리 132
쑥 167
쑥갓 273
쑥부쟁이 161
쓴풀 346
씀바귀 165

아가판서스 22
아네모네 64
아욱 267
아주까리 337
아카시아 133
안개꽃 85
안수리움 43
알꽈리 359
약난초 304
약모밀 322
애기나리 111
애기닥나무 315
애기똥풀 154
앵두나무 240
앵초 148
양귀비 152
양배추 271
양지꽃 123
양매자나무 308
양파 277
아잘레아 42
억새 214

얼레지 109
엉겅퀴 158
여뀌 293
여름밀감 341
여주 98
연꽃 284
영산홍 43
영아자 144
영지 355
오동나무 191
오랑캐장구채 232
오렌지 246
오수유 334
오이 252
오이풀 348
오죽 213
옥수수 265
옥잠화 20
온시디움 91
올금 344
완두 268
왜현호색 305
용담 146
우뭇가사리 300
우엉 274
유자나무 247
유채 194
유홍초 136
율무 343
으름난초 336
으름덩굴 306
으아리 175
은대난초 124
은방울꽃 106
은행나무 72
이끼 296

이삭여뀌 208
이질풀 179
익모초 185
인삼 94

자귀나무 131
자두나무 240
자란 124
자리공 336
자소·차즈기 348
자운영 130
자주달개비 205
작약 62
잔대 143
잔디 96
잡싸리 350
장미 38
전나무 220
접시꽃 13
제라늄 59
제비꽃 128
조 264
조름나물 309
조뱅이 166
조팝나무 121
족두리풀 210
좀현호색 321
좁쌀풀 149
종꽃 44
종덩굴 173
주름잎 192
주목 221
줄 361
주엽나무 312
쥐오름풀 302
지모 340

진달래 180
진황정 310
질경이 196
쪽동백나무 192
짚신나물 117
찔레꽃 117

참깨 275
차나무 358
참나무 222
참마 359
참외 249
참으아리 326
창포 308
채송화 68
천궁이 346
천남성 155
천마 323
천수국 58
천일홍 78
청사조 329
초롱꽃 142
춘란 86
측백나무 103
치자나무 203
치코리 273
칡 132

카네이션 84
카밀레 309
카틀레야 89
칸나 81
컴프리 71
코스모스 50
콩 268
콩(대두콩) 338

크로커스 25	튤립 18	플록스 75	향부자 324
크리스마스선인장 102		피 292	향유 351
큰개불알풀 189	**파** 276	피라칸다 41	현호색 201
큰꽃으아리 302	파인애플 253	피튜니어 82	호두나무 247
클레오메 74	파초 329		호박 250
클로버 134	팥 269		호접란 91
	패랭이꽃 198	**하**늘말나리 231	황금 330
타래난초 125	팬지 33	하늘매발톱 228	황매화 122
탱자나무 363	포도나무 245	하늘타리 349	회양목 104
털머위 347	포인세티아 92	하얀꽃 연령초 311	호프 328
털여뀌 326	푸크시아 80	할미꽃 178	후피향나무 318
털진득찰 362	풍란 87	함박꽃나무 147	흰털냉초 331
토란 282	프리뮬러 28	해당화 120	히야신스 21
토마토 257	프리지어 26	해바라기 54	
투구꽃 179	플라타너스 226	해오라기비난초 127	
		향나무 104	

꽃 전설 찾아보기

갈대 301
감나무 254
개나리 70
과꽃 48
국화 47
글라디올러스 24

나나팔꽃 35
노랑꽃창포 298
노랑원추리 109
능소화 96

다알리아 49
달맞이꽃 157
대나무 213
도라지 141
동백나무 193
동자꽃 197
들양귀비 153
등나무 36
디기탈리스 93

라일락 69

매매화 40
맨드라미 76
며느리밥풀꽃 190
모란 61
목련 66
목화 14
무궁화 12
물망초 232
민들레 163

백일홍 52
백합 17
벚나무 118
복수초 171
복숭아나무 249
봉선화 45
부용 16
붓꽃 115

사과나무 245
사루비아 67
산철쭉 183
석류나무 265
선인장 100
소나무 218
수국 37
수련 297
수선화 31
시클라멘 27
쑥부쟁이 161

아네모네 64
양귀비 152
억새 214
엉겅퀴 159
연꽃 295
오동나무 191
오렌지 256
오죽 213
옥잠화 20
용담 146
은방울꽃 107
익모초 185
인삼 94

자귀나무 131
작약 63
장미 39
제비꽃 128
조팝나무 121
진달래 181

채송화 68
측백나무 103
치자나무 203

카네이션 84
칸나 81
코스모스 51
크로커스 25
클로버 134

튤립 19

패랭이꽃 199
팬지 33
포도나무 255
풍란 87
프리뮬러 28
피튜니어 82

할미꽃 178
해당화 120
해바라기 55
해오라기난초 127
황매화 122
히야신스 21

🌸 교과서 찾아보기

가지 257
슬기로운 생활 1-1
 5. 즐거운 여름
  (2) 푸른 산, 푸른 들
실과 5
 2. 채소가꾸기
  (1) 여러 가지 채소

감 244
슬기로운 생활 2-2
 5. 겨울
  (2) 겨울생활

감나무 244
슬기로운 생활 1-2
 3. 가을풍경
  (2) 가을의 열매
  (3) 단풍
실과 6
 1. 집안 가꾸기
  (1) 나무 가꾸기

감자 258
실과 5
 3. 음식 만들기
  (1) 식품 분량 재기
  (3) 감자와 달걀 삶기

강낭콩 269
자연 3-1
 3. 식물의 자람
  (1) 씨앗 심기
  (2) 잎과 줄기
  (3) 꽃과 열매
자연 4-2
 1. 생물과 환경
  (1) 환경변화와 생물

강아지풀 216
자연 5-1
 4. 식물의 구조와 기능
  (1) 식물의 구조

검정말 294
자연 3-2
 1. 연못에 사는 생물
  (1) 연못의 생물

개구리밥 292
자연 3-2
 1. 연못에 사는 생물
  (1) 연못의 생물
자연 4-1
 4. 작은 생물
  (1) 물 속의 작은 생물

개나리 70
슬기로운 생활 1-1
 1. 우리 학교
  (4) 꽃밭 살펴보기
슬기로운 생활 2-1
 3.봄
  (1) 우리 학교의 봄

고구마 267
자연 5-1
 4. 식물의 구조와 기능
  (1) 식물의 구조
  (2) 식물의 기능
실과 3
 2. 물 가꾸기
  (3) 물로 가꾸는 식물
실과
 2. 채소 가꾸기
  (1) 여러 가지 채소
 3.음식 만들기
  (3) 감자와 달걀 삶기

고추 256
슬기로운 생활 1-2
 3. 가을풍경
  (1) 푸른 하늘
  (2) 가을의 열매
슬기로운 생활 2-1
 7. 여름
  (2) 여름 농장
슬기로운 생활 2-2
 2. 가을
  (2) 가을의 산과 들
실과

 2. 채소 가꾸기
  (1) 여러 가지 채소
  (3) 열매 채소 가꾸기

국화 46
슬기로운 생활 2-2
 2. 가을
  (2) 가을의 산과 들
실과
 2. 꽃가꾸기
  (3) 꽃과 우리 생활

귤 246
슬기로운 생활 2-2
 5. 겨울
  (2) 겨울 생활
실과 4
 3. 과일상 차리기
  (1) 과일 준비하기
  (2) 과일 다루기

꽃다지 196
슬기로운 생활 1-1
 2. 봄소풍
  (2) 봄동산

나사말 294
자연 3-2
 1. 연못에 사는 생물
  (1) 연못의 생물
자연 5-1
 4. 식물의 구조와 기능
  (2) 식물의 기능

나팔꽃 34
슬기로운 생활 1-1
 3. 우리 집
  (2) 집의 모습
슬기로운 생활 1-2
 3. 가을풍경
  (2) 가을의 열매
슬기로운 생활 2-2
 2. 가을
  (2) 가을의 산과 들
자연 3-1

 3. 식물의 자람
  (3) 꽃과 열매
자연 4-2
 1. 생물과 환경
  (2) 생물의 적응
자연 5-1
 4. 식물의 구조와 기능
  (1) 식물의 구조
실과 4
 2. 꽃가꾸기
  (1) 한두해살이꽃 가꾸기

낙엽송 219
실과 6
 2. 목제품 만들기
  (1) 목재 이용하기

느티나무 99
실과 6
 2. 목제품 만들기
  (1) 목재 이용하기

단풍나무 209
슬기로운 생활 1-2
 3. 가을 풍경
  (1) 푸른 하늘
  (2) 가을의 열매
  (3) 단풍
슬기로운 생활 2-2
 2. 가을
자연 5-1
 4. 식물의 구조와 기능
  (2) 식물의 기능
자연 6-2
 2. 계절의 변화
  (1) 계절과 주위 환경
실과 6
 1. 집안 가꾸기
  (1) 나무 가꾸기

달개비 204
자연 5-1
 4. 식물의 구조와 기능
  (1) 식물의 구조

당근 279
실과 3
2. 물 가꾸기
　(3) 물로 가꾸는 식물
실과 5
2. 채소 가꾸기
　(1) 여러 가지 채소
3. 음식 만들기
　(1) 식품 분량 재기

대추나무 242
슬기로운 생화 1-2
3. 가을풍경
　(2) 가을의 열매

도라지 140
실과 4
2. 꽃가꾸기
　(3) 꽃과 우리 생활

도깨비바늘 169
슬기로운 생활 1-2
3. 가을풍경
　(2) 가을의 열매
자연 4-2
1. 생물과 환경
　(2) 생물의 적응
자연 5-1
4. 식물의 구조와 기능
　(2) 식물의 기능

동백나무 193
자연 5-1
4. 식물의 구조와 기능
　(2) 식물의 기능

들깨 356
실과 3
2. 물 가꾸기
　(1) 씨앗 물 가꾸기

딸기 237
자연 5-1
4. 식물의 구조와 기능
　(1) 식물의 구조
실과 4
3. 과일상 차리기
　(1) 과일 준비하기
　(2) 과일 다루기
실과 5

2. 채소 가꾸기
　(3) 열매 채소 가꾸기

마름 295
자연 3-2
1. 연못에 사는 생물
　(1) 연못의 생물

맨드라미 76
슬기로운 생활 2-2
2. 가을
　(2) 가을의 산과 들

목련 66
슬기로운 생활 1-2
5. 겨울나기
　(2) 생물의 겨울나기
슬기로운 생활 2-1
3. 봄
　(1) 우리 학교의 봄
실과 6
1. 집안 가꾸기
　(1) 나무 가꾸기

무 272
자연 5-1
4. 식물의 구조와 기능
　(1) 식물의 구조
　(2) 식물의 기능
실과 3
2. 물 가꾸기
　(1) 씨앗 물 가꾸기
　(3) 물로 가꾸는 식물
실과 5
2. 채소 가꾸기
　(1) 여러 가지 채소

무궁화 10
슬기로운 생활 1-2
3. 가을 풍경
　(2) 가을의 열매
실과 5
2. 꽃가꾸기
　(3) 꽃과 우리 생활
8. 물수세미
자연 3-2
1. 연못에 사는 생물
　(1) 연못의 생물

미나리 279
실과 3
2. 물 가꾸기
　(3) 물로 가꾸는 식물

민들레 162
슬기로운 생활 1-1
1. 우리 학교
　(4) 꽃밭 살펴보기
2. 봄소풍
　(2) 봄동산
슬기로운 생활 2-1
3. 봄
　(1) 우리 학교의 봄
자연 4-2
1. 생물과 환경
　(2) 생물의 적응
자연 5-1
4. 식물의 구조와 기능
　(1) 식물의 구조
　(2) 식물의 기능

밤나무 243
슬기로운 생활 1-2
3. 가을 풍경
　(2) 가을의 열매

배 236
실과 4
3. 과일상 차리기
　(1) 과일 준비하기
　(2) 과일 다루기

배나무 236
슬기로운 생활 1-2
3. 가을 풍경
　(2) 가을의 열매

배추 271
실과 5
2. 채소 가꾸기
　(1) 여러 가지 채소

버드나무 225
슬기로운 생활 1-2
3. 가을풍경
　(2) 가을의 열매
슬기로운 생활 2-1
3. 봄
　(1) 우리 학교의 봄

벚나무 118
슬기로운 생활 2-1
3. 봄
　(1) 우리 학교의 봄

벼 260
슬기로운 생활 1-1
2. 봄소풍
　(2) 봄동산
5. 즐거운 여름
　(2)푸른 산, 푸른 들
슬기로운 생활 1-2
3. 가을 풍경
　(1) 푸른 하늘
　(2) 가을의 열매
슬기로운 생활 2-2
2. 가을
　(2) 가을의 산과 들
자연 3-1
3. 식물의 자람
　(1) 씨앗 심기
　(3) 꽃과 열매
자연 4-2
1. 생물과 환경
　(2) 생물의 적응
자연 5-1
4. 식물의 구조와 기능
　(1) 식물의 구조

보리 259
자연 3-1
3. 식물의 자람
　(1) 씨앗 심기
　(2) 잎과 줄기

복숭아 238
슬기로운 생활 1-1
5. 즐거운 여름
　(2) 푸른 산, 푸른 들
슬기로운 생활 2-1
7. 여름
　(2) 여름 농장

봉숭아 45
슬기로운 생활 1-1
3. 우리 집
　(2) 집의 모습
슬기로운 생활 2-1
3. 봄
　(2) 식물 가꾸기

381

7. 여름
　(2) 여름농장
슬기로운 생활 2-2
2. 가을
　(2) 가을의 산과 들
자연 4-2
1. 생물과 환경
　(1) 환경변화와 생물
자연 5-1
4. 식물의 구조와 기능
　(1) 식물의 구조
　(2) 식물의 기능
실과 4
2. 꽃가꾸기
　(1) 한두해살이꽃 가꾸기

부들 293
자연 3-2
1. 연못에 사는 생물
　(1) 연못의 생물

부레옥잠 289
자연 3-2
1. 연못에 사는 생물
　(1) 연못의 생물
　(2) 어항 속의 생물

부추 278
실과 5
2. 채소 가꾸기
　(1) 여러 가지 채소

분꽃 79
자연 5-1
4. 식물의 구조와 기능
　(2) 식물의 기능

붕어마름 298
자연 3-2
1. 연못에 사는 생물
　(1) 연못의 생물

사과 234
슬기로운 생활 2-2
5. 겨울
　(2) 겨울 생활
실과 4
3. 과일상 차리기
　(1) 과일 준비하기
　(2) 과일 다루기

실과 5
3. 음식 만들기
　(1) 식품 분량 재기

사과나무 234
슬기로운 생활 1-2
3. 가을 풍경
　(2) 가을의 열매
자연 5-1
4. 식물의 구조와 기능
　(2) 식물의 기능

상추 274
슬기로운 생활 2-2
5. 겨울
　(2) 겨울 생활
실과 3
2. 물 가꾸기
　(1) 씨앗 물 가꾸기
실과 5
2. 채소 가꾸기
　(1) 여러 가지 채소
　(2) 잎줄기 채소 가꾸기

선인장 100
자연 4-2
1. 생물과 환경
　(2) 생물의 적응
실과 4
2. 꽃 가꾸기
　(3) 꽃과 우리 생활

소나무 218
슬기로운 생활 1-2
5. 겨울나기
　(2) 생물의 겨울 나기
실과 6
1. 집안 가꾸기
　(1) 나무 가꾸기
2.목제품 만들기
　(1) 목재 이용하기

수국 37
슬기로운 생활 1-1
3. 우리 집
　(2) 집의 모습

수련 286
자연 3-2
1. 연못에 사는 생물

　(1) 연못의 생물

수박 248
슬기로운 생활 1-1
5. 즐거운 여름
　(2) 푸른 산, 푸른 들
자연 5-1
4. 식물의 구조와 기능
　(1) 식물의 구조
실과 4
3. 과일상 차리기
　(2) 과일 다루기
실과 5
2. 채소 가꾸기
　(1) 여러 가지 채소

수선화 30
슬기로운 생활 1-1
3. 우리 집
　(2) 집의 모습
실과 3
2. 물 가꾸기
　(3) 물로 가꾸는 식물
실과 4
2. 꽃 가꾸기
　(2) 알뿌리꽃 가꾸기
　(3) 꽃과 우리 생활

수세미 98
슬기로운 생활 2-1
3. 봄
　(2) 식물 가꾸기
7. 여름
　(2) 여름농장
슬기로운 생활 2-2
2. 가을
　(2) 가을의 산과 들
자연 3-1
3. 식물의 자람
　(1) 씨앗 심기
　(2) 잎과 줄기
　(3) 꽃과 열매
자연 5-1
4. 식물의 구조와 기능
　(1) 식물의 구조

수수 266
슬기로운 생활 1-2
3. 가을풍경
　(2) 가을의 열매

시금치 278
실과 5
2. 채소 가꾸기
　(1) 여러 가지 채소

쑥 167
슬기로운 생활 1-1
2. 봄소풍
　(2) 봄동산

쑥갓 273
실과 5
2. 채소 가꾸기
　(1) 여러 가지 채소
　(2) 잎줄기 채소 가꾸기

양배추 271
실과 5
2. 채소 가꾸기
　(1) 여러 가지 채소

양파 277
자연 5-1
4. 식물의 구조와 기능
　(1) 식물의 구조
실과 3
2. 물 가꾸기
　(2) 알뿌리 물 가꾸기
실과 5
2. 채소 가꾸기
　(1) 여러 가지 채소

연꽃 284
자연 3-2
1. 연못에 사는 생물
　(1) 연못의 생물

오동나무 191
실과 6
2. 목제품 만들기
　(1) 목재 이용하기

오이 252
슬기로운 생활 1-1
5. 즐거운 여름
　(2) 푸른 산, 푸른 들
슬기로운 생활 2-2
5. 겨울
　(2) 겨울 생활
실과 3

2. 물 가꾸기
　(3) 물로 가꾸는 식물
－실과 5
2. 채소 가꾸기
　(1) 여러 가지 채소
　(3) 열매채소 가꾸기
3. 음식 만들기
　(1) 식품분량재기

옥수수 265
슬기로운 생활 1-2
3. 가을풍경
　(1) 푸른 하늘
자연 3-1
3. 식물의 자람
　(1) 씨앗 심기
　(2) 잎과 줄기
　(3) 꽃과 열매
자연 5-1
4. 식물의 구조와 기능
　(1) 식물의 구조
　(2) 식물의 기능

은행나무 72
슬기로운 생활 1-2
3. 가을풍경
　(3) 단풍
슬기로운 생활 2-1
3. 봄
　(1) 우리 학교의 봄
슬기로운 생활 2-2
2. 가을
　(2) 가을의 산과 들
자연 6-2
2. 계절의 변화
　(1) 계절과 주위 환경

이끼 296
자연 4-1
4. 작은 생물
　(2) 땅 위의 작은 생물

잔디 96
자연 5-1
4. 식물의 구조와 기능
　(1) 식물의 구조
실과 3
2. 물 가꾸기
　(3) 물로 가꾸는 식물

전나무 220
슬기로운 생활 1-2
3. 가을 풍경
　(1) 푸른 하늘

제비꽃 128
슬기로운 생활 1-1
1. 우리 학교
　(4) 꽃밭 살펴보기
2. 봄소풍
　(2) 봄동산

진달래 180
슬기로운 생활 1-1
2. 봄소풍
　(2) 봄동산
슬기로운 생활 2-1
3. 봄
　(1) 우리 학교의 봄

참외 249
슬기로운 생활 1-1
5. 즐거운 여름
　(2) 푸른 산 푸른 들
자연 5-1
4. 식물의 구조와 기능
　(2) 식물의 기능
실과 5
2. 채소 가꾸기
　(1) 여러 가지 채소
　(3) 열매 채소 가꾸기

채송화 68
슬기로운 생활 1-1
3. 우리 집
　(2) 집의 모습

코스모스 50
슬기로운 생활 1-2
3. 가을풍경
　(2) 가을의 열매
슬기로운 생활 2-2
2. 가을
실과 4
2. 꽃가꾸기
　(3) 꽃과 우리 생활

콩 268
슬기로운 생활 1-2
3. 가을 풍경

　(2) 가을의 열매
자연 5-1
4. 식물의 구조와 기능
　(2)식물의 기능

토끼풀 134
슬기로운 생활 1-1
2. 봄소풍
　(2) 봄동산
자연 4-2
1. 생물과 환경
　(2) 생물의 적응

토마토 257
슬기로운 생활 1-1
5. 즐거운 여름
　(2) 푸른 산 푸른 들
실과 5
2. 채소 가꾸기
　(1) 여러 가지 채소
　(3) 열매 채소 가꾸기

파 276
실과 5
2. 채소 가꾸기
　(1) 여러 가지 채소

팥 269
슬기로운 생활 1-2
3. 가을 풍경
　(2) 가을의 열매

포도 245
실과 4
3. 과일상 차리기
　(2) 과일 다루기

플라타너스 226
자연 5-1
4. 식물의 구조와 기능
　(1) 식물의 구조
실과 6
2. 목제품 만들기
　(1) 목재 이용하기

할미꽃 178
슬기로운 생활 1-1
2. 봄소풍
　(2) 봄동산
슬기로운 생활 2-1

3. 봄
　(1) 우리 학교의 봄

해바라기 54
슬기로운 생활 2-2
2. 가을
　(2) 가을의 산과 들
자연 3-1
3. 식물의 자람
　(1) 씨앗심기

향나무 104
실과 6
1. 집안 가꾸기
　(1) 나무 가꾸기

호박 250
슬기로운 생활 1-1
5. 즐거운 여름
　(2)푸른 산 푸른 들
슬기로운 생활 2-1
3. 봄
　(2) 식물 가꾸기
자연 5-1
4. 식물의 구조와 기능
　(2) 식물의 기능
실과 5
2. 채소 가꾸기
　(1) 여러 가지 채소
　(3) 열매 채소 가꾸기

회양목 104
실과 6
1. 집안 가꾸기
　(1) 나무 가꾸기

히아신스 21
슬기로운 생활 1-1
3. 우리 집
　(2) 집의 모습
실과 3
2. 물 가꾸기
　(2) 알뿌리 물

지은이 문순열

- 중앙대학교 영어영문학과
- 세계미술문화교류협회 전문위원 · 한국본부 기획실장/ (주)삼성출판사 편집부장
  (주)국민서관 편집부장 / (주)예림당 편집실장 / (주)성한출판 편집국장
  도서출판 대연 대표 역임
- 한국들꽃연구회 이사/ 한국자연사잔가협회 회장
  편집대학 중앙저널아카데미 전임 강사
  한국동물보호연구회 이사 / 중앙일보가 선정한 저명 인사
- 개인 사진전 『들빛』 / 1992년 파힌힐 종로갤러리
  개인 사진전 『비상Ⅰ』 / 1992년 모스크바 울리짜끄라스노보가띠르스카야
  개인 사진전 『곤충과들꽃』 / 1999년 현대투자신탁 전시실
  Kodak Professional초대전 『비상Ⅱ』 / 1999년 9월 코닥포토살롱
  그룹 사진전 9회
- 저서 : 《청솔식물도감》/ 청솔출판사
  《동식물도감》/ 도서 출판 은하수
  사진 작품집 《들빛》/ 사진예술사
  《한국의 인물》·《세계의 인물》/ (주)예림당
  《톡톡 튀는 영어》/ 지식서관
  《어린이 영어 스쿨》/ 도서 출판 은하수
  《영어 첫사전》/ 지식서관
- 역서 : 월드베스트 전집 《위대한 남성》/ (주)웅진출판
  디스커버리 문고 《우유 이야기》/ (주)웅진출판
  디스커버리 문고 《빛과 색》/ (주)웅진출판

발행일　2008년 3월 20일 초판 1쇄 발행 | 2014년 11월 20일 개정판 1쇄 발행
글과 사진　문순열　　**편집**　문성렬　　**디자인**　김영숙
펴낸이　박경준　　**펴낸곳**　글로북스
주소　서울특별시 마포구 서교동 444-15　　**등록**　2001년 7월 2일 제 15-522호
전화　02-332-4337　　**팩스**　02-3141-4347

이 책의 글과 사진, 디자인은 저작권의 보호를 받고 있습니다. 무단 전재를 금합니다.

※ 책값은 표지 뒷면에 있습니다.